21世纪普通高校计算机
公共课程系列教材

Photoshop
图像处理与制作

沈 宁 主 编

颜 彬 汪 飞 王继克 副主编

清华大学出版社

北京

内 容 简 介

本书的编写目标是提高学生的学习兴趣,方便教师的教学组织,使教师能够深入浅出地讲解,学生能够开心地学习。本书的内容根据基础知识和操作技术划分成若干专题,学生在教师的带领下,能逐步体会素材图片在不断优化的过程中给自己带来的成就感。

全书共 15 章,每章为一个专题,并配有综合实例,作为相关内容对应工具的综合应用,展示完整的制作步骤和要点。除第 1 章和第 15 章外,每章结尾都布置了与综合实例对应的实验,学生可以仿照综合实例进行实战练习,设计出自己的创意作品。

本书适合作为高等院校"Photoshop"课程的教材,也适合作为 Photoshop 相关培训的指导书。

图书在版编目(CIP)数据

Photoshop 图像处理与制作/沈宁主编. —北京:清华大学出版社,2023.2

21 世纪普通高校计算机公共课程系列教材

ISBN 978-7-302-62851-4

Ⅰ.①P… Ⅱ.①沈… Ⅲ.①图像处理软件—高等学校—教材 Ⅳ.①TP391.413

中国国家版本馆 CIP 数据核字(2023)第 028366 号

责任编辑:贾 斌
封面设计:刘 键
责任校对:李建庄
责任印制:刘海龙

出版发行:清华大学出版社
  网 址:http://www.tup.com.cn,http://www.wqbook.com
  地 址:北京清华大学学研大厦 A 座 邮 编:100084
  社 总 机:010-83470000 邮 购:010-62786544
  投稿与读者服务:010-62776969,c-service@tup.tsinghua.edu.cn
  质量反馈:010-62772015,zhiliang@tup.tsinghua.edu.cn
  课件下载:http://www.tup.com.cn,010-83470236
印 装 者:三河市龙大印装有限公司
经 销:全国新华书店
开 本:185mm×260mm 印 张:23   字 数:558 千字
版 次:2023 年 3 月第 1 版   印 次:2023 年 3 月第 1 次印刷
印 数:1~2000
定 价:99.00 元

产品编号:090052-01

前　言

　　本书从实用性和学生的兴趣出发,以实例为导向,以专题的形式组织教学,有助于教师开展课堂教学、提高学生学习兴趣,以专题形式划分知识点使教师授课深入浅出,学生学习目标明确,学习积极性高。

　　本书将 Photoshop 的基础知识和操作技术划分成若干专题,每个专题达到一种设计效果,学生在教师的带领下,能逐步体会素材图片在不断优化的过程中给自己带来的成就感。

　　全书共有 15 章,每章为一个专题,对应指定知识点。每个专题有若干实例,帮助学生练习和巩固这些知识点。学生在实例的讲解过程中可以看到原始图片发生的变化。除第 1 章和第 15 章外,每章还配有综合实例,充分利用各种工具达到特殊的应用效果,并给出完整的制作步骤和要点,章节结尾布置了实验,学生可以仿照综合实例的制作方法进行创作,设计出具有创意的特色作品。

　　本书第 2、3、8、11~13 章由沈宁编写,第 1、4~7、10、14、15 章由颜彬编写,第 9 章的初稿由汪飞编写,王继克完稿。沈宁负责全书的统稿工作。综合实例由编者制作或来自部分学生作品。

　　由于编者水平有限,本书还存在不少瑕疵,不足之处请各位同行不吝赐教。

编　者

2023 年 1 月

目 录

IV

XV

第 1 章　　Photoshop 基础知识

本章我们将进入 Photoshop 的世界进行学习，了解该软件的基本操作方法，了解图像处理的基本原理和基础知识。

1.1　Photoshop 简介

Photoshop 是功能强大的图像处理软件，在很多领域都能看到它的广泛应用。不论是平面设计、电脑手绘，还是 3D 动画、数码艺术、网页设计、多媒体制作，几乎在每个设计行业中，Photoshop 都发挥着重要作用。

单击桌面上 Photoshop 的图标 ，将看到如图 1-1 所示的启动界面，这意味着我们将进入 Photoshop 的操作窗口。

图 1-1　Photoshop 启动

启动界面上呈现了一大串人员名单，那是 Photoshop 研发团队的成员名单，就是他们带给我们最好用的图像处理软件。

1.2　Photoshop 工作界面

启动 Photoshop CC 2017，如果我们已经打开了一个图像文件，将看到如图 1-2 所示的工作界面。

图 1-2　Photoshop 工作界面

　　我们将界面分成 5 个区域，它们是"菜单栏""工具箱""选项栏""面板""文件窗口"，下面来逐一了解。

1.2.1　菜单栏

　　图 1-2 中①的位置为菜单栏。菜单栏中包含 Photoshop 软件中的所有功能选项，通过这些功能可以实现对图像的操作。Photoshop 中包含 11 个菜单，分别为"文件""编辑""图像""图层""文字""选择""滤镜""3D""视图""窗口""帮助"。每个菜单不但包含数十个子功能，还可能包含若干个子菜单。如单击菜单"图像"→"调整"命令，得到如图 1-3 所示的子菜单。

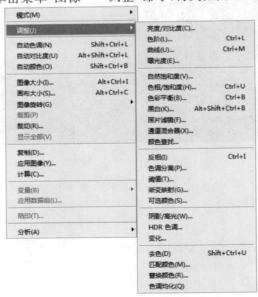

图 1-3　菜单与子菜单

1.2.2　工具箱

工具箱里存放的是创建和处理图像的各种工具,使用这些工具可以很方便地处理图像。

1. 工具箱的伸缩和浮动

(1)伸缩。

工具箱可以表现为单列式和双列式,在单列式状态下,单击工具栏上部的向右按钮 ,将使工具箱变为双列式。同理,单击双列式上部的向左按钮,便使工具箱切换为单列式。

(2)浮动。

单击工具箱上部有若干虚线点的区域 拖动,可以拖动工具箱到达屏幕上的任意位置,这可以让我们编辑文件的时候有更多查看的自由。

2. 工具箱内容

工具箱在 Photoshop 界面的左边,它由多个工具组、前/背景拾取转换和屏幕模式组成,见图1-4。

3. 工具组

当工具组中包含的工具个数多于 1 个时,该工具组右下角会有黑色的小三角。一

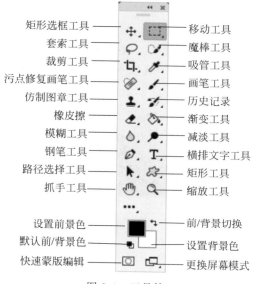

图 1-4　工具箱

般情况下,当前应用过的工具处于显示状态,其他工具处于隐藏状态。要调取隐藏的工具,在工具组黑色的小三角位置右击,将展开更多的工具,见图1-5。

4. 快捷提示

将光标放置于Photoshop界面内除菜单以外的任何按钮位置,停顿几秒钟,即会在该位置出现提示信息,图1-6显示了两个不同位置的快捷提示。

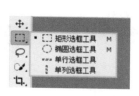

图 1-5　调取隐藏的工具

图 1-6　快捷提示

1.2.3　选项栏

指定具体工具以后,Photoshop 界面的选项栏(见图1-2 中的③区域)将出现对应选项,如图1-7所示就是矩形选框工具 的选项栏。

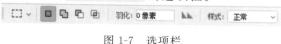

图 1-7　选项栏

Photoshop 基础知识

每个工具的选项栏中的项目是不同的,它和工具属性相对应。更多选择及参数设置,我们将在后期使用该工具时进一步讨论。

1.2.4　面板

1. 默认面板

工作界面的④号位置为面板区域(见图 1-8),默认状态下可见"颜色"面板、"调整"面板和"图层"面板,单击 图标可显示"历史记录"面板,单击"色板""通道"或者"路径"将分别弹出其对应面板。

2. 移动面板

拖动任何一个面板名称,可以将其移动到指定位置,图 1-9 就是我们拖动面板以后的结果。

图 1-8　默认面板

图 1-9　移动面板

3. 组合面板

如果拖动一个面板名称到另一个面板的名称位置,当该位置出现蓝色反光时,释放鼠标左键,两个面板将组合到一个窗口中。

4. 隐藏面板

要隐藏面板,直接单击面板右上角的 ,该面板将消失。

5. 显示面板

单击"窗口",可以发现更多面板可供选择,在其中任意面板的左边勾选,该面板都将显示在 Photoshop 界面的右部。

6. 复位基本功能

如果经过多次移动、开关、调整面板，面板显示已经和系统最初状态相去甚远，要恢复到系统初始状态，可以单击"窗口"→"工作区"→"复位基本功能"命令。

1.2.5 文件窗口

文件窗口（图1-2中的⑤号区域）包含三部分：文件名、文件和显示比例。默认情况下，文件名紧挨在"选项栏"的下方，如果打开了多个文件，我们将看到如图1-10所示的状态。

1. 当前文件

在图1-10中的文件名位置有2个文件，分别是"城堡.jpg"和"海边的小镇.jpg"，表示系统当前打开了这两个文件，其中"海边的小镇.jpg"选项卡是亮色的，并显示了更多细节，表示这是当前正在处理的文件。要处理任何文件，都必须先将其切换为当前文件，直接在该文件名处单击就可以实现切换。

2. 显示比例

文件窗口的左下角区域为文件的显示比例 19.57% ，我们可以直接输入数据调整显示比例。对于当前文件，还可以利用快捷键缩放显示：按住Alt键，同时滚动鼠标滚轴，滚轴向前为放大显示，滚轴向后为缩小显示，放大或者缩小结果将直接影响显示比例数据。

3. 文件独立显示

如果想同时显示几个文件，可以拖动文件名离开紧挨选项栏的位置，被拖动文件将会展现为一个独立窗口，图1-11中我们看到文件重新摆放了。

图1-10　文件窗口

图1-11　文件独立显示

独立显示的文件中，最前方的文件为当前文件，要切换当前文件，直接在该文件名称处或者画面上单击。

1.2.6 切换屏幕模式

用户还可以根据自己的喜好选择更多的界面模式。单击"视图"→"屏幕模式"命令，可以选择如图1-12所示的三种模式。单击工具箱下方的"更改屏幕模式"按钮 ⬚ ，也可以选择屏幕模式。

Photoshop 基础知识

(a) 菜单切换   (b) 工具箱按钮切换

图 1-12　屏幕模式

1. 标准屏幕模式

"标准屏幕模式"为 Photoshop 的默认模式,这种模式下,窗口中可以显示所有 Photoshop 组件。

2. 带有菜单栏的全屏幕模式

"带有菜单栏的全屏幕模式"不显示 Photoshop 的标题栏,只显示菜单栏,这样就可以使图像最大化充满整个屏幕,以便提供更大的空间操作。

3. 全屏幕模式

"全屏幕模式"下,图像之外的区域以黑色显示,并隐藏除图像之外的所有窗口内容。这样可以最大的空间查看图像效果。

1.2.7　进一步设置界面

如果想让 Photoshop 的所有显示符合我们的预期,可以修改"首选项"。单击"编辑"→"首选项"→"界面"命令,将看到如图 1-13 所示的首选项面板。

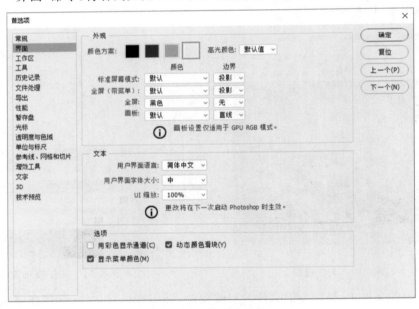

图 1-13　首选项面板

首选项中除了"界面"以外,还可以对更多选项进行设置和修改,这些选项将在以后需要的时候再来学习。

1.2.8　历史记录面板

历史记录面板记录了操作者对图像已执行的操作步骤,通过历史记录面板可以将图像的编辑恢复到某一历史状态。

单击"窗口"→"历史记录"命令,打开历史记录面板,如图 1-14 所示。

历史记录面板中显示的历史记录列表,展现了当前图像曾经执行的若干操作。如果要回退到以前的某个操作状态,可以直接单击在列表中的该操作步骤即可,后面的操作步骤即被撤销。例如,对于如图 1-14 所示的历史记录面板中的图像,单击"画笔工具"这一步骤,图像将返回到这一步操作后的状态,后续的两个历史操作"矩形选框""移动选区"被撤销。

历史记录面板默认的记录步数是 50 步,超出这个范围的旧步骤会被新步骤覆盖。如果希望早期的操作状态能保留下来,以备后面的恢复,可以使用历史记录面板的"创建新快照"按钮和"创建新文档"按钮。

1. 建立快照

利用快照可以很容易地恢复工作。在尝试用较复杂的技术时,可以先创建一个快照。如果对操作后的结果不满意,可以选择此快照来还原。

例如,对当前文件进行了 3 个步骤的操作后,单击历史记录面板下方的"创建新快照"按钮,在历史记录面板的顶部会看到创建的快照"快照 1",如图 1-15 所示。可以双击快照名"快照 1"进行重命名操作,使它更易于识别。当操作到某一步,对结果不满意时,在快照列表中单击要还原的状态对应的快照,工作状态将回退到此时。

图 1-14　历史记录面板

图 1-15　创建新快照

2. 建立新文件

除了快照,还可以利用历史记录面板的"创建新文档"按钮来保存当前图像。单击历史记录面板下方的"创建新文档"按钮 ![按钮],可以从当前操作图像的当前状态创建一个备份图像。使用此方法得到的新图像与原图像具有相同的属性,包括图层、通道、路径、选区等。

1.3　文件的创建、打开、关闭

单击"文件"→"新建"命令将弹出文件创建面板,见图 1-16。

1.3.1　文件名称与大小

直接在"名称"栏输入文件名称。单击"文档类型"的下拉列表可指定文件大小。

1. 自定义文件大小

在默认方式下,文件大小由创建者自己指定宽度和高度,长宽单位可以通过下拉选项指定(见图 1-17)。

Photoshop 基础知识

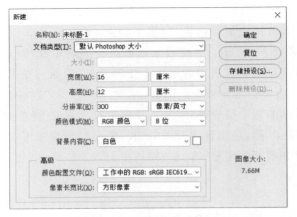

图 1-16　文件创建面板　　　　　　　　图 1-17　指定长度度量单位

2. 预设方式指定文件大小

单击"文档类型"将弹出预设选项，见图 1-18。

（1）剪贴板，文件的大小和最后一次应用剪贴板的大小一致。

（2）某照片名称，选择某一张前期用过的照片，文件的大小和该照片大小一致。

（3）自定，自己指定照片大小。

（4）其他还有各种标准大小，选择后要进一步确定大小选项。如选择"Web"表示新建文件的大小需要进一步按显示器规格来选择（见图 1-19）。

图 1-18　预设文件大小　　　　　　　　图 1-19　进一步选择文件大小

1.3.2　图像分辨率

图像分辨率就是单位长度含有多少个像素点，分辨率的单位为"像素/英寸"（Pixel Per Inch，ppi）或者"像素/厘米"。分辨率越高，图像越清晰，所产生的文件也就越大。我们在指定分辨率的时候，要考虑图像的用途。

（1）电脑直接显示的图像。由于可以动态放大缩小，其分辨率达到视觉要求就可以了，往往不太高。

（2）打印照片。制作要打印的照片，需要有平滑的效果，这时要求较高的分辨率。

1.3.3　颜色模式

颜色模式有"位图""灰度""RGB 颜色""CMYK 颜色""Lab 颜色"可选。

1. 位图模式

"位图"模式 位图 ▼ 1位 ▼ 用1位二进制位来描述一个像素点,由于一位二进制位只能表示"0"和"1"两种状态,因此像素只能表现为"黑"或者"白",位图模式的文件就是黑白图像。

2. 灰度模式

"灰度"模式 灰度 ▼ 8位 ▼ 用8位二进制位描述一个像素点,可以有256种灰度变化,因此图像将表现为黑白灰照片。更精细的图片需要用到更多的二进制位,如16位或者32位,图像越精细,变化越丰富,当然需要的存储容量也越大。

3. RGB 模式

"RGB颜色"模式 RGB 颜色 ▼ 8位 ▼ 用三个8位二进制位(共24位)描述一个像素点的三种电脑屏幕原色(R=Red=红色、G=Green=绿色、B=Blue=蓝色)含量,因此图像表现为彩色照片,这就是我们常说的24位真彩。

像素描述的二进制位还有16位和32位可选,如果采用将大量增加存储容量,当然图像色彩会越丰富。如果不是用于打印高精度彩色照片,一般8位基本足够。

RGB模式是 Photoshop 中最常用的一种颜色模式,因此所有 Photoshop 工具和功能选项都可以在 RGB 模式下应用。

4. CMYK 模式

"CMYK颜色"模式 CMYK 颜色 ▼ 8位 ▼ 是一种四色印刷的模式,利用色料的三原色混色原理,加上黑色油墨,共计四种颜色混合叠加,形成所谓"全彩印刷"(C=Cyan=青色、M=Magenta=品红色、Y=Yellow=黄色、K=Key Plate(Black)=黑色油墨)。

CMYK 和 RGB 相比有一个很大的不同:RGB 模式是一种自发光的色彩模式,CMYK是一种依靠反光的色彩模式,需要有外界光源才能看见。因此只要在屏幕上显示的图像,就是以 RGB 模式表现的。只要是在印刷品上看到的图像,就是以 CMYK 模式表现的。在CMYK 模式下,有很多滤镜都不能使用,所以编辑图像时多采用 RGB 模式,只有在印刷时才转换为 CMYK 模式。

5. Lab 模式

"Lab颜色"模式 Lab 颜色 ▼ 8位 ▼ 由三个通道组成,即明度 L、a 通道(从低亮度值的深绿色到中亮度值的灰色再到高亮度值的亮粉红色)、b 通道(从低亮度值的亮蓝色到中亮度值的灰色再到高亮度值的黄色)。这种色彩混合后将产生明亮的色彩。

RGB 模式是一种发光屏幕的加色模式,CMYK 模式是一种颜色反光的印刷减色模式。而 Lab 模式既不依赖于光线,也不依赖于颜料,它是理论上包括了人眼可以看见的所有色彩的色彩模式。

在表达色彩范围上,处于第一位的是 Lab 模式,第二位的是 RGB 模式,第三位是CMYK 模式。但是在 Photoshop 中,Lab 颜色模式下的很多功能都不能用。

1.3.4 背景内容

背景内容有"白色""背景色""透明"可选,选择默认的"白色"将创建一幅全白色图像文件,选择"背景色"将得到和"工具箱"上的当前背景色一致的图像文件,选择"透明"则创建一幅有大小没有像素色的透明图像文件。

1.3.5 打开和关闭文件

对于已经存在的文件,我们可以用多种方式来打开它。

1. 菜单打开

单击菜单"文件"→"打开"命令,弹出如图 1-20 所示的对话框,在其中选择要打开的文件路径和具体文件,单击"打开"按钮。

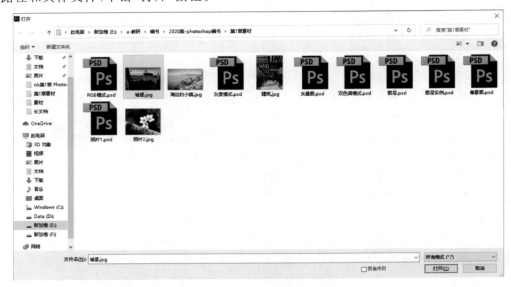

图 1-20 菜单打开图像文件

2. 图标打开

也可以在桌面或者资源管理器的对应文件位置,双击图像文件图标来打开文件。但是双击图标以后,可能并不是 Photoshop 软件打开,这时候需要重新指定文件关联。

3. 文件关联

如果需要指定打开某种图像文件的方式为 Photoshop,可以右击图像文件快捷菜单,选择"打开方式"→"Adobe Photoshop CC 2017"来打开;如果在选项栏上没有看到 Photoshop 的选项,则选择"选择其他应用"来进一步指定,这种方式为指定文件关联。

4. 关闭文件

关闭图像文件和关闭其他文件是一样的,可以单击图像窗口标题栏右侧的关闭按钮,或者单击"文件"→"关闭"命令。

如果想一次性关闭多个图像窗口,单击"窗口"→"文档"→"全部关闭"命令便可实现。

1.4 修改图像模式

对于已经创建的文件,如果要求改变其原有颜色模式,可以通过单击菜单"图像"→"模式"命令,弹出模式选项来选择,模式选项见图 1-21。

从图 1-21 中,我们可以看到当前图像的模式为 RGB 颜色、8 位/通道,可以修改的模式由黑色字体表示,灰色字体为不能直接修改的模式。

1.4.1 RGB 转换为 Lab 或者 CMYK 模式

图 1-21　颜色模式修改

RGB 颜色模式的图片,可以直接修改为 Lab 模式,在修改为 CMYK 模式时需要注意具体的 CMYK 模式的微小差异。

1.4.2 RGB 转换为索引颜色

索引颜色模式在印刷中很少使用,但在制作多媒体或网页时却十分实用。索引颜色挑选一幅图片中最有代表性的若干种颜色(通常不超过 256 种),编制成颜色表,它以降低了颜色的多样性为代价,减少文件所占的存储空间。而索引颜色模式则不能完美地表现出色彩丰富的图像,因为它只能表现 256 种颜色,因此会有图像失真的现象,这是索引颜色模式的不足之处。但索引颜色的好处也是不可忽略的,它只需要较少的存储空间,使用索引颜色的位图广泛应用于网络图形、游戏制作等场合。

1.4.3 RGB 转换为灰度模式

彩色的 RGB 转换为灰度模式,将丢失色彩信息,只保留明度信息,因此系统会弹出提示信息,见图 1-22。

1.4.4 RGB 转换为位图

RGB 模式不能直接转换为位图模式,它需要先转换成"灰度"模式,再转换为"位图"模式。由于位图模式不保留图层信息,因此还需要拼合图层,再进一步选择设置(见图 1-23)。

图 1-22　RGB 转换为灰度模式的提示

图 1-23　RGB 转换为位图的进一步设置

1.4.5 灰度转换为双色调

"灰度"图像可以转换为"双色调"图像,所谓双色调,就是选用两种不同的颜色分别替换灰度图像中的"黑""白"颜色作为颜色基色,来替代灰度图像的各种黑白混合灰度。以图 1-24(a)为例来实现色调修改。我们先将 RGB 模式转换为灰度模式,见图 1-24(b)。

在灰度模式下,将图片转换为双色调模式,单击"图像"→"模式"→"双色调"命令,将弹出如图 1-25 所示的双色调选项面板。

我们选择了两个油墨颜色"黑"(Black)和"品红"(Magenta),微调双色调曲线◻,然后单击"确定"按钮,得到如图 1-26 所示的双色调效果。

11

第 1 章

Photoshop 基础知识

(a) RGB模式　　　　　　　　(b) 灰度模式

图 1-24　RGB 模式→灰度模式

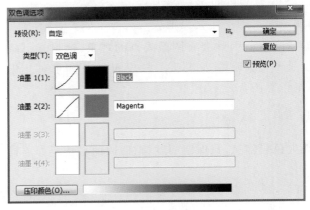

图 1-25　双色调选项面板

图 1-26　双色调效果

1.4.6　注意事项

我们看到，在将 RGB 模式转换为其他模式时，总是会出现信息减损的现象，加上 Photoshop 的所有功能都对 RGB 模式有效，因此建议编辑图像总是在 RGB 模式下进行。要转换为其他模式，应该在最后需要输出图像时才转换。

1.5　存储文件及文件格式

1.5.1　默认保存

已经制作好的 RGB 模式新文件，在单击菜单"文件"→"存储"命令后进入保存面板；编辑的曾经保存过的文件，单击菜单"文件"→"存储为"命令后进入保存面板，见图 1-27。

在提供文件存储路径、文件名称以后，勾选"作为副本"复选框，将使文件不覆盖原文件而成为一个新的副本文件。单击"保存"按钮就将文件按要求保存了。

1.5.2　文件格式

在存储文件面板的文件名下方，可以指定文件格式，单击其下拉按钮将得到如图 1-28 所示的格式选项。

1．PSD 格式

PSD 格式为 Photoshop 的默认保存格式，它能够完整保留所有 Photoshop 功能（图层、

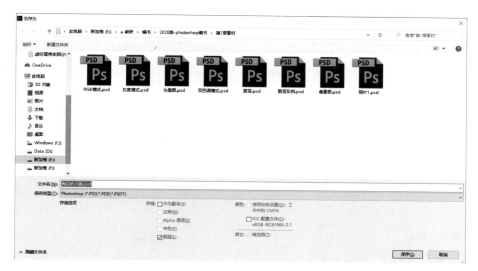

图 1-27　存储文件

图 1-28　文件格式选项

效果、蒙版等)信息,因此我们在制作和处理图像的过程中都采用 PSD 格式保存。但是 PSD 格式保留的信息量太大,因此占用的存储空间很大。PSD 只能支持最大为 2GB 的文件,对于大于 2GB 的文件,以大型文档格式 PSB 或者 TIFF 格式存储。

2. TIFF 格式

TIFF 格式支持 RGB、CMYK、Lab、索引颜色、灰度和位图模式图像。Photoshop 可以在 TIFF 文件中存储图层、注释、透明度和多分辨率数据。

TIFF 是一种灵活的位图图像格式(见图 1-29),受几乎所有的绘画、图像编辑和页面排版应用程序的支持。而且,几乎所有的桌面扫描仪都可以产生 TIFF 图像。TIFF 文档的最大文件大小可达 4GB。

3. BMP 格式

BMP 是 Windows 系统使用的标准图像格式(见图 1-30)。BMP 格式支持 RGB、索引颜色、灰度和位图颜色模式。可以指定 Windows 格式和 8 位/通道的位深度。使用 Windows 格式的 4 位和 8 位图像,还可以指定 RLE 压缩。

Photoshop 基础知识

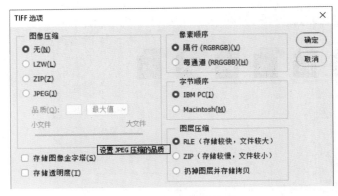

图 1-29   TIFF 格式选项   图 1-30   BMP 格式选项

4. JPEG 格式

JPEG 格式支持 RGB、CMYK 和灰度颜色模式,但不支持透明度。JPEG 保留 RGB 图像中的所有颜色信息,但会有选择地扔掉数据来压缩文件大小。JPEG 为有损压缩格式(见图 1-31),拖动"品质"滑块,或在"品质"文本框中输入数值来决定文件品质,品质值越小(最小为 0),压缩率越大,文件品质损失越严重;品质值为 12 时达到最大,此时文件品质达到压缩后的最佳状态,文件存储空间要求也比较高。在大多数情况下,"最佳"品质选项产生的结果与原图像几乎无分别。

图 1-31   JPEG 格式选项

JPEG 图像在打开时自动解压缩。JPEG 压缩格式不保留 Photoshop 的功能应用信息,压缩存储后无法恢复到原有的分层蒙版等状态。

5. PDF 格式

PDF 格式是一种灵活、跨平台、跨应用程序的便携文档格式(见图 1-32)。PDF 文件精确地显示并保留字体、页面版式以及矢量和位图图形。

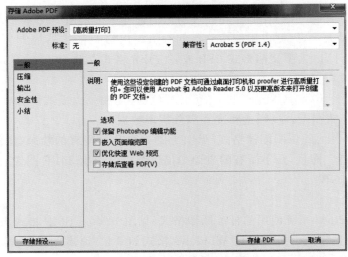

图 1-32   PDF 文件格式选项

当勾选"保留 Photoshop 编辑功能"复选框时，文件成为 Photoshop PDF 文件，Photoshop PDF 格式支持标准 Photoshop 格式所支持的所有颜色模式（多通道模式除外）和功能。不勾选"保留 Photoshop 编辑功能"复选框时，文件成为标准 PDF 文件，打开标准 PDF 文件时，Photoshop 会将矢量和文本内容栅格化，同时保留像素内容。

1.6　修　改　文　件

对于已经创建的文件，可以修改其整体大小，也可以修改画布大小，还可以进行裁剪。

1.6.1　修改图像大小

当需要放大或缩小图像时，单击菜单"图像"→"图像大小"命令，将弹出"图像大小"对话框，在该对话框中可以查看及修改图像大小，见图 1-33。

图 1-33　"图像大小"对话框

（1）"图像大小"选项区，在此重新指定图像的宽度和高度，可使用单位为"像素""厘米""百分比"等。使用"像素"或"厘米"单位时，新输入的数值将直接决定原图像的长宽；使用"百分比"单位时，百分比内容表示对原图像的缩放比例。

（2）约束比例按钮 ⑧ 为可选项，单击该按钮，表示锁定图像的长宽比，此时每一次对任何一个长宽数值的修改，都将引起其他部分等比例修改。

（3）"重新采样"复选框为可选项。勾选"重新采样"复选框，表示在改变"宽度""高度""分辨率"中的某个参数时，其他参数会自动做相应修改；取消勾选"重新采样"复选框则会锁定"像素大小"，只有其他的参数能对应自动联动。

图 1-34 为相同显示比例（20%）下，图像大小改变前后的比较。

图 1-34　图像大小改变

Photoshop 基础知识

1.6.2 修改画布大小

我们有时候需要对图像进行处理,但图像的画布尺寸不够,单击菜单"图像"→"画布大小"命令可修改"画布大小",见图 1-35。

图 1-35 "画布大小"对话框

1. 修改效果

应用如图 1-35 所示的参数,调整图 1-36(a)中的原图画布大小,得到如图 1-36(b)所示的结果。

(a)原图   (b)画布相对增大,背景黄faf70a

图 1-36 画布修改

2. 参数设置

(1)当前大小,表示当前图像的宽度和高度尺寸,方便用户对比调整。

(2)新建大小,输入新画布的宽度和高度,同时选择尺寸单位。

(3)相对,可选项,不勾选时表示新画布直接采用"新建大小"的长度和宽度;勾选后表示新画布在原来画布大小的基础上增减。

(4)定位,用来指定画布增减的方向,其中的圆点按钮 ● 表示原图像处于画布中的位置,画布的增减向箭头方向收缩与扩展。在定位的九宫格上任一格单击,都会重新定位源图像在画布上的位置,箭头随即对应调整。图 1-37 为不同定位点下的画布增减效果。

(5)画布扩展颜色,表示新增空白画布区域的颜色,可供选择的颜色为前景色、背景色、白色。

图 1-37　不同定位点下的画布增减效果

1.6.3　裁剪工具

裁剪工具可以对图像进行裁剪。用户可以根据需要裁掉不需要的像素,还可以使用网格线进行辅助裁剪。选择裁剪工具后,在图像上拖动鼠标,形成一个矩形定界框,按 Enter 键,就可以将定界框外的图像裁掉。工具选项栏如图 1-38 所示。

图 1-38　裁剪工具的工具选项栏

1. 参数设置

（1）裁剪比例:在此下拉菜单中,可以选择裁剪时的比例,如图 1-39 所示。默认的选项为"比例",选择该选项时,会出现两个文本框,可输入长宽比,单击 ⇄ 按钮,交换两个文本框内的数值。单击 清除 按钮,清除文本框内的数值。两个文本框为空时,用户可以随意拖动鼠标界定裁剪区域,不受约束。

（2）拉直 ▦ :如果画面角度出现倾斜,可单击拉直按钮,在图像上拉出一条直线,让它与地平线、建筑物墙面或其他关键元素对齐,倾斜的画面会被校正过来。

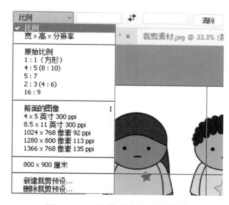

图 1-39　裁剪比例下拉菜单

（3）叠加选项 ▦ :单击此按钮,可打开下拉菜单选择一种参考线,将其叠加在图像上,以帮助我们合理构图,如图 1-40 所示。

（4）裁剪选项 ⚙ :单击此按钮,将弹出如图 1-41 所示的下拉菜单,可以进行裁剪图像时的选项设置。

2. 应用

（1）打开素材图像,如图 1-42（a）所示,选择裁剪工具,在图像上单击并拖曳鼠标,创建矩形裁剪框,如图 1-42（b）所示。

第 1 章

Photoshop 基础知识

图 1-40　叠加选项下拉菜单　　　　　　　图 1-41　裁剪选项下拉菜单

(a) 原图　　　　　　　　　　　　　　(b) 裁剪框

图 1-42　裁剪工具的应用

（2）将光标放在裁剪框的边界上，单击并拖曳鼠标可以调整裁剪框的大小，如图 1-43(a)所示。将光标放在裁剪框内，单击并拖曳鼠标还可移动图像。按 Enter 键确认，裁剪图像成功，如图 1-43(b) 所示。

(a) 缩小裁剪框　　　　　　　　　　　　(b) 裁剪后的图

图 1-43　调整裁剪框并确认裁剪

1.6.4　透视裁剪工具

透视裁剪工具可以对有透视效果的图像进行裁剪，其工具选项栏如图 1-44 所示。

图 1-44　透视裁剪工具的工具选项栏

下面通过一个简单的实例讲解透视裁剪工具的用法。

（1）打开素材图像，如图1-45所示。本例中字典的封面有透视效果，我们将用透视裁剪工具将封面裁剪出来，并消除透视效果。

（2）选择透视裁剪工具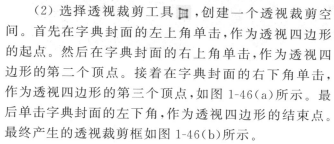，创建一个透视裁剪空间。首先在字典封面的左上角单击，作为透视四边形的起点。然后在字典封面的右上角单击，作为透视四边形的第二个顶点。接着在字典封面的右下角单击，作为透视四边形的第三个顶点，如图1-46(a)所示。最后单击字典封面的左下角，作为透视四边形的结束点。最终产生的透视裁剪框如图1-46(b)所示。

图1-45　素材图像

（3）单击顶部选项栏右侧的对号图标或者按Enter键确认，完成透视裁剪的操作，最终效果如图1-47所示。

(a) 添加第三个顶点

(b) 完成透视裁剪框

图1-46　创建透视裁剪空间

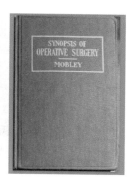

图1-47　最终效果

1.7　图层基础

图层是Photoshop图像文件处理的基本单位，它如同堆叠在一起的透明纸，透明纸上被画上了部分或者全部的色彩，通过图层的透明区域可以看到下面的图层。

1.7.1　图层介绍

下面以图1-48为例来说明图层的概念，这张图片是由图层堆叠而成的。

图1-48其实是由三个图层合成的，这三个图层见图1-49。Photoshop用灰白相间的菱形格子　表示透明区域，我们看到三个图层分别是完全不透明的"背景"图层、局部不透明的"图层1"和透明度很高的"图层2"。

将三个图层按顺序叠加（见图1-50），图层1的不透明区域（荷叶）遮盖了下方的"背景"图层的对应区域，"图层2"的时钟为半透明状态，其余部分全部透明。

图1-48　处理好的图像

(a) 图层2　　　　　　(b) 图层1　　　　　　(c) 背景

图 1-49　三个图层

1.7.2　图层操作

图层操作是借助于"图层面板"来实现的,图层面板见图 1-51,其中有 3 个图层。

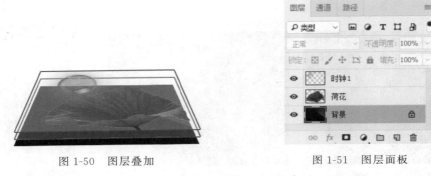

图 1-50　图层叠加　　　　　　图 1-51　图层面板

每个图层前面的眼睛 ◉ 表示显示状态,中间的图标为图层内容示意图,后面的文字为图层名称。

1. 当前图层

当前正在操作的图层为"当前图层"(或者活动图层),图层面板上只有一个当前图层,那就是正在操作的那个图层,图 1-51 中的"背景"图层 为当前图层。要切换当前图层,直接鼠标单击指定图层。

2. 隐藏与显示图层

显示的图层左边有代表显示的眼睛符号 ◉ ;要将显示图层改变为隐藏,单击眼睛符号使之消失,没有眼睛的图层在图像中不显示。

3. 创建新图层

要创建新图层,单击图层面板的创建新图层按钮 ,将在当前图层的上方产生一个新的透明图层,该图层的名称为"图层 n",n 为序号。

4. 复制图层

选择一个图层,然后将其拖动到创建新图层按钮 上,将在该图层上方创建一个该图层的"副本"。

5. 重命名图层

选择好要重命名的图层,在该图层名称上双击,名称变为可编辑状态 ,直接在名称框中输入新名称即可。

6. 移动图层

为了统一调整图层之间的覆盖关系,可以移动图层。将选中的图层直接拖动到所需图层上方位置,图层即被移动。

7. 删除图层

将要删除的图层直接选中并拖动到图层面板的删除按钮 🗑 上,该图层即被删除。

8. 合并图层

选择两个及以上的图层,在图层名称位置右击,在出现的选项中选择"合并图层",被选中的图层将会合并为一个图层。

更多的图层操作及细节,我们将在后续的学习过程中进一步讨论。

1.8　像素图像与矢量图形

在 Photoshop 的处理中,图像有两种完全不一样的表现方式,那就是像素图像和矢量图形。

1.8.1　像素图像

像素图像是由像素点构成的图像,放大像素图像的局部,将看到像马赛克一样拼贴在一起的像素点(方块),见图 1-52。前面我们学习的图像模式(位图、灰度图、RGB、CMYK 和 Lab)都是像素图,它们描述图像的基本单位为"像素"。

1.8.2　矢量图形

矢量图形是根据几何特性来绘制的图形,它只能靠软件生成,其特点是放大后不会失真(见图 1-53),和分辨率无关,适用于图形设计、文字设计和一些标志设计、版式设计等。

图 1-52　像素图像

图 1-53　矢量图形

矢量图形使用直线和曲线来描述图形,这些图形的元素是一些点、线、矩形、多边形、圆和弧线等,它们都是通过数学公式计算获得的。

在后期的学习中,以上两种图像都会反复应用,更多内容将在具体应用时学习。

Photoshop 基础知识

第2章　　　　　选 区 基 础

在 Photoshop 中进行图像处理时,必须先选中需要编辑的区域才能进行后续的操作,这个区域就是选区。选区是 Photoshop 的核心功能之一,选区可以限定操作范围、分离图像。使用 Photoshop 时,图像编辑效果的好坏,很大程度上取决于选区的准确与否。本章将学习选区的基本操作、用常见的选区工具进行简单抠图。本章学到的选区工具见图 2-1。

图 2-1　常见的选区工具

2.1　认 识 选 区

选区是图像上的一块指定区域,选区的边线表现为闪烁的虚线,称为蚂蚁线。选区内是被选取的图像,用来限制操作的范围,用户在编辑时,选区以外的未选定区域不会被改动,所有的操作都被限定在选区里。选区还有一种用途,即分离图像,也称为抠图——使用选区选中图像,将其从背景中抠出来,放在一个单独的图层中,见图 2-2。

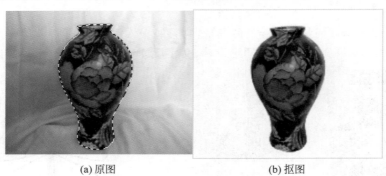

　　　　(a) 原图　　　　　　　　　　　　(b) 抠图

图 2-2　选区抠图

2.2　制作规则选区

对于图像中的规则形状,如矩形、椭圆等,使用选框工具(见图 2-3)是最便捷的方法。选框工具包括矩形选框工具、椭圆选框工具、单行或单列选框工具。矩形选框工具用于创建

图 2-3　规则选区工具

矩形选区;椭圆选框工具用于创建椭圆形选区;单行或单列选框工具将边框定义为宽度为 1 个像素的行或列,用来创建直线选区。下面以矩形选框工具为例进行讲解,其他选框工具用法跟矩形选框工具类似。

在建立选区前,需要在矩形选框工具的选项栏中设置参数,见图 2-4。

选区选项　　　　　　羽化　　　　　　　　　　　　选区样式

图 2-4　矩形选框工具的选项栏

2.2.1　选区选项

选区选项用来指定下一次选区动作和上一次选区动作的关系,有"新建""添加到""相减""交叉"4 个选项,见图 2-5。

1. 新建

在图像中拖动,能创建一个新选区,拖动鼠标创建选区的同时按 Shift 键可以创建正方形选区,见图 2-6。

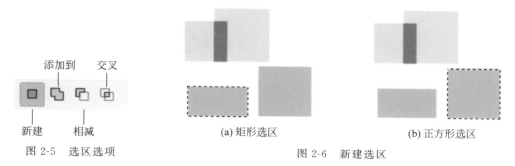

添加到　　交叉

新建　　相减

图 2-5　选区选项

(a) 矩形选区　　　　　　　　　　(b) 正方形选区

图 2-6　新建选区

2. 添加到

如果已存在选区,见图 2-7(a),在图像中选择右上方的正方形区域,可将当前选区"添加到"原选区中,见图 2-7(b)。

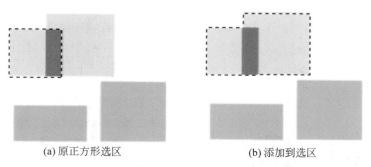

(a) 原正方形选区　　　　　　　　　(b) 添加到选区

图 2-7　添加到选区

3. 相减

如果已存在右上方的正方形选区,见图 2-8(a),在图像中选择拖动红色矩形区域,可将当前创建的选区从原选区中减去,见图 2-8(b),可以得到不规则的形状。

4. 交叉

如果已存在右上方的正方形选区,见图 2-9(a),在图像中选择拖动左上方的正方形区域,可得到当前创建的选区和原选区相交的区域,见图 2-9(b)。

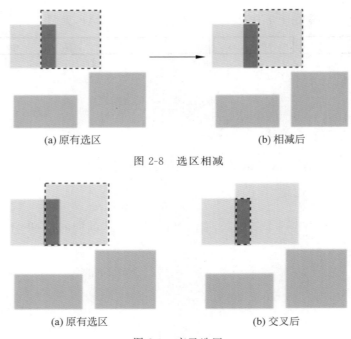

(a) 原有选区   (b) 相减后

图 2-8 选区相减

(a) 原有选区   (b) 交叉后

图 2-9 交叉选区

2.2.2 羽化及消除锯齿

有时选区的边缘较为生硬,有明显的阶梯状,也叫锯齿。我们可以借助羽化工具和消除锯齿功能来平滑选区的硬边缘。

1. 羽化

羽化是让选区边缘从实色到透明的过渡,羽化单位像素值用来限定过渡范围,像素值越大,过渡范围越大,虚化程度越高。较柔和的过渡适用于制作合成效果。

下面将羽化参数设为 5 和 0,分别画两个正圆选区,然后填充颜色,效果如图 2-10 所示。

羽化使选中的图像边缘呈现类似半透明的效果,这有利于在不同图像中进行合成。图 2-11 为用羽化边缘抠出儿童人像后与苹果图合成的效果。

图 2-10 羽化对比效果

图 2-11 羽化后的合成效果

需要注意的是,羽化的像素值必须先设置后应用。只有在设置羽化像素值以后,拖动绘制选区才有效果。

2. 消除锯齿

使用椭圆选框工具绘制椭圆时,边缘会有明显的锯齿,选择"消除锯齿"选项后,会在选区边缘1个像素宽的范围内添加与周围图像相近的颜色，使边缘光滑。

我们分别关闭"消除锯齿"和打开"消除锯齿"，创建两个正圆选区，填充颜色，效果如图2-12所示。

图2-12　消除锯齿对比效果

消除锯齿适用于椭圆选框工具，而不适用于矩形、单行和单列选框工具，矩形、单行和单列选框工具都没有消除锯齿的选项。因为这3种选框工具所创建的选区边缘一定是水平或者垂直的，不可能有曲线或斜线。而锯齿只会在曲线或斜线中出现，所以这3种选框工具不会产生锯齿。

"消除锯齿"也是先指定后应用，建立选区之前必须先指定该选项。建立了选区后，无法添加消除锯齿功能。

2.2.3　样式

"样式"用于矩形选框工具或椭圆选框工具，它用来约束选区的高宽比，可以在3种样式中选择一种来创建选区。

1. 正常

样式若选择"正常"，将不限定高宽比，通过拖动创建任意大小的选区。此方法可以创建任意形状的椭圆或者矩形。

2. 固定比例

选择"固定比例"后，创建的选区将被限定为指定的高宽比。图2-13为在固定比例下，输入宽度3和高度1后创建选区的效果。

图2-13　固定比例创建选区

要创建"正方形"或者"圆形"选区，将宽度和高度指定为1即可。Photoshop提供了更简洁的方式来创建高宽比为1：1形式的选区，选择 矩形选框工具 或者 椭圆选框工具，按住Shift键的同时拖动鼠标，选区形状将会限定为1：1。

3. 固定大小

为选框的高度和宽度指定固定的值，将得到大小固定的选区。输入整数像素值。

2.2.4　选择并遮住

当选区处于激活状态时，该选项可用，用来打开"调整边缘"对话框，可以对选区进行更高级的编辑，这将在后面的章节中进行详细讲解。

2.3　制作不规则选区

套索工具组用来绘制不规则选区，其中包括套索工具、多边形套索工具和磁性套索工具，见图2-14。

2.3.1　套索工具

套索工具 主要用来手绘选区，自由度高，适用于对边缘精度要

图2-14　套索工具

选区基础

求不高的素材。套索工具和多边形套索工具的工具选项栏(见图 2-15)与椭圆选框工具类似,故不再赘述。

图 2-15　套索工具和多边形套索的工具选项栏

创建选区的步骤如下。

(1) 在工具选项栏中设置好选区添加方式、羽化和消除锯齿等各项参数。

(2) 拖动以绘制手绘的选区边界,自动形成一个闭合区域的选区,如图 2-16 所示。

2.3.2　多边形套索工具

多边形套索工具 通常用来绘制边界是直线的选区。

1. 创建选区步骤

(1) 在工具选项栏中设置好选区添加方式、羽化和消除锯齿等各项参数。

(2) 在图像中单击以设置起始点。

(3) 围绕图像边缘处不断单击,点与点之间将出现连接直线。如果某一点的位置不正确,可以按 Delete 键删除。

(4) 结束选区:将多边形套索工具的指针放在起点上(指针旁边会出现一个闭合的圆)并单击。如果指针不在起点上,在结束处双击多边形套索工具指针,也可形成闭合区域。图 2-17 为应用多边形套索工具绘制的房子选区。

图 2-16　套索工具绘制选区

图 2-17　多边形套索工具绘制选区

2. 绘制水平、垂直、45°方向的直线

按住 Shift 键,同时在起点以外的区域单击,可以绘制水平、垂直、45°方向的直线。

2.3.3　磁性套索工具

磁性套索工具 是一种智能化工具,特别适用于在背景单一且色差明显的图像中创建选区,就像有磁性般附在图像边缘。使用磁性套索工具时,边界会对齐图像中定义区域的边缘(注:磁性套索工具不可用于 32 位/通道的图像)。其工具选项栏见图 2-18。

拓展选项

图 2-18　磁性套索的工具选项栏

1. 选项

磁性套索的工具选项栏中,大部分选项都跟套索工具相同,不再赘述,新增加的拓展选项功能如下。

(1)宽度,用来指定自动检测边缘线的范围,单位是像素。边缘为两种反差比较大的颜色的交界线,在拖动指针时,套索围绕指针在宽度范围内自动寻找并贴合边缘。如果边界模糊,对比度弱,则需要设置较小的宽度;如果色差大,边界很明显,可以设置较大的宽度。

(2)对比度,用来设置工具对图像边缘的灵敏度,对比度是介于 $1\% \sim 100\%$ 的值。边缘模糊的图像的颜色对比度低,颜色反差小;而边缘清晰的图像的颜色对比度高,颜色反差大。如果设置比较高的对比度数值,套索只检测与其周边对比鲜明的边缘;设置较低的对比度数值,套索将检测低对比度边缘。

(3)频率,用来决定插入的锚点 ▫ 的数量,锚点是连接线段的节点,是 $0 \sim 100$ 的数值。数值越大,生成的锚点越多,捕捉到的边界也越准确。

(4)光笔压力,使用光笔绘图板时可用的按钮,单击选择"光笔压力"选项时,增大光笔压力将导致边缘宽度减小。

在边缘清晰的图像上,可以应用更大的宽度和更高的对比度,然后大致地跟踪边缘。在边缘较柔和的图像上,需要使用较小的宽度和较低的对比度,然后更精确地跟踪边框。

2. 使用步骤

使用磁性套索绘制选区时,步骤如下。

(1)在图像中单击设置开始位置。

(2)释放鼠标左键,或按住它不放,然后沿着要跟踪的边缘移动指针。

(3)自动添加锚点的过程中会添加一些不准确的锚点,可以按 Delete 键删除上一个锚点,如果边框没有与所需的边缘对齐,则单击一次以手动添加锚点。

(4)选择全部边缘后,光标指向起点,指针旁边会出现一个闭合的圆,此时单击可以得到闭合选区,见图 2-19。

图 2-19　磁性套索工具绘制选区

2.4　调 整 选 区

新建好选区后,通常还需要进一步调整,才能达到理想的效果,下面介绍调整选区的常用方法。

2.4.1 取消选区与反向选择

1．取消选区

如果对创建的选区不满意，要重新创建选区，或对当前选区已经操作完毕，那么就要取消当前选区，即去掉蚂蚁线，才能进行后续操作。按快捷键 Ctrl＋D，即可取消选区；或单击菜单"选择"→"取消选择"命令来取消选区；也可以在新选区 ▣ 选项下，单击选定区域外的任意位置来取消选区。

2．反向选择

有些图像的背景色彩简单，创建选区时，先选择背景，再使用菜单"选择"→"反向"命令，即可快速选中图像的中心景物部分，见图 2-20。

图 2-20　反向选择

2.4.2 移动选区

移动选区指的是移动选区的边界（即蚂蚁线），而不是选区内的图像。步骤如下。

（1）使用任意选区工具，从选项栏中选择"新选区" ▣ ，然后将指针放在选区边界内。指针将发生变化 ▷⠿，指明可以移动选区。

（2）直接拖动选区即可移动选区，见图 2-21。

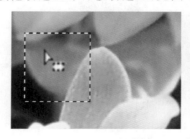

图 2-21　向右方移动选区

2.4.3 选取相似与扩大选取

我们也可以利用"选择"菜单中的命令来调整选区，菜单中的"选取相似"与"扩大选取"都可以用来扩展选区区域。

单击"选择"→"选取相似"命令或"选择"→"扩大选取"命令可以查找并选择那些与当前

选区中的像素色调相近的像素,两者都是用来扩展选区的命令。

但是,两者是有区别的。"选取相似"在扩展选区时可以扩展到整个图像,而"扩大选取"只能扩展与原来选区相邻的部分。下面以图 2-22 为例来说明两者的区别,图 2-23(a)为应用"选取相似"的效果,图 2-23(b)为"扩大选取"的效果,两者扩展的区域明显不同。

图 2-22　原选区

(a) 选取相似　　　　　　　　　　(b) 扩大选取

图 2-23　"选取相似"与"扩大选取"效果比较

2.4.4　选区的变换

对选区进行变换,可以将现有选区放大、缩小、旋转等。这里变换的是选区的边界,而不是选区内的图像。

在绘制好选区以后,单击菜单"选择"→"变换选区"命令,选区周围出现一个"定界框",用来指出选区的边界,周围有 8 个控制点 ,中间有一个参考点 ,见图 2-24。

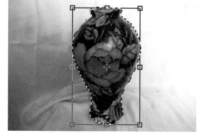

图 2-24　变换选区的控制点和参考点

1. 控制点变换

(1) 可以通过拖动控制点来改变选区大小。

(2) 要旋转选区,先移动参考点到某个位置,然后在"定界框"外围旋转,来改变选区的角度,见图 2-25。

(3) 将光标置于选区以内,拖动便能移动选区,见图 2-26。

(4) 确认变换,按 Enter 键,变换完成。

2. 参数变换

如果要精确地控制变换,可以在单击菜单"选择"→"变换选区"命令后,直接修改对应的选项栏参数。

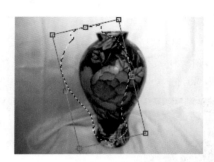

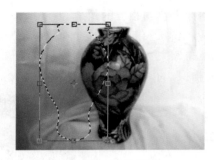

图 2-25　旋转选区　　　　　　　　　图 2-26　移动选区

（1）定位控制点和参考点。

X: 521.00像素 △ Y: 397.50像素 W: 100.00% 用来定位和修改控制点位置，外围的 8 个点位控制点，中间的点为参考点，单击其中任一个点，然后输入新的 X 和 Y 的像素值，该控制点的位置就以图像左上角为原点改变到新值所指的位置；如果想参照原控制点的位置来改变，需要先单击 △ 以便以该控制点的原位置为基础来改变，再次单击 △ 取消相对关系。

（2）高宽按比例改变。

W: 100.00% ∞ H: 100.00% 用来按比例缩放选区的高度和宽度，100%表示没有改变，低于100%表示收缩，高于 100%表示放大；中间的"保持长宽比" ∞ 按钮，按下表示缩放时维持原有长宽比不变，否则可自由缩放。

（3）旋转。

△ 0.00 度 表示旋转角度，可以直接输入角度值，让选区围绕 点的坐标位置旋转。

（4）斜切。

H: 30.00 度 V: 0.00 度 用来斜切选区，H 表示水平斜切，V 表示垂直斜切，图 2-27 为输入水平斜切角度 30°时的斜切效果。

（5）变形。

变形按钮，按下以后会得到图 2-28 所示的变形框，拖动其中的"控制点" 将拉伸选区，拖动"控制句柄" 将改变选区边缘的弧度。

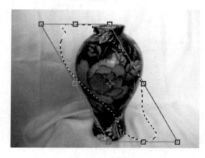

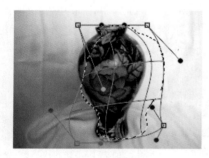

图 2-27　斜切　　　　　　　　　　图 2-28　变形

（6）变换完成或取消。

✓ 按钮为"提交变换"按钮，单击它表示变换完成。

🚫 按钮，单击它将取消对选区的变换操作。

2.4.5 选区细化处理

在绘制好选区以后，单击"选择"→"修改"命令将弹出如图 2-29 所示的选项，这些命令选项可以对已有的选区进行细加工和微调。

1. 羽化

合成图像时，对选区进行羽化后，可以让选区边缘衔接的部分虚化，从而达到自然衔接的效果。使用羽化有两种方法。

（1）在工具选项栏中，先设好羽化参数，再绘制选区。如果对做出的选区羽化效果不满意，只能撤销原选区，重新设置羽化后再重新创建选区，这显然让事情变得比较烦琐。

（2）对已有选区边缘再次设置羽化。单击"选择"→"修改"→"羽化"命令，在弹出的面板中（见图 2-30）再次输入羽化参数，单击"确定"按钮。如果发现羽化的程度不满意，还可以再次设置羽化参数。

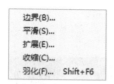

图 2-29　修改选区选项

图 2-30　"羽化选区"面板

图 2-31 为应用"羽化选区"输入 0 像素和 20 像素值得到的选区图片，与不改变羽化值的选区图片的对比效果。

(a) 原图　　　　　　　(b) 羽化(0像素)　　　　　　　(c) 羽化(20像素)

图 2-31　羽化效果对比

2. 边界

单击"选择"→"修改"→"边界"命令，可将当前选区的边界作为新的选区，该选区宽度由"边界选区"面板（见图 2-32）指定。设置边界选区宽度的效果如图 2-33 所示。

3. 平滑

单击"选择"→"修改"→"平滑"命令，可在"平滑选区"面

图 2-32　"边界选区"面板

板（见图 2-34）中输入取样半径值，调整选区边界的平滑弧度。半径范围越大，弧度越平滑。图 2-35(b) 中的选区就是在图 2-35(a) 的选区基础上指定取样半径为 20 像素的结果。

4. 扩展与收缩

单击"选择"→"修改"→"扩展"命令，可以扩大当前选区；单击"选择"→"修改"→"收缩"命令，可以缩小当前选区。扩展与收缩效果见图 2-36。

(a) 原图　　　　　　　　　　　(b) 边界选区内容

图 2-33　边界选区效果

图 2-34　"平滑选区"面板

(a) 原选区　　　　　　　　　(b) 平滑取样半径为20像素

图 2-35　平滑选区效果

(a) 原图　　　　　(b) 扩展20像素　　　　　(c) 收缩20像素

图 2-36　扩展与收缩

2.5　图像的基本操作

我们在 Photoshop 中用截图工具或选区工具复制某部分图像后,复制的信息暂存在剪贴板上,我们再执行粘贴命令,剪贴板上的内容就被粘贴到新图层了,并保留了复制图像的信息。如果剪贴板不为空,创建新文档默认的尺寸就是暂存于剪贴板里的图像区域的大小。

本节主要介绍移动、复制、粘贴选区图像以及在特定条件下自动选择选区图像等快捷操作。

2.5.1　截图

如果想截取 Photoshop 界面中的某个画面,有几种常用的方法。

1. 利用拷贝命令

如果这个画面局限在图像的内部,可以先用选区工具生成选区,再单击"编辑"→"拷贝"命令,此时该选区里的内容将被存入剪贴板,打开目标文件,执行"粘贴"命令,即可将该选区内容截取出来并贴到该文件中。

2. 利用 QQ 软件的截图功能

视频聊天工具 QQ 除了能够用于聊天,用于截图也是很简单快捷的。先停留在要截取的画面上,再按快捷键 Ctrl＋Alt＋A,出现一个框选住整个屏幕的蓝色边框,可直接拖动鼠标重新生成蓝色边框,双击鼠标,即把蓝色边框范围内的图像存入剪贴板,接下来再粘贴目标文件即可。默认情况下,蓝色边框会框住整个桌面,如果只想截取某个窗口,可在出现蓝色边框后,移动鼠标到此窗口上,蓝色边框的边界会自动缩小为这个窗口,见图 2-37。

图 2-37　缩小蓝色边框为某个窗口

3. 利用截屏键 PrintScreen

按键盘上的 PrintScreen 键即可对整个桌面截屏;按快捷键 Alt＋PrintScreen 可截取当前的活动窗口。这种方法的缺陷是截屏后无法马上看到截屏的内容,也不能进行调整,只有在执行"粘贴"命令后在目标文件中才能看到截屏的内容。

2.5.2　图像显示比例缩放

处理图像时,为了看清楚细节或者查看图像全貌,需要调整画面的显示比例。

1. 使用缩放快捷键

按住 Alt 键,同时滚动鼠标的滑轮,向前滚动放大图像画面,向后滚动缩小图像画面。

2. 使用缩放工具

单击工具箱里的缩放工具 🔍 ,将光标放在画面中,此时光标会变成 🔍 ,单击可放大图像的显示比例。按住 Alt 键,光标会变成 🔍 ,单击可缩小图像的显示比例。

2.5.3 移动选区图像

移动选区图像,又分为图层内移动、移动到新图层和跨图像移动。

1. 图层内移动

单击该选区所在图层,单击工具箱中的移动工具 ，光标置于选区中,拖动鼠标即可移动该选区内的图像,见图 2-38。

选区图像移动后将留下空白区域,如果该图层不是背景图层,空白区域将变成"透明"区域;如果该图层为背景图层,则空白区域被当前"背景色"填充。

图 2-38 图层内移动选区图像

2. 移动到新图层

在当前图层上绘制选区,单击菜单"编辑"→"剪切"命令;再重新指定一个当前图层(目标位置),单击"编辑"→"粘贴"命令,选区图像将移动到当前图层的上方新图层。也可以直接使用快捷键 Ctrl+X 实现剪切,用快捷键 Ctrl+V 实现粘贴,以后的操作中,我们更多地会使用这种快捷方式。图 2-39 中,我们将"图层 1"中的选区移动到自动创建的新图层"图层 2"上。

(a) 图层1　　　　　　　　　　　　(b) 图层2

图 2-39 移动到新图层

3. 跨图像移动

我们称要移动的图像为"源图像",将准备到达的图像称为"目标图像"。

(1) 应用菜单来移动。

指定"源图像"为当前图像,在绘制好对应图层的选区后,单击菜单"编辑"→"剪切"命令;然后切换到"目标图像",指定当前图层,单击"编辑"→"粘贴"命令,选区图像将移动到"目标图像"当前图层的上方新图层。

(2) 快捷键移动。

指定"源图像"为当前图像,在绘制好对应图层的选区后,按快捷键 Ctrl+X;然后切换到"目标图像",指定当前图层,按快捷键 Ctrl+V,选区图像将移动到"目标图像"当前图层的上方新图层。

2.5.4 复制选区图像

复制图像分为截图复制、同图像复制和跨图像复制。

1. 截图复制

（1）应用菜单来复制。

先利用截图工具截图，然后在目标图像上指定一个当前图层（目标位置），单击"编辑"→"粘贴"命令，截取的图像片段将复制到指定图层的上方新图层。

（2）快捷键复制。

先利用截图工具截图，然后在目标图像上指定一个当前图层（目标位置），按快捷键Ctrl＋V实现粘贴，截图被复制到目标位置。

2. 同图像复制

（1）应用菜单来复制。

在当前图层上绘制选区，单击菜单"编辑"→"拷贝"命令；再重新指定一个当前图层（目标位置），单击"编辑"→"粘贴"命令，选区图像将复制到指定图层的上方新图层，原选区位置内容不变。

（2）快捷键复制。

在当前图层上绘制选区，按快捷键Ctrl＋C实现复制；再重新指定一个当前图层（目标位置），按快捷键Ctrl＋V实现粘贴。

3. 跨图像复制

（1）应用菜单来复制。

指定"源图像"为当前图像，在绘制好对应图层的选区后，单击菜单"编辑"→"拷贝"命令；然后切换到"目标图像"，指定当前图层，单击"编辑"→"粘贴"命令，选区图像将复制到"目标图像"当前图层的上方新图层。

（2）快捷键复制。

指定"源图像"为当前图像，在绘制好对应图层的选区后，按快捷键Ctrl＋C实现复制；然后切换到"目标图像"，指定当前图层，按快捷键Ctrl＋V实现粘贴。选区图像将复制到"目标图像"当前图层的上方新图层。

（3）拖动复制。

让"源图像"和"目标图像"处于不同的独立窗口，指定好两个图像的选定图层，在源图像上绘制选区，单击工具箱中的移动工具 ✛，直接将选区拖动到目标图像上，然后释放鼠标，选区图像将复制到"目标图像"当前图层的上方新图层，如图2-40所示。如果要将整张图片跨图像复制到目标图像，则将独立窗口内的源图像直接拖动到目标图像内的合适位置，然后释放鼠标。

2.5.5 自动选择选区和图层

当所选择的图像边缘清晰，四周是透明背景时，可以用快捷键快速选择，达到事半功倍的效果。

1. 图层上部分对象的自动选择

要实现对某个图层上部分对象的自动选择，步骤如下。

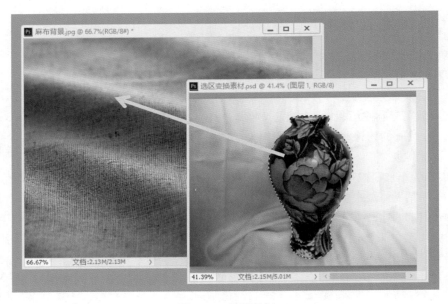

图 2-40　拖动复制

（1）先用套索工具大致选中图像，如图 2-41 中的草莓和菜椒周围的选框。

（2）鼠标放在选区内，按住 Ctrl 键，微微拖动图像。此时选区自动缩小，过滤掉透明部分，只选中有效像素，见图 2-42。

图 2-41　框选目标区域

图 2-42　自动选择

2. 图层上所有对象的自动选择

要实现对单一图层上的所有对象的自动选择，方法是：按住 Ctrl 键，同时单击图层面板中该图层的图层缩略图，即会自动载入该图层选区，即所有有效像素被选中，效果如图 2-43所示。

3. 自动选择图层

当图像由众多图层上的分离对象组成时，我们已经搞不清楚哪个对象在哪个图层，这时可以设置图层的自动选择。

（1）勾选"自动选择"。

单击移动工具 ⊕ ，在它的选项栏 ⊕ ∨ ⊗ ﹐图层 ∨ 中单击 ⊗ 按钮并指定为"图层"，单击要处理的对象，图层面板中会自动将对象所在图层确定为当前图层。

图 2-43　图层载入选区

（2）快捷选择。

将移动工具 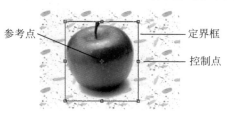 移动到指定对象上，右击将列出该对象所在图层名称，比如图 2-44 中的苹果，既在"水果"图层也在"苹果图层"，此时找到图层面板中的对应图层就很容易了。

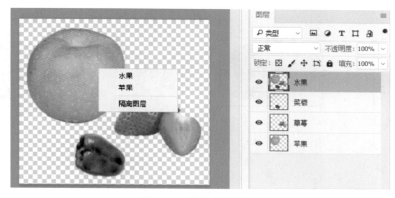

图 2-44　快捷选择图层

2.6　实体自由变换

实体变换是对图像进行变换比例、旋转、斜切、伸展或变形处理。选区、单个图层或者多个图层都可以应用变换。

注意：对像素图像进行变换将影响图像品质，对矢量图形进行变换不会造成损失。

2.6.1　定界框、参考点和控制点

选中对象后，单击"编辑"→"自由变换"命令（或者按快捷键 Ctrl＋T），图像周围会出现一个用于变换的定界框，定界框的中心有一个参考点，定界框的四周有控制点，见图 2-45。

（1）定界框，用于指出对象的边界。

（2）参考点，所有变换都围绕一个称为参考点的固定点执行。默认情况下，这个点位于正在变换的项目的中心。但是，拖曳参考点可移动它的位置。

图 2-45　定界框、参考点和控制点

（3）控制点，定界框的周围会出现 8 个控制点，变换对象时，拖曳控制点往特定的方向移动。

2.6.2 自由变换

自由变换是一种快捷的变换，可以连续进行各类变换操作，自由完成缩放、旋转、扭曲、透视等变换。按快捷键 Ctrl＋T 或单击"编辑"→"自由变换"命令，进入自由变换状态。常见的变换有以下几种。

1. 缩放

拖曳定界框上的控制点可进行缩放，拖动转角处的控制点时按住 Shift 键可按比例缩放，见图 2-46。

2. 旋转

将指针移到定界框之外（指针变为弯曲的双向箭头），然后拖动，图像将以参考点为中心进行旋转。按住 Shift 键可将旋转限制为按 15°增量进行，见图 2-47。

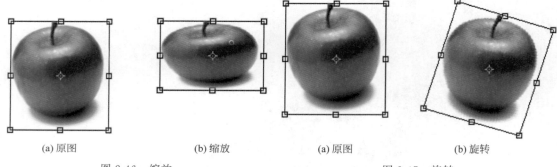

(a) 原图　　　　　(b) 缩放　　　　　(a) 原图　　　　　(b) 旋转

图 2-46　缩放　　　　　　　　　　　　图 2-47　旋转

3. 扭曲

按住 Ctrl 键，拖动控制点即可扭曲对象，见图 2-48。

4. 透视

图像呈现出远小近大的逼真效果。按住快捷键 Ctrl＋Alt＋Shift，拖动控制点，见图 2-49。

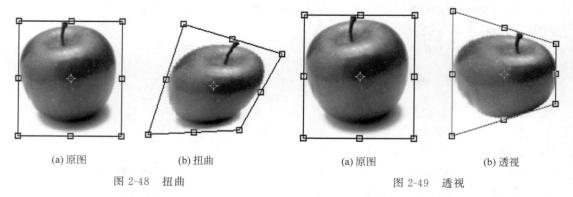

(a) 原图　　　　　(b) 扭曲　　　　　(a) 原图　　　　　(b) 透视

图 2-48　扭曲　　　　　　　　　　　　图 2-49　透视

完成对定界框的操作后，按 Enter 键确认变换。如果对变换结果不满意，可按 Esc 键取消变换。

2.7 综 合 实 例

下面我们将利用如图 2-50 所示的素材,实现一幅静物图。

图 2-50 素材

2.7.1 抠 图

将每个原始素材复制集中到一个图像之中,每个素材占用一个图层。利用前面所学的选区工具抠图,得到如图 2-51 所示的可用对象。

2.7.2 拼 接

打开"麻布背景"素材,将所有图层上的对象移动到恰当的图层和位置,并按照实物大小的比例缩放变换,见图 2-52。

图 2-51 选区抠图得到的可用对象

图 2-52 拼接

2.7.3 调 整

1. 处理酒瓶

进行自由变换的旋转操作,然后按住快捷键 Ctrl+Alt+Shift,同时拖动控制点,让酒瓶有透视效果,见图 2-53。

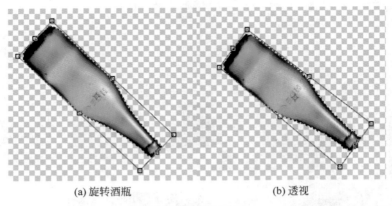

(a) 旋转酒瓶　　　　　　　　　　(b) 透视

图 2-53　处理酒瓶

2. 处理葡萄

对葡萄进行透视处理,让其看起来呈下坠状态,见图 2-54。

图 2-54　处理葡萄

3. 处理鲜花

复制鲜花图层,为了表现前后鲜花的大小区别,对复制的鲜花进行缩放,见图 2-55。

(a) 鲜花　　　　　　　　　　(b) 复制后变换

图 2-55　处理鲜花

2.7.4　微调

使用移动工具 ✛ 移动各个图层对象,适当变换大小方位,最后得到图 2-56 所示的效果图。

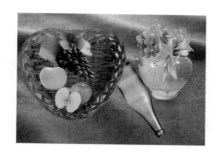

图 2-56　静物效果图

2.8　实验要求

从网络上下载一些适合静物摆放的单个原始对象样本,使用本讲所学内容,制作一幅适合色彩写生的静物图像。

第 3 章　　　　　　选 区 进 阶

本章我们将继续学习选区和图像变换的知识。为了实现无损抠图，我们还将学习蒙版的基础知识。

3.1　无损抠图与蒙版基础知识

抠图是指把图片或影像的某一部分从原始图片中分离出来。我们之前对图像的操作都是保留图像的某个部分而去除其余部分，很明显对图像进行了永久性的破坏。

利用蒙版可以实现无损抠图。应用蒙版后，原始图像并没有被破坏，在需要时可以重新显示。蒙版的作用是非破坏性地隐藏图层的内容。

蒙版是一种遮盖图像的工具。我们可以用蒙版将部分图像遮住，这部分图像就被隐藏起来了，而不是被删掉。就好比一幅画，在上面贴上黑色贴纸以遮盖不想要的区域，并没有对图像造成破坏，拿掉黑色贴纸，原始画就可以显示出来；在不同的部位贴上贴纸，显示的内容也不一样。所以，我们只需要对蒙版进行修改就可以控制显示的内容，而不必破坏原始图像。

3.1.1　从选区建立蒙版

蒙版是用来屏蔽某些区域的，而指定区域的有效手段是创建选区，所以最常见的方法是通过选区来建立蒙版。下面以图 3-1 为例来说明。

1. 创建选区

打开素材文件，在"黄花图"图层上用选择工具选中前景，见图 3-1。

2. 创建蒙版

单击图层面板底部的"添加图层蒙版"按钮 ，我们看到选区已经被完整抠出，该图层在面板中多了一个"蒙版"（见图 3-2）。选区内的图像是可见的，选区外的图像不见了。

图 3-1　前景被选中

3. 蒙版显效或失效

已经创建的蒙版可以显效或失效，按住 Shift 键后在指定蒙版图标上单击，蒙板图标上出现红色的×（见图 3-3），蒙版被关闭并不再起作用，原图完整显现。

要打开已经关闭的蒙版，按住 Shift 键后在指定蒙版图标上再次单击，蒙版显效。

4. 蒙版黑白灰

我们看到"黄花图"的图层上多了一个具有黑白区域的"蒙版"。该蒙版的白色部分对应

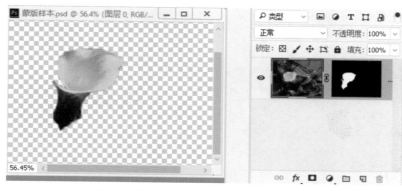

图 3-2　添加蒙版的图层及显示的选区图像

于图像要显示的区域，黑色部分对应于图像不显示的区域，白色和黑色决定了哪些区域被显示和哪些区域不显示（透明）。蒙版上甚至还可以有灰色，灰色部分对应的区域呈半透明显示。

如果直接修改蒙版颜色，是不是可以直接指定显示与不显示呢？下面我们来编辑蒙版。

3.1.2　编辑蒙版

1. 选择蒙版

图 3-3　关闭蒙版

编辑蒙版之前要先选择蒙版，单击图层上的蒙版图标，该图标上将产生一个深色边框，表示当前操作内容为蒙版，如图 3-4 所示。选择蒙版后的操作只改变蒙版，我们看到蒙版上的白色区域，图像的显示部分也增大了。

图 3-4　选择蒙版

如果单击图层上图像的图标，边框就切换到实色部分，表示当前操作内容为图像本身，见图 3-5。选择图像以后的操作都是针对图像的，蒙版不会随其改变。

2. 修改蒙版

选择图层上的蒙版后，可以使用颜色来修改蒙版，由于蒙版只使用黑白灰，不论画笔用的是何种前景色，系统都只记录下这种颜色的灰度，而忽略掉彩色。图 3-6 为用画笔重新编辑蒙版以后的样子。

图 3-5　选择图像

图 3-6　修改蒙版

3．删除蒙版

方法一：右击图层蒙版，调出快捷菜单，在菜单中选择"删除图层蒙版"命令即可删除蒙版。

方法二：选中图层蒙版的图标，再单击图层面板上的"删除图层"按钮 🗑 ，将弹出询问提示框（如图 3-7 所示）。

图 3-7　蒙版应用提示框

（1）应用，单击后会将蒙版应用于抠图，蒙版虽然没有了，但蒙版抠图的效果留下了。

（2）删除，单击后将删除蒙版，蒙版对源图像的遮盖作用也消失了，留下原图像。

4．复制蒙版

如果要将某个图层的蒙版复制到别的图层上，先选择蒙版，再按住 Alt 键，同时拖动蒙版到目标图层上，见图 3-8。

5．移动蒙版

如果要将某个图层的蒙版移动到别的图层上，先选择蒙版，再拖动蒙版到目标图层上即可。

注意：在复制与移动的过程中，我们容易犯分不清蒙版与图像的错误，要复制与移动抠图效果，单击"图像"图标；要复制与移动蒙版，单击"蒙版"图标。

图 3-8　复制蒙版

3.1.3　直接添加蒙版

蒙版的另一个常见用法是在拼图时修饰图像边缘处,使其自然融合。首先为图层直接添加全白蒙版,然后在蒙版上用画笔进行涂抹,将画笔设置成合适的硬度,自由选择要涂抹的区域,涂抹过的区域为蒙版中要遮盖隐藏的部分。

(1)打开素材,如图 3-9 所示。我们希望将图层"彩虹"里的彩虹用蒙版进行无损抠图,让它与背景自然地融合在一起。除了可以用到前面讲的从选区建立蒙版的方法以外,还可以在直接添加的全白蒙版上用画笔涂抹要隐藏的区域。

图 3-9　原图

(2)选定图层"彩虹",单击图层面板底端的"添加图层蒙版"按钮 ,将得到全白蒙版,表示此时没有遮盖效果。选择画笔工具,设置画笔的大小和硬度,如图 3-10 所示。

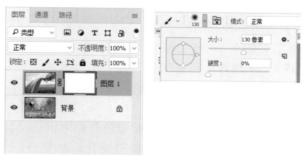

图 3-10　全白蒙版和画笔的设置

（3）将前景色设为黑色,选择全白蒙版,用画笔在彩虹边缘进行涂抹,遮盖住彩虹以外的部分,最终效果如图 3-11 所示。

图 3-11　最终效果

3.2　选区进阶

第 2 章我们学习了几个基本选区工具,可以创建规则选区和不规则选区。如果碰到更复杂的情况,用这两大类选区工具创建选区并不方便,下面我们来学习更多的选区工具和创建选区的方法。

3.2.1　快速选择工具

快速选择工具  自动选择鼠标笔尖划过的平滑的色彩区域,通过分析色彩并结合鼠标移动的轨迹来创建选区,其选项栏见图 3-12。

图 3-12　快速选择工具选项栏

1. 快速选择工具选项

（1）选区运算按钮 ,用来决定本次选区和原有选区的关系,如下所示。

① 创建新选区 ,拖动鼠标时丢掉旧选区,直接创建一个新选区。

② 增加新选区 ,在原有选区的基础上,增加新选区。

③ 减去新选区 ,在原有选区的基础上,减去新选区。

（2）笔尖选项 ,用来设置画笔的大小、硬度和间距,单击下拉按钮,可调出画笔选项面板,见图 3-13。

① 大小,用来调整笔尖的大小,笔尖越小,取样范围越小,对色彩区域的敏感度越大,反之对色彩感觉越迟钝;我们想选择精细区域的时候要设置小笔尖,选择大块区域的时候要设置大笔尖。

② 硬度,用来调整笔尖的硬度。画笔的硬度指的是画笔的羽化程度,当硬度为 100% 时,边缘就是清晰的,没有虚化;硬度为 0% 时,边缘很柔和。

图 3-13　笔尖面板

③ 间距,画笔笔尖图案之间的距离,一般选择较小的间距使选区连续;当间距过大时,我们将看到跳跃式选区,图 3-14(a)为间距 20％划出的选区,图 3-14(b)为间距 1000％划出的选区。

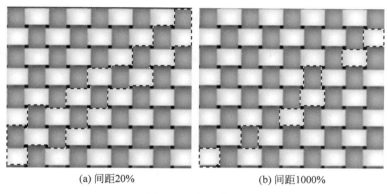

(a) 间距20%　　　　　　　　　(b) 间距1000%

图 3-14　间距作用

（3）![icon] 对复合图层中的颜色进行取样。选择"对所有图层取样",对所有可见图层上的内容都将起作用,笔尖划过的可见相似色彩都会成为选区;取消选择时,只对当前图层起作用。

（4）![icon] 自动增强选区边缘。选择"自动增强",将减少选区边界的粗糙度和块效应,它可对边沿过渡部分进行微调,使之更光滑。

2. 应用实例

快速选择工具适用于有明显边界的图像,通常能较快捷地沿着边界勾勒出选区。以图 3-15 为例,来实现快速选择。

单击"选择快速选择工具"![icon],设置好笔尖选项(大小 38 像素、硬度 100％、间距 23％),选择"自动增强",先单选 ![icon] 选择一部分梨子,再加选 ![icon],直到完成梨子的选择,如图 3-16 所示。

图 3-15　原图

图 3-16　效果图

使用快速选择工具应对边界清晰的区域很轻松,如果边缘不清晰,该工具就显得力不从心。

3.2.2　魔棒工具

魔棒工具用来选取颜色相近的区域,特别适合大块颜色单一的区域。以鼠标单击处像素的颜色值为基准,寻找容差范围内的其他像素,将这些像素变为选区。

1．魔棒工具选项

单击工具箱里的"魔棒工具" 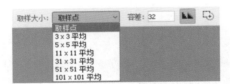 后，其选项栏上出现了几个新选项，见图 3-17。

（1）取样大小，用来设置魔棒工具的取样范围。默认选项为"取样点"，以鼠标划动起点的像素为基准颜色；选择"3×3 平均"，以鼠标划动起点 3×3 区域范围内的像素为基准颜色，其他选项以此类推。

（2）容差，为容忍颜色的范围，容差越小，对颜色差异的判断就越严格，即使两个很相似的颜色也可能被排除；容差越大，可选颜色的范围就越大，包含的颜色范围也就越广。容差范围在 0～255。

（3）平滑边缘转换，选择该选项时，选区的边缘会更平滑。

（4）只对连续像素取样，选择该选项时，魔棒工具 划过的与起点连续且在基准颜色容差范围内的区域才会被选中；取消选择时，魔棒工具划过的区域，只要符合基准颜色容差范围的像素区域都可以被选中，最终可能形成多个不连接的选区。

2．应用实例

下面我们以图 3-18 为原图来应用"魔棒工具"。

图 3-17　魔棒工具选项栏　　　　　图 3-18　原图

（1）容差差异。

不选择"只对连续像素取样"，分别设置容差为 30 和 100，以相同的取样点（红色树叶）位置为起点划动，得到的选区色彩范围不同，图 3-19（a）只选取了少量红色树叶，图 3-19（b）则选取了几乎所有的前景树叶。

(a) 容差30　　　　　　　　　　　(b) 容差100

图 3-19　容差差异

（2）连续与不连续。

设置容差为 60,尝试不选择"只对连续像素取样"和选择"只对连续像素取样",以相同的取样点(红色树叶)位置为起点划动,得到的选区不同,图 3-20(a)只选取了少量红色树叶,图 3-20(b)则选取了几乎所有的红色树叶。

(a) 不选择"只对连续像素取样"　　　　(b) 选择"只对连续像素取样"

图 3-20　连续与不连续差异

3.2.3　大范围简单选择

除了可以用选区工具绘制选区以外,选择菜单里提供的几个简单命令,也可以实现大范围选择。

1. 全部

单击"选择"→"全部"命令可一次将图像内同一图层上的全部内容选中,快捷键为 Ctrl＋A。

2. 取消选择

单击"选择"→"取消选择"命令将取消选区,快捷键为 Ctrl＋D。

3. 重新选择

如果之前有选择过的区域,又是最近一次被"取消选择",单击"选择"→"重新选择"命令将恢复之前的选区,快捷键为 Ctrl＋Shift＋D。

4. 反向

单击"选择"→"反向"命令可将选区进行反转选取,即将选区外的部分变为选区,快捷键为 Ctrl＋Shift＋I。

5. 所有图层

单击"选择"→"所有"命令可将所有图层同时选中。

6. 取消选择图层

单击"选择"→"取消选择图层"命令取消对当前图层的选择状态。

3.2.4　在快速蒙版模式下编辑

"在快速蒙版模式下编辑"是用颜色来区分选区和非选区,并提供对选区的编辑。用白色涂抹的区域表示被选择,可以扩展选区;用黑色涂抹的区域表示不选择,会覆盖半透明的红色;用灰色涂抹的区域会得到羽化的选区。

单击"选择"→"在快速蒙版模式下编辑"命令将进入蒙版编辑状态；再次单击将退出"在快速蒙版模式下编辑"。下面以图"娃娃"和"草地"为例来说明如何编辑选区。

1. 准备

将草地作为背景图层，"娃娃"图层置于背景的上层，选择"娃娃"的头部区域，见图 3-21。

图 3-21　娃娃与草地

2. 进入编辑状态

在选区选择"娃娃"的头部区域后，单击"选择"→"在快速蒙版模式下编辑"命令，进入编辑状态，见图 3-22。

这时我们看到，选区区域（娃娃的头部区域）清晰显示，表示选择区域；其他区域被遮上了透明的红色，表示非选择区域。

3. 编辑蒙版

如果我们需要显示整个娃娃，利用选区工具选择娃娃身体区域，见图 3-23。

图 3-22　在快速蒙版模式下编辑　　　　　图 3-23　选择余下部分

直接按 Delete 键，去除身体部分，身体上遮盖的红色被去除，我们看到了整个娃娃，见图 3-24。

4. 退出快速蒙版模式

单击"选择"→"在快速蒙版模式下编辑"命令，左边的勾选标记被去除，退出蒙版编辑模式，得到整个娃娃作为选区，见图 3-25。

5. 结束

单击图层面板上的"添加图层蒙版"按钮 ▣ ，得到坐在草地上的娃娃的效果，见图 3-26。

图 3-24　整个娃娃不被遮盖

图 3-25　整个娃娃作为选区

图 3-26　草地上的娃娃

3.2.5　"色彩范围"命令

"色彩范围"命令跟魔棒工具类似,也是根据颜色范围创建选区,但该命令提供了更多的选项。

1. 色彩范围对话框选项

打开一张图片以后,单击"选择"→"色彩范围"命令,弹出"色彩范围"面板,见图 3-27。

图 3-27　色彩范围面板

（1）选区预览图。

在色彩范围面板上最醒目的是"选区预览图",下面有"选择范围"和"图像"两个选项,选中"图像",预览图中显示彩色图像;选中"选择范围"时,预览图中的白色部分代表被选择的区域,黑色代表未选择的区域,灰色代表部分选择的(半透明)区域。用得比较多的是"选择范围"项,因为它可以直观地显示选区和非选区。

（2）选择。

"选择"设置选区的创建方式。选择的下拉列表中(见图 3-28)展现了各种不同的选项。

图 3-28　选择下拉列表

① 颜色,用来指定要选的颜色,当指定其中一种颜色时,与该颜色完全对应(纯色)的区域将被选中,不完全对应(混合色)的区域被部分选中。

② 亮度,用来指定要选的亮度,有"高光""中间调""阴影"可选。

③ 取样颜色,当选择"取样颜色"时,鼠标变成吸管的形状,在预览图像或文档窗口中的图像上单击,可对颜色取样,不同的取样颜色会导致"预览图"中黑白的变化。

（3）选择增减。

可选择不同的吸管 来实现选择的增减。"吸管工具" 表示只采纳一次取样颜色;"添加到取样" 表示在原有基础上增加颜色选择;"从取样中减去" 表示在原有颜色中减去吸管指定的颜色。

（4）颜色容差。

"颜色容差"可以控制选择色彩的宽容度,直接输入参数或者滑块拖动调整参数都可以。设置较低的"颜色容差"值可以限制色彩范围,设置较高的"颜色容差"值可以增大色彩范围。

（5）本地化颜色簇。

勾选"本地化颜色簇",使用"范围"滑块以控制要包含在蒙版中的颜色与取样点的最大和最小距离。例如,图像中包含几朵颜色相同的花,只想选前景中的花,则对前景中的花进行颜色取样,并缩小范围,以避免选中背景中有相似颜色的花。

（6）检测人脸。

选择人像或皮肤时,可勾选此复选框,更加准确地选择肤色。

（7）选区预览。

设置文档中选区的预览方式,有下列几个选项。

① 无:显示原始图像。

② 灰度:完全选定的像素显示为白色,部分选定的像素显示为灰色,未选定的像素显示为黑色。

③ 黑色杂边:对选定的像素显示原始图像,对未选定的像素显示黑色。此选项适用于明亮的图像。

④ 白色杂边:对选定的像素显示原始图像,对未选定的像素显示白色。此选项适用于暗图像。

⑤ 快速蒙版:将未选定的区域显示为宝石红颜色叠加(或在"快速蒙版选项"对话框中指定的自定颜色)。

（8）反相。

反转选区,相当于执行"选择"→"反向"命令。

2. 应用1

（1）准备素材。

素材为宝宝图片和镜子图片（见图3-29），先将其复制到两个新建的图层中，见图3-30。

图 3-29　宝宝和镜子

图 3-30　图层安排

（2）色彩范围选区。

指定"镜子"为当前图层，单击菜单"选择"→"色彩范围"命令，在"色彩范围"对话框中应用吸管取样，见图3-31（a）。设置容差为60，应用加选 🖋 反复在图像文档镜面上的不同颜色区上或单击，直到镜面区域呈白色，见图3-31（b）。

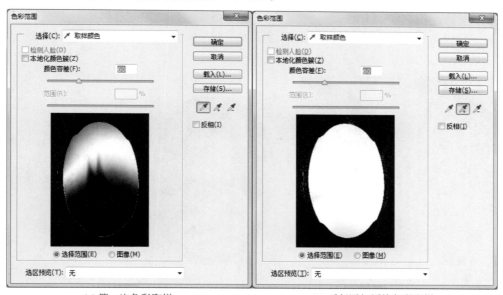

(a) 第一次色彩取样　　　　　　　　　　(b) 反复添加新的色彩取样

图 3-31　色彩范围选区

（3）确定并调整镜框选区。

我们需要保留的是镜框区域，因此在色彩范围的最后勾选"反相"复选框并单击确定按钮，得到镜框选区，见图3-32。

由于选择镜框时难免有漏掉的小斑点区域，还需要进一步用选择工具"添加到选区" 🗗 多次选择镜框上的漏选区域，见图3-33（a），直到所有镜面的外围部分被完全确定为选区，见图3-33（b）。

54

图 3-32 选择镜框

（4）蒙版抠图。

对于已经选择好的镜框区域，单击图层面板上的"添加图层蒙版"按钮 ■ ，得到宝宝照镜子效果，见图 3-34。

(a) 存在漏选 　　　　 (b) 加选补充

图 3-33 去除漏选斑点

图 3-34 宝宝照镜子效果

3. 应用 2

本例（见图 3-35）将示范如何从颜色单一的背景中抠图，目标是抠出树叶。

（1）色彩范围选区。

单击"选择"→"色彩范围"命令，打开"色彩范围"对话框，设置容差为 30，吸管取样，在白色背景上单击，进行颜色取样，再勾选"反相"复选框，见图 3-36，单击"确定"按钮。

（2）蒙版抠图。

利用"色彩范围"选择了树叶区域后，在图层面板应用蒙版，得到清理掉背景的树叶，见图 3-37。

图 3-35 原图

图 3-36 选择树叶

图 3-37 清除背景的树叶

3.2.6 "选择并遮住"命令

选择毛发类等细微图像时,"选择并遮住"命令可以对选区的边缘进行灵活的调整。我们可以先用魔棒、快速选择或色彩范围等工具创建一个大致的选区。再用"选择并遮住"命令对选区进行细化,从而选中这些细小的图像。单击"选择"→"选择并遮住"命令,会切换到专属的工作区,包括"工具"面板和"属性面板"。

工具面板集合了调整边缘画笔工具、快速选择工具、套索工具、画笔工具、抓手工具及缩放工具,如图 3-38 所示。其中,快速选择工具、套索工具、画笔工具、抓手工具及缩放工具为Photoshop 工具箱中的工具,用法完全相同。调整边缘画笔工具可以精确调整发生边缘调整的边框区域,轻刷柔化区域。

属性面板如图 3-39 所示。

1. 视图模式

选择合适的视图模式,可以在图像文档上直观地预览选区的调整结果。图 3-40 为视图模式列表。

（1）洋葱皮：将选区显示为动画样式的洋葱皮结构。

图 3-38 工具面板

（2）闪烁虚线：可以看见具有闪烁选区边界的选区。

（3）叠加：将选区作为蒙版预览，参见后续章节。

（4）背景图层：只显示选区里的内容。

（5）黑底：在黑色背景上查看选区。

（6）白底：在白色背景上查看选区。

（7）黑白：在黑白对比的模式下进行预览。

（8）图层：可查看整个图层，不显示选区。

（9）显示边缘：勾选该复选框，显示调整区域。

（10）显示原稿：勾选该复选框，可查看原始选区。

图 3-39　属性面板

图 3-40　视图列表

2. 边缘检测

该组的参数如图 3-41 所示。

（1）半径：可通过“半径”滑块来调整边界区域的大小。数值越大，边缘越柔和，同时选区附近产生的杂色也越多；数值越小，边缘越犀利。

（2）智能半径：自动调整边界区域中的边缘半径，使半径自动适合图像边缘。

3. 全局调整

可以对选区进行平滑、羽化、扩展等处理，如图 3-42 所示。

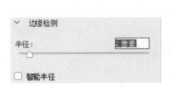

图 3-41　边缘检测组

图 3-42　全局调整组

（1）平滑：可以减少选区边界中的不规则区域，创建更加平滑的边缘。

（2）羽化：可为选区设置羽化（范围为0～250像素），在选区的边缘创建柔化过渡。

（3）对比度：可对选区边缘进行锐化，让图像边缘的衔接更加自然。对于添加了羽化效果的选区，增加对比度可以减少羽化。

（4）移动边缘：用来扩展和收缩选区边界。负值是收缩，正值是扩展。

4. 输出

输出选项组用于消减选区边缘的杂色，设定选区的输出方式，如图3-43所示。

（1）净化颜色：勾选该选项，可去除图像的杂边。拖动"数量"滑块，数量越高，清除杂边的范围越广。

（2）输出到：在该选项的下拉列表中可以选择选区的输出方式，包括选区、图层蒙版、新建图层、新建带有图层蒙版的图层等方式。

5. 实例

（1）快速选择主题。

打开素材文件，用快速选择工具选择人物的主体，见图3-44。

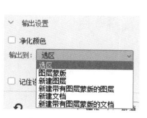

图3-43　输出组　　　　　　　　　　图3-44　原图与选区

（2）智能半径作用。

单击"选择"→"选择并遮住"命令，调出"选择并遮住"对话框。选择"黑底"视图模式，勾选"显示边缘"和"净化颜色"复选框。

调整半径至18像素，勾选"显示边缘"复选框，可以看到选区边缘的像素范围，见图3-45。

勾选"智能半径"复选框，得到自动适应的半径区域，见图3-46。

图3-45　显示边缘　　　　　　　　　图3-46　智能半径

通过观察，发现半径值较小时，智能半径的作用并不明显；半径值加大后，可以看到选区边缘的贴合效果更好了。

（3）修补。

选择"图层"视图，不勾选"显示边缘"复选框，单击工具面板的调整边缘画笔工具 涂抹头发的边缘，对图像进行修补。最后把选区输出到"新建图层"，见图 3-47。

图 3-47　调整后的图像

3.3　图　像　变　换

在操作时，通常需要对图像进行变形后再使用。除了自由变换，还有更多独立的变换方法。单击"编辑"→"变换"选项，下拉菜单里包含各种变换命令（见图 3-48），我们可以实现各种变换。

3.3.1　缩放与旋转

1. 缩放

打开素材，见图 3-49（a），单击"编辑"→"变换"→"缩放"命令，图像周围出现定界框，拖曳定界框上的控制点可进行缩放，同时按住 Shift 键可以按固定长宽比缩放，见图 3-49（b）。

2. 旋转

打开素材，单击"编辑"→"变换"→"旋转"命令，将鼠标放在定界框四周的控制点上，单击并拖动鼠标可以旋转对象。同时按住 Shift 键，则以 15°递增或递减，见图 3-49（c）。

图 3-48　变换

　　(a) 原图　　　　　　　　(b) 缩放　　　　　　　　(c) 旋转

图 3-49　缩放与旋转

3.3.2 斜切与扭曲

1. 斜切

打开素材,单击"编辑"→"变换"→"斜切"命令,在定界框四角的控制点上拖动,将这个角延水平和垂直方向移动。将光标移到四边的中间控制点上,可将这个选区倾斜,见图 3-50(a)。

2. 扭曲

打开素材,单击"编辑"→"变换"→"扭曲"命令,可任意拉伸四角的控制点进行自由变形,但框线的区域不得为凹入形状,见图 3-50(b)。

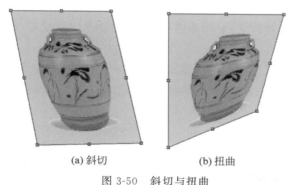

(a)斜切　　　　　　　　(b)扭曲

图 3-50　斜切与扭曲

3.3.3 透视

透视即该图像呈现远小近大的立体视觉效果。

打开素材,单击"编辑"→"变换"→"透视"命令,拖动定界框四角的控制点时,框线会形成对称梯形,见图 3-51。

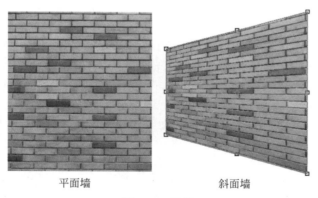

平面墙　　　　　　　　　斜面墙

图 3-51　透视

3.3.4 变形

如果要对图像的局部进行更细致、更复杂责的扭曲,就要用到变形命令。单击"编辑"→"变换"→"变形"命令,图像上会出现变形网格、锚点和句柄。拖动锚点和句柄,可以对图像进行变形处理。锚点用于定位,而句柄则控制曲线的弧度,从而改变曲线的形状。下面通过变形命令为陶罐贴图。

（1）打开素材文件，见图 3-52。

图 3-52　素材文件

（2）将荷花图复制到陶罐文档中，单击"编辑"→"变换"→"变形"命令，图像上会出现变形网格，见图 3-53。

（3）将四个角上的锚点拖动到陶罐边缘，使之与边缘对齐。拖动上方左右两侧锚点的句柄，使图片向外膨出；再调整图片底部的锚点的句柄，使图片按照陶罐的形状弯曲，覆盖住陶罐，如图 3-54 所示，按 Enter 键确认变形操作。

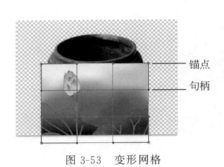

锚点
句柄

图 3-53　变形网格　　　　　　　　图 3-54　调整句柄与锚点的位置

3.3.5　翻转操作

单击"编辑"→"变换"→"旋转 180°"命令（"旋转 90°"顺时针或"旋转 90°"逆时针），可将图像旋转 180°（顺时针方向旋转 90°或逆时针方向旋转 90°）。

单击"编辑"→"变换"→"水平翻转"命令（"垂直翻转"），可将图像以经过中点的垂直线为轴线水平翻转图像（或者将图像以经过中点的水平线为轴垂直翻转图像）。翻转效果见图 3-55。

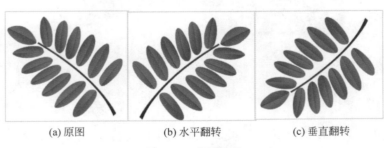

(a) 原图　　　　　　　(b) 水平翻转　　　　　　　(c) 垂直翻转

图 3-55　翻转效果

3.3.6　再次变换

前面如果已经进行过任何一种变换操作,可以单击"编辑"→"变换"→"再次"命令,或按快捷键 Ctrl+Shift+T,以相同的参数再次对当前的图像进行变换。例如,上一次的变换操作是将图像以长宽比不变的比例缩小到 50%,那么执行"再次变换",可对任意的操作图像完成缩小 50%的变换。

3.3.7　再次变换且复制

选择"再次"命令的同时按 Alt 键或按快捷键 Ctrl+Shift+Alt+T,将图像进行与前次相同的变换的同时,还将图像进行了复制,即不在原图上变换,而在原图的图层副本上变换。

我们可以利用这个功能生成有趣的效果。

（1）打开素材文件,将图层"树"复制产生一个图层副本,见图 3-56。

（2）选择图层"树 副本",按快捷键 Ctrl+T 调出自由控制框。在工具选项栏中设置变换参数 ![X: 500 像素 Y: -500 像素 W: 80.00% H: 80.00%]，即相对移动 X 为 500 像素、Y 为-500 像素;宽高缩放 W 为 80%、D 为 80%,见图 3-57。按 Enter 键确认变换操作,得到如图 3-58 所示的效果。

图 3-56　原图

图 3-57　初次变换

（3）按快捷键 Ctrl+Shift+Alt+T 进行再次变换且执行复制操作 5 次,最终效果如图 3-59 所示。

图 3-58　初次变换的效果

图 3-59　最终效果

3.3.8　内容识别比例缩放

普通的缩放功能在调整图像大小时会影响所有的像素,而内容识别比例缩放则主要影响没有重要内容的区域的像素,它可以感知图片中的重要部位,并保持这些部位不变,只缩放其他不重要的部分。例如,缩放图像时,画面中的人物、景物、动物等前景图形不会变形。

1. 内容识别比例选项

单击菜单"编辑"→"内容识别比例",出现图 3-60 所示的选项栏。

| 器 | X: 0.00 像素 | △ | Y: 0.00 像素 | W: 100.00% | ∞ | H: 100.00% | 数量: 100% ∨ | 无 ∨ | 夫 |

图 3-60　内容识别比例选项栏

(1)参考点定位符 器:单击上面的方块,可以指定缩放图像时要围绕的参考点,默认为中心点。

(2)使用参考点相对定位 △:指定相对于当前参考点位置的新参考点位置。

(3)参考点位置:输入 X 轴和 Y 轴像素的大小,将参考点放在特定位置。

(4)缩放比例:输入宽度 W 和高度 H 的百分比,可指定图像按原始大小的百分比进行缩放,单击按钮 ∞,等比缩放。

(5)数量:指定内容识别缩放与常规缩放的比例。

(6)保护:可选择一个 Alpha 通道,通道中的白色对应的图像不会变形。

(7)保护肤色:单击按钮,可以保护包含肤色的区域不变形。

2. 实例

(1)打开素材(见图 3-61)。由于内容识别比例不能处理背景图层,故按住 Alt 键双击背景图层,将其转换为普通图层。

(2)单击"编辑"→"内容识别比例",可以输入缩放值,或拖动控制点对图像进行手动缩放。按住 Shift 键拖动控制点可进行等比缩放,见图 3-62。画面虽然变窄了,但花朵的比例没有明显变化。

图 3-61　原图

图 3-62　应用内容识别比例缩放

(3)按 Enter 键确认操作。如不满意可按 Esc 键取消变形。普通方式缩放和内容识别比例缩放的对比见图 3-63。

(a) 普通缩放

(b) 内容识别比例缩放

图 3-63　对比图

3.3.9　操控变形

操控变形跟变形功能的变形网格类似,但功能更强大,网格更多。它通过在图像的关键点上放图钉,然后拖动图钉对图像进行变形。单击"编辑"→"操控变形",显示变形网格(见图3-64)。

1. 图钉

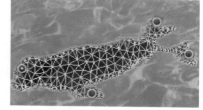

图 3-64　变形网格

用鼠标在变形区域的某一点上单击,将得到一个控制点"图钉","图钉"的作用是变化和固定,可以多次单击得到多个图钉。

当单击某个图钉时,该图钉成为"活动图钉",拖动活动图钉可以对该图钉环绕区域变形;其他非活动图钉则起着固定的作用,保护其环绕区域不被改变,如同被图钉钉在原地一样。

2. 操控变形选项

"操控变形"选项栏见图3-65。

图 3-65　操控变形选项栏

(1)模式:确定变形的精确程度,默认项为"正常"。

(2)浓度:确定网格点的多少,从而影响可以添加图钉的数量和位置,默认为"正常",网格数量适中;选择"较多点",网格又多又小;选择"较少点",网格又少又大。

(3)扩展:用来设置变形效果的范围。设置较大的像素值以后,变形网格会向外扩展,变形后的边缘越平滑;反之,数值越小,则向内扩展,变形后的边缘越生硬。

(4)显示网格:单击该按钮,显示变形网格。

(5)图钉深度:选择一个图钉,单击 🔓 🔓 ,可将它向上层或向下层移动一个堆叠顺序。例如,对一个人物双手的变形结果是双手交叉,哪个手放在上面,该手就应该在上层,要往上移动;反之压在下面的手就在下层,向下移动。

(6)旋转:选择"自动",拖动图钉扭曲图像时,会自动对图像内容进行旋转处理;选择"固定",输入角度值,按该角度旋转。

3. 实例

(1)打开素材,选择海狮所在图层(见图3-66)。"操控变形"命令不能处理背景图层,如果要处理的图层为背景图层,要先将其转换成普通图层。

图 3-66　选中海狮图层

（2）单击"编辑"→"操控变形"，海狮的身上会出现网格，在不需变形的位置添加图钉，以免在其他部位变形的过程中也跟着变换。在选项栏中取消"显示网格"，以便能看清图像的变形和图钉，见图 3-67。

（3）在需要变形的关键点也添加图钉，拖动海狮头部的图钉，改变海狮的动作，见图 3-68。

图 3-67　不显示网格　　　　　　　　图 3-68　拖动图钉变形

（4）按 Enter 键确认操作。按住 Alt 键时单击图钉可以删除图钉。如果对变形结果不满意，按 Esc 键可取消变形。

3.3.10　透视变形

"透视变形"可以改变画面中的透视关系，能很方便地调整立体图像，比如包装箱、建筑物、室内环境的透视效果。

单击"编辑"→"透视变形"，出现如图 3-69 所示的选项栏。

图 3-69　透视变形选项栏

选项栏中共有两种模式：版面模式、变形模式。透视变形的基本流程为：先在版面模式中绘制代表透视平面的四边形，然后切换到变形模式下，拖动四边形的顶点调整透视平面。

（1）打开素材文件，如图 3-70 所示。

（2）选择当前图层，单击"编辑"→"透视变形"，选择版面模式，按住鼠标左键，拖动绘制出第一个透视平面网格，然后单击网格四角上的锚点，拖动以吻合箱子左侧面的边角，如图 3-71 所示。

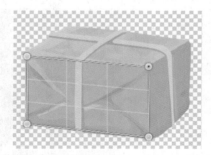

图 3-70　原图　　　　　　　　图 3-71　绘制第一个透视变形网格平面

（3）尽量靠近第一个平面网格，拖动鼠标，拖出第二个透视平面网格，会发现两个平面网格临近的两个边有蓝色粗线，如图3-72所示。松开鼠标，这两个边就自动吸附到一起了，然后再单击第二个平面的另外两个角的锚点，拖动，吻合箱子的右侧面。

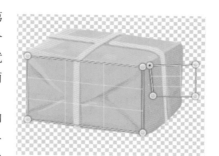

图 3-72　第二个网格被吸附到
第一个网格上

（4）再画出顶部的第三个透视变形平面网格。和刚才的操作一样，依然会有相邻的两条边自动吸到一起，然后再选择另两个角上的图钉锚点，调整位置，如图3-73所示。这样箱子的三个平面都被覆盖了透视平面网格。

（5）现在开始进行透视变形，先单击顶部工具栏中的"变形"按钮，切换到变形模式，如图3-74所示。

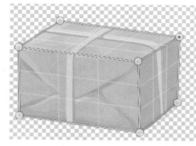

图 3-73　绘制第三个透视变形网格平面

图 3-74　进入变形模式

（6）进入变形模式后，拖动每个平面四角上的图钉锚点，进行透视变形。调整完毕后，按 Enter 键确认。图3-75为透视变形前后的对比图。

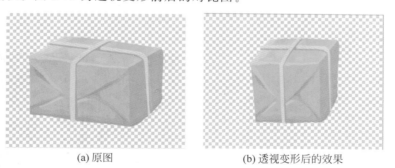

(a) 原图　　　　　　　　　　(b) 透视变形后的效果

图 3-75　透视变形前后的对比图

3.4　图像的裁切

"裁切"命令通过移去不需要的图像数据来自动裁剪图像，也可以通过裁切周围的透明像素或指定颜色的背景像素来裁剪图像。

3.4.1　裁切选项

单击"图像"→"裁切"，在"裁切"对话框中设置选项，见图3-76。

（1）透明像素，修整掉图像边缘的透明区域，留下包含非透明像素的最小图像。

（2）左上角像素颜色，从图像中移去左上角像素颜色的区域。

（3）右下角像素颜色，从图像中移去右下角像素颜色的区域。

（4）选择一个或多个要裁切的图像区域："顶""底""左"或"右"。

图 3-76　"裁切"对话框（1）

3.4.2　应用

下面以一个实例来说明裁切的用法。

（1）打开素材，见图 3-77。

（2）把图像往画面外移动，使它的一部分被隐藏，图像右侧出现透明像素（注意：该图层不能是背景图层），见图 3-78。

图 3-77　原图

图 3-78　留出透明区域

（3）单击"图像"→"裁切"，在对话框中设置参数，见图 3-79。

（4）确认裁切，裁切后的图像见图 3-80，透明区域和画面外的隐藏图像全部被剪切掉了。

图 3-79　"裁切"对话框（2）

图 3-80　裁切结果

3.5　显 示 全 部

如果将一个较大的图像拖入至一个小些的文档时，图像在画布边缘以外的部分会不能显示，图 3-81 为拖动复制后的文件，图片太大，宝宝的脚部区域留在显示区域以外了。单击"图像"→"显示全部",整个文件的画布就会自动扩大,将隐藏的区域全部显示出来,见图 3-82。

图 3-81　部分内容隐藏　　　　　　　　　　图 3-82　显示全部

3.6　综 合 实 例

在本例中,我们将构造出"风吹草低见牛羊"的塞外美景,最终效果见图 3-83。

图 3-83　最终效果

3.6.1　原图

用到的素材如图 3-84 所示。

图 3-84　原图

3.6.2 拼合

（1）新建文件（宽 800 像素，高 600 像素）。将图片"草地"复制到目标文件。按快捷键 Ctrl＋T 进行自由变换，调整图像的大小和位置，使其位于画面的下方，见图 3-85。

图 3-85 构造草地

（2）将图片"天空"复制到目标文件，调整图像的位置，使其位于画面的上方。为图层添加蒙版，在蒙版上用黑色画笔涂抹，将多余的画面隐藏，见图 3-86。

图 3-86 构造天空

（3）打开图片"山坡"，单击"选择"→"色彩范围"，将除天空之外的山地部分选中，见图 3-87，复制到目标文件。利用自由变换命令调整山坡的大小和角度，并为图层添加蒙版，在蒙版上利用画笔（前景色为黑色，硬度为 50%）涂抹山坡和草地交界处，使其自然过渡，见图 3-88。

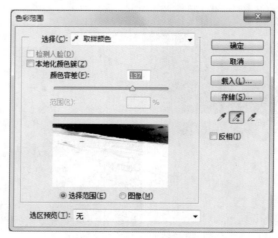

图 3-87 "色彩范围"对话框

（4）利用"色彩范围"命令将牛、羊从原图中抠出，复制到目标文件。复制"羊1"图层，生成图层副本"羊2"。利用自由变换命令调整图像牛和羊2的位置和大小。选择羊1图层，单击"编辑"→"操控变形"，调整羊的动作，将它变成吃草的样子，见图3-89。

图 3-88 构造山坡   图 3-89 操控变形

3.6.3 微调

再次复制"草"图层并将其置于最高层，全部区域作为选区创建蒙版，选择蒙版作为编辑对象，在牛羊的脚部用软画笔适当涂抹白色，让部分草遮盖牛羊的脚部，得到最终效果图。再找几幅其他人物和动物的图片进行蒙版抠图，变换大小后加入图像，更活泼的效果见图3-90。

图 3-90 更活泼的效果

3.7 实 验 要 求

从网络上下载一些适合风景构造的大自然元素，充分使用本讲所学内容，制作一幅风景图像，具体内容按照自己的喜好决定。

第4章　绘画及编辑

本章将学习 Photoshop 的绘画及图像的编辑功能，包括画笔、填充、渐变等绘制工具。这些工具的使用频率很高，掌握了这些工具，我们不仅可以绘制出美丽的图画，还可以为其他工具的使用打下基础。

4.1　画笔工具

画笔是用笔尖蘸色的绘制工具，因此它涉及颜色、笔尖形状大小、笔尖变化等要素。画笔是 Photoshop 中最重要的绘图工具，使用画笔能够绘制各种复杂的图像。

4.1.1　前景与背景

一幅图画可以分为前景和背景，前景用来突出目标，背景用来衬托前景。但在 Photoshop 中，前景表示当下正在进行的绘制，背景表示不绘制时的默认内容。前景色和背景色是可以交换的，见图 4-1。

图 4-1　前景和背景

4.1.2　颜色选取

默认的前景与背景颜色为"黑/白"，如果绘制之前要选取前景和背景颜色，方法如下。

1. 拾色器

单击图标上的前景或者背景方块，将弹出如图 4-2 所示的拾色器。

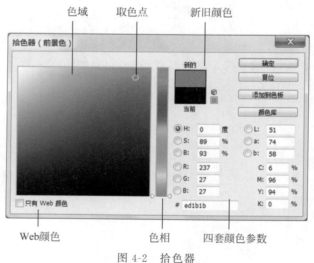

图 4-2　拾色器

通过拾色器取色,通常先调整"色相"滑块选取基本色,再在"色域"中寻找该色相的亮度和灰度,确定需要的"取色点",取色后可以在"新旧颜色"中看到前后颜色对比,最后单击"确定"按钮固定要选取的颜色。按 D 键可还原到默认的色彩设置,即前景黑色、背景白色。

如果需要更精确地选色,使用"四套颜色参数"中的任一种来指定参数,如图 4-2 中指定的 RGB 参数为 R237、G27、B27。

如果所形成的图像只在网页上显示,可以勾选"只有 Web 颜色"复选框,其"色域"会变成如图 4-3 所示的不连续状态,说明网页上显示的颜色没有普通图像丰富,但是操作更简单。

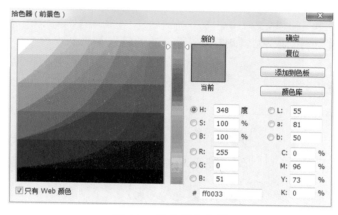

图 4-3　Web 颜色色域

2. 吸管取色

当需要选取图像中已经存在的某种颜色时,可以使用工具栏中的吸管工具　　直接在图像上取样,如图 4-4 所示。取样前先调整"取样大小"来决定取样的范围,再指定样本所在图层,最后将吸管停留在图片上对应的颜色位置,单击鼠标确定颜色。

在选定吸管颜色时,系统会用一个灰色取样环显示取样位置以及新旧前景色,如图 4-5 所示。

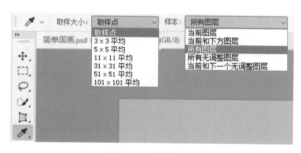

图 4-4　取样选项

图 4-5　吸管取色

3. 色板取色

在 Photoshop 的"窗口"菜单中,提供了"颜色"选项,勾选后将在面板位置显示"颜色"和"色板"面板,如图 4-6 所示,将鼠标指定色板上对应的颜色,单击就可以指定前景色。直接输入颜色的 RGB 参数还可以精确指定颜色。

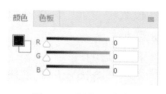

图 4-6　颜色及色板

绘画及编辑

4.1.3 画笔选项

确定颜色后,先选定工具栏上的 ✐,就可以指定画笔选项了,如图 4-7 所示。

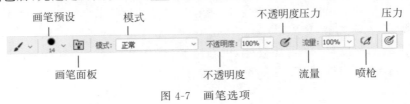

图 4-7 画笔选项

1. 画笔选取

单击"画笔预设"按钮,会弹出如图 4-8 所示的画笔选取面板。

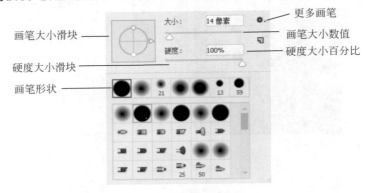

图 4-8 画笔选取面板

画笔预设选取面板中显示的是已经设计好的各种画笔,可以直接拿来使用,使用之前可以调整参数,使其更符合我们的需要,可调内容如下。

(1) 画笔大小,代表画笔粗细,可通过滑块调整或直接输入大小值。

(2) 画笔硬度,代表画笔边缘的羽化程度,硬度越高羽化程度越低,硬度越低笔头边缘越柔和。

(3) 画笔形状,代表笔头的形状及相关设置,可以将鼠标停留在某个画笔上让其显示画笔名称,单击该画笔,待鼠标移动至图像区域时,将看到笔尖的大致轮廓,鼠标在图像上拖动就会产生相应的效果。

(4) 更多画笔,如果在面板上找不到需要的画笔,可以单击面板右上角的星号图标,将弹出更多的画笔选项。

2. 画笔面板

如果对预设的画笔不满意,我们可以自己设计画笔,画笔面板就有许多设计选项。

3. 模式

模式中提供了许多选项,代表当前画笔颜色与图像已有颜色的混合关系,本章暂时只使用正常模式。

4. 不透明度

不透明度表示颜色不透明的程度,当不透明度达到 100％时,画笔颜色完全覆盖画面;当不透明度在 50％时,当前颜色走过的地方,原有的内容若隐若现。

5. 流量

流量代表笔尖流出颜色的速度,流量越大颜色覆盖越快,画笔停留在绘制点时间越长,颜色覆盖越彻底(流量积累)。但是流量受不透明度的限制,最大流量可达到的效果为不透明度值。

6. 喷枪

喷枪可以使流量持续输入,在没有单击喷枪时,鼠标单击并停留在绘画位置,该位置颜色固定;如果单击了喷枪,画笔停留的位置会持续灌注流量,颜色不断变深。

7. 压力按钮

该项只在使用绘图板的时候起作用,用压力来控制笔尖大小。

4.1.4 使用预设画笔

Photoshop 提供了丰富的预设画笔供我们使用,除了基本画笔以外,还有很多特殊用途的画笔。单击画笔预设,选取面板右上角的星号图标,将弹出更多的画笔选项,如图 4-9 所示。

画笔预设选取器中显示的是默认画笔,可以在面板里添加更多的画笔,例如,单击画笔选项中的"书法画笔",将会弹出图 4-10 所示的提示框,单击"确定"按钮会将当前的"默认画笔"替换成"书法画笔";也可以单击"追加"按钮,让"书法画笔"补充到已有的画笔上。

下面介绍几种画笔的使用。

1. 默认画笔

默认画笔中收集了最常用的画笔类型(见图 4-11),包含基本画笔、笔刷画笔、喷枪画笔、侵蚀画笔和一些花草形状动态画笔,这些画笔都已经预设了某些画笔属性,可以直接拿来使用。

混合画笔
基本画笔
书法画笔
DP 画笔
带阴影的画笔
干介质画笔
人造材质画笔
M 画笔
自然画笔 2
自然画笔
大小可调的圆形画笔
特殊效果画笔
方头画笔
粗画笔
湿介质画笔

图 4-9　更多画笔

图 4-10　替换当前画笔

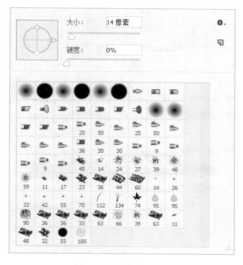

图 4-11　默认画笔

(1)基本画笔,为圆形画笔,又依据边缘羽化程度细分为软硬画笔。

(2)笔刷画笔,模仿毛刷,又区分毛的分布、长短、粗细和硬度。

（3）喷枪画笔，似乎将颜色喷出，又区分其喷射力度、粒度和枪口倾斜度。

（4）侵蚀画笔，模仿铅笔，随着绘画时间越磨越钝，由细变粗。

（5）滴溅画笔，模仿水彩笔。

（6）粉笔画笔，模仿写黑板的粉笔。

（7）形状画笔，笔尖为各种形状，如星星、小草、花卉等。

使用默认画笔可以实现大多数绘制效果，例如，我们建立两个新的透明图层"柳树"和"树枝"，图 4-12 为使用"平曲线细硬毛刷"绘制的柳树，图 4-13 为使用"圆角低硬度"画笔绘制的树枝。

图 4-12　柳树

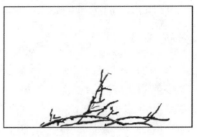
图 4-13　树枝

2. 干介质画笔

将当前画笔替换成干介质画笔，单击右上角的"星号"→"描边缩览图"可以看到该类画笔的绘画效果（见图 4-14），我们可以用这些画笔来绘制枯草、树枝、山石等。

图 4-15 为使用干介质画笔绘制的"枯草"。此处我们采用颜色 1（R25、G23、B22）、颜色 2（R72、G55、B38）来绘制不同程度的枯草。

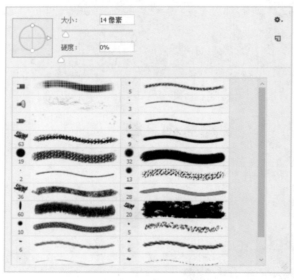
图 4-14　干介质画笔

图 4-15　绘制枯草

3. 湿介质画笔

我们可以从图 4-16 中看到湿介质画笔的效果为湿润的感觉，用它们来绘制水波纹、水中倒影、远处的山等，有很好的效果。

下面我们用湿介质画笔为柳树画上水中倒影(见图 4-17),再画上水波纹(见图 4-18)。

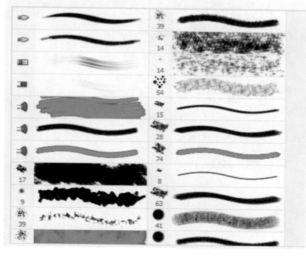

图 4-16　湿介质画笔

图 4-17　柳树倒影

4. 图像合成

将前几个图像图层叠加,将树枝图层缩小旋转,再加上"小船"和"小船倒影",就形成了一幅简单的国画(见图 4-19)。

图 4-18　水波纹

图 4-19　简单的水墨画

5. 复位画笔

如果要恢复成默认的画笔组,单击预设画笔面板右上角的星号后选择"复位画笔"即可。

4.1.5　画笔面板

除了使用预设画笔以外,还可以对现有画笔进行调整,这就要使用画笔面板了。单击参数栏上的 ▦ 按钮便可以切换到画笔面板,如图 4-20 所示。

1. 画笔笔尖形状

在画笔面板的右上部罗列了很多画笔笔尖形状,中间是可调的画笔属性,最下部是画笔效果。尝试单击不同的形状,我们发现其属性和画笔效果也相应变化。

(1) 大小,代表画笔所占的像素数,数量越大画笔越粗,反之越细,可以直接赋值或拖动滑块进行改变。

(2) 翻转 X(翻转 Y),使画笔笔尖在水平(垂直)方向上翻转,如"沙丘草"画笔,翻转前后的画笔效果如图 4-21 所示。

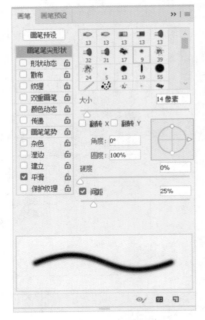

图 4-20　画笔面板

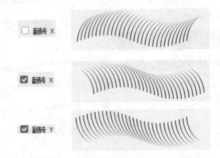

图 4-21　画笔笔尖水平和垂直翻转

（3）角度，使画笔沿水平轴转动，图 4-22 为转动 90°以后的画笔效果。

（4）圆度，画笔截面纵横比，图 4-23 为"尖角"画笔圆度 100％和 30％时的形状效果。

图 4-22　画笔角度

图 4-23　画笔圆度

（5）硬度，代表画笔边缘的羽化程度。

（6）间距，代表绘画时画笔笔尖落墨的距离，图 4-24 为笔尖间距为 1％、50％和 100％时的效果。我们可以用小间距来绘出流畅的笔画，用大间距来展示笔尖形状。

（7）硬毛刷品质，这是针对硬毛刷所设置的参数，如图 4-25 所示。

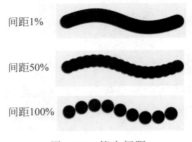

图 4-24　笔尖间距

图 4-25　硬毛刷品质

① 形状，代表毛刷中毛的分布，如圆点、圆扇形、平钝形等，这些分布模仿水彩笔刷的笔头形状。

② 硬毛刷,代表毛刷毛的浓度。

③ 长度为毛的长度。

④ 粗细为毛的截面直径粗细。

⑤ 硬度为毛的顺滑度,硬度小,毛柔软且长;硬度大,毛粗硬且短。

（8）喷枪参数,这是针对喷枪画笔的几个参数,如图4-26所示。这些参数用来描述喷口粗细、变形或者流量。

（9）侵蚀画笔的笔尖会随着使用不断磨损变粗变钝,表现类似于铅笔和蜡笔,其参数见图4-27。这些参数都用来描述磨损程度。

图 4-26 喷枪画笔参数

图 4-27 侵蚀画笔参数

选定并调整好笔尖形状后,就可以对笔尖在图像上的运动做出花式设置。设置内容见图4-28。

2. 形状动态

单击画笔面板中"形状动态"文字,该项被选定的同时,弹出属性界面,如图4-29所示。

图 4-28 花式设置

图 4-29 形状动态

在属性面板中,多处出现了"抖动"一词,这里的抖动表示变化,指画笔运动过程中笔尖的改变。

（1）大小抖动,表示笔尖忽大忽小,其最小直径可以设置,最大直径为笔尖形状设置时的大小,抖动发生在最小和最大直径之间。

（2）角度抖动,表示笔尖角度变化,其最小角度可以设置,最大角度为笔尖形状设置时的大小,抖动发生在最小和最大角度之间。

（3）圆度抖动，表示笔尖圆度变化，其最小圆度可以设置，最大圆度为笔尖形状设置时的大小，抖动发生在最小和最大圆度之间。

以上三种抖动效果如图 4-30 所示。

大小抖动、角度抖动和圆度抖动都可以进一步设置（见图 4-31）。

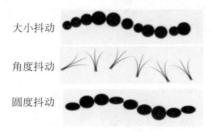

图 4-30　大小、角度和圆度抖动　　　　　　　图 4-31　控制

"渐隐"表示渐渐变化到无，后面的数字表示变化所涉及的笔尖个数，以 5 个笔尖为例，图 4-32 显示了大小渐隐的效果。

我们可以使用大小渐隐很容易地绘出几片竹叶，如图 4-33 所示。

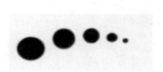

图 4-32　控制中的渐隐　　　　　　　图 4-33　使用渐隐绘制竹叶

在图 4-19"简单的水墨画"中，用"大小渐隐"画出更多的水草，使画面更丰富，如图 4-34 所示。

3. 散布

散布表示画笔在平面上分散绘制的程度，图 4-35 显示的是散布的属性。

图 4-34　增加了更多水草　　　　　　　图 4-35　散布属性

（1）散布，其百分比表示沿绘画路线分散的范围。

（2）两轴，勾选"两轴"表示散布朝纵横两个方向分布。

（3）数量，表示分散的笔尖个数。

（4）数量抖动和控制，前面已经介绍过，不再赘述。图 4-36 为散布效果。

4. 纹理

纹理就像有一张看不见的画布，当画笔经过，纹理就显示出来。纹理属性如图 4-37 所示。

图 4-37　纹理画笔

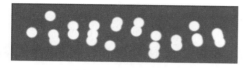

图 4-36　散布效果

（1）反相，表示纹理颜色深浅与显示图标相反。

（2）缩放，表示纹理的大小，图 4-38 从左至右为纹理 50％、100％和 150％时的效果。

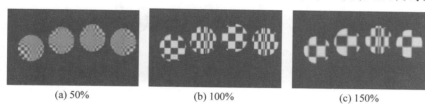

(a) 50%　　　　　(b) 100%　　　　　(c) 150%

图 4-38　纹理画笔的不同参数

（3）对比度，表示单个纹理的深浅变化程度。

（4）模式，表示绘制时笔尖纹理和已有图案的混合关系，最直观的模式有"高度"和"线性高度"。

（5）深度，表示纹理颜色的深浅，深度越小，纹理越弱，深度适中，则纹理清晰。

（6）深度抖动，表示纹理深浅随笔迹变化。

图 4-39 为使用圆形画笔在纹理状态下的绘制效果。

5. 双重画笔

双重画笔用两个笔尖来构造画笔笔尖。先设定主画笔形状（此处我们设置为圆形画笔），并设置其间距等参数；再勾选第二个画笔（此处以枫叶画笔为例），在"双重画笔"面板上设置其散布抖动等参数，然后绘制。从图 4-40 中可见，第二个画笔成了第一个画笔笔尖的形状。

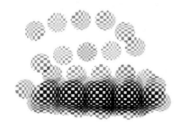

图 4-39　纹理画笔效果

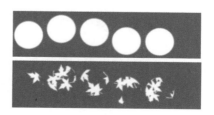

图 4-40　双重画笔效果

6. 颜色动态

颜色动态表示画笔笔尖颜色随笔迹而改变,其属性如图 4-41 所示。

(1)前景/背景抖动,表示笔迹颜色在前景色和背景色之间变化,变化程度可移动滑块或者直接输入调整。

(2)色相抖动,色相是色彩的首要外貌特征,比如红色、黄色和蓝色。色相抖动表示颜色随笔迹变化,呈现出丰富的色彩效果。

(3)饱和度抖动,表示色彩纯度随笔迹改变。

(4)亮度抖动,亮度是色彩的明暗差别,亮度抖动表示色彩亮度随笔迹改变。

(5)纯度,纯度即饱和度,饱和度是指色彩的鲜艳度,或者说色彩加入灰色的程度,饱和度越高,色彩中含有的灰度越低,色彩越纯。

图 4-42 为在前景为粉红(R242、G94、B94)和背景为黑色时枫叶画笔颜色的动态效果。

图 4-41　颜色动态属性

图 4-42　颜色动态效果

7. 传递

传递选项可以改变笔刷的流量和不透明度,在设置了不透明度抖动和流量抖动后,产生的效果如图 4-43 所示。

8. 画笔笔势

画笔笔势可以调整画笔的压纸趋势,图 4-44 从左至右为不勾选画笔笔势、倾斜 x、倾斜 y 和旋转的效果。参数"压力"模拟画笔对纸的压力,压力越大颜色越深。

图 4-43　传递效果

图 4-44　画笔笔势

9. 杂色

杂色对边缘羽化程度高的软画笔有明显效果,图 4-45 为勾选"杂色"前后的画笔效果,杂色使画笔笔迹边缘呈现散粒状态。杂色选项没有进一步的参数调整。

10. 湿边

湿边使画笔笔迹看起来像边缘浸湿了一样,如图 4-46 所示。

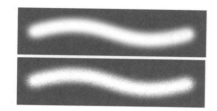

图 4-45 杂色效果

图 4-46 湿边效果

11. 建立

建立使喷枪画笔颗粒之间增加渐变程度。

12. 平滑

平滑可以使绘画笔迹自动校正由于手抖所产生的锯齿,使边缘更趋向于弧形。

13. 保护纹理

如果对"纹理"选项进行过设置,"保护纹理"选项可以将相同图案和缩放比例应用于具有纹理的所有画笔预设。这样在使用多个纹理画笔笔尖绘画时,可以模拟出一致的画布纹理。

4.1.6 自定义画笔

除了使用已有的预设画笔笔尖以外,还可以自己创造喜欢的画笔。

1. 创造图案

任意来源的画笔图案都可以用来设置画笔,图 4-47 为笔者创建的几个梅花图案。要注意,新创建的图案必须建立在透明图层上。

创建的图案是否为彩色与画笔笔尖形状是没有关系的,笔尖形状是由黑白灰来确定的,也就是说,任何色彩在画笔笔尖上都只有灰度深浅的差别。

2. 选取图案

我们往往选取连续的图案为画笔笔尖,图 4-48 所示为被选取的图案。

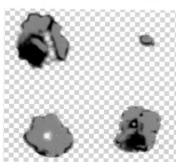

图 4-47 梅花图案

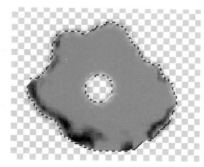

图 4-48 选取一个笔尖图案

3. 创建画笔笔尖

单击"编辑"→"定义画笔预设",就会弹出如图 4-49 所示的对话框,此时我们可以为新建的画笔取一个名字,此处为"梅花 1",单击"确定"按钮。

新笔尖被创建在当前笔尖预设中,如图 4-50 所示。

第4章

绘画及编辑

图 4-49　"画笔名称"对话框

4. 使用新笔尖

使用新笔尖就如同使用其他预设的笔尖一样，图 4-51 为用这一组梅花笔尖加上适当的大小、角度、散布和颜色动态以后画出的一片梅花。

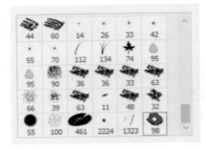

图 4-50　新画笔生效

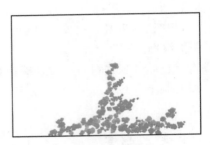

图 4-51　一片梅花

5. 存储画笔

如果要长期保留新笔尖，需要单击画笔预设选取器的右上角星号，在弹出的选项中选择"存储画笔…"，输入本组画笔的名称后确定，新画笔组就可以如其他画笔一样载入了。

4.2　铅笔工具

铅笔工具 ✏ 铅笔工具 和画笔工具非常相似，不同的是铅笔无法模仿出加水或者毛边的效果，所有的铅笔笔尖都有硬边缘和不透明现象，如图 4-52 所示，用铅笔画出的任何笔迹都是干涩的。

图 4-52　铅笔笔迹

4.3　颜色替换工具

颜色替换工具 ✦ 颜色替换工具 是用前景色来替换已有图像的颜色属性的，其选项栏如图 4-53 所示。

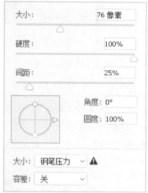

图 4-53　颜色替换工具选项栏

4.3.1　参数

1. 笔尖

单击 的向下箭头,弹出图 4-54 所示的面板,可以对笔尖进行调整。该笔尖对于用新颜色替换旧颜色时的绘制范围、硬度、间距、角度和圆度起作用。

2. 取样

取样 用来选取要被替换的颜色。

(1)连续取样,将画笔所走过的痕迹全部替换为前景色。

(2)一次取样,画笔第一次触碰图像所在的颜色为选定色,笔迹移动时与选定色一致的区域将被前景色替换。

(3)背景色板取样,将背景色确定为被替换颜色,画笔走过的地方如果颜色和背景色一致,将被替换成前景色。

3. 模式

模式有颜色、饱和度、色相和明度 4 个选项,表示要被替换的颜色属性。

图 4-54　笔尖

(1)颜色,表示用前景色替换取样所指定的对象。

(2)饱和度,表示用前景的饱和度数据替换取样所指定的对象的饱和度。

(3)色相,表示用前景的色相替换取样所指定的对象的色相。

(4)明度,表示用前景色的明度数据替换取样所指定的对象的明度。

4. 限制

限制有"不连续""连续""查找边缘"3 个选项,表示笔迹走过的有效区域。

(1)不连续,表示有效区域为任何笔迹所到位置。

(2)连续,表示只有和取样点颜色相连续的区域才有效。

(3)查找边缘,对边缘有特殊敏感性,边缘颜色替换将被强化。

5. 其他

另外还有容差和消除锯齿,容差表示被替换的色彩范围,消除锯齿可以平滑替换区域。

4.3.2　实例

以图 4-55 为例,采用一次取样,我们来进行颜色属性替换。

1. 颜色替换

左下角的树叶原本为棕色,用土黄(R243、G162、B34)将棕色替换,如图 4-56 所示。

2. 饱和度替换

用紫红(R209、G0、B254)的饱和度替换左上角树

图 4-55　树叶

叶颜色的饱和度,如图 4-57 所示。图中左上角的树叶饱和度增加,绿色纯度变高。

图 4-56 左下角颜色替换　　　　　图 4-57 左上角饱和度替换

3. 色相替换

还是用紫红色的色相替换右边的树叶,如图 4-58 所示。右边树叶变成紫色。

4. 明度替换

最后用紫红的明度替换地面,如图 4-59 所示,地面的明度变大,看起来更深。注意,地面颜色并没有改变,只是其明度(深浅)发生了变化。

图 4-58 右上角色相替换　　　　　图 4-59 地面明度替换

4.4　混合器画笔工具

混合器画笔工具 ◢✔混合器画笔工具 可以对画布上的不同颜色再混合,甚至加入画笔本身的颜色以及干湿等属性来涂抹画布,达到某种我们想要的效果。下面我们来看看混合器画笔工具的选项栏,如图 4-60 所示。

图 4-60　混合器画笔工具选项栏

4.4.1　选项

1. 笔尖

笔尖 用来混合颜料的笔刷,图 4-61 为不同笔刷的混合效果。

还可以通过笔尖面板 来做更多的笔尖选取与调整。

2. 当前画笔载入

通过画笔载入选项 ![]来确定当前画笔颜色所起的作用,单击下拉箭头后可以选择"载入画笔""清理画笔""只载入纯色"。

(1)载入画笔,则前景色参与对画布颜色的混合。

(2)清理画笔,将画笔原有颜色去除,像洗干净了一样。

(3)只载入纯色,去除笔尖颜色的细微变化,使画笔笔尖的颜色均匀。

(4)每次描边后载入画笔![],选择它表示每次混合开始的时候前景色饱满参与,放弃选择则前景色慢慢消失。

(5)每次描边后清理画笔![],选择它画笔本身始终是干净的,不选择则画笔上残留前面留下的颜色。

3. 混合画笔组合

画笔如何参与混合,由"混合画笔组合"来决定(见图4-62),当选择其中的某一种预设方案后,其混合值将同步显示在该选项右边。比如选择"潮湿",则右边的参数自动改变为 ![潮湿] 潮湿:50% 载入:50% 混合:50% 。

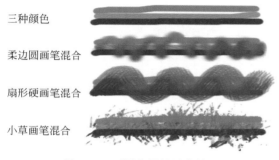

三种颜色

柔边圆画笔混合

扇形硬画笔混合

小草画笔混合

图4-61 不同笔刷的混合效果

图4-62 混合画笔组合

如果选择"自定",则需要自己调整如下参数。

(1)潮湿,表示画笔加水的程度,潮湿越大越容易化开画布上原有的颜色,潮湿越小画笔越干,当潮湿为0%时,画笔无法混合画布颜色。

(2)载入,决定了开始绘画时画笔存储的颜料量。表示画笔颜色的参与程度,载入值越大,画笔前景颜色参与越多,载入值很小时,几乎看不见画笔前景颜色。

(3)混合,表示画布颜色混合的充分程度,混合值越高,画布颜色参与度越高(颜色越浓),画笔颜色参与度越低(颜色越浅)。该参数为100%时表示油彩只从画布中拾取,为0%表示油彩来自于画笔。当潮湿为0%时,该选项不能用,表示无法混合。

4. 流量

流量为混合时画笔颜色流出的速度。

5. 喷枪模式

启用喷枪模式的建立效果 ![],当画笔在一个固定的位置一直描绘时,会像喷枪那样一直喷出颜色。如果不启用这个模式,则画笔只描绘一下就停止流出颜色。

6. 对所有图层取样

如果勾选了"对所有图层取样"复选框,则混合虽然在当前图层进行,混合的颜色却来自于所有图层。

4.4.2 实例

我们使用混合工具对前面的图 4-13 所示的树枝加上白色笔尖混合,效果如图 4-63 所示。然后配合图 4-51 所示的梅花,生成如图 4-64 所示的效果。

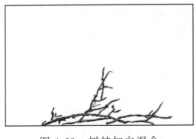

图 4-63 树枝加白混合   图 4-64 梅花压树枝

4.5 历史记录画笔工具

历史记录画笔工具 [历史记录画笔工具] 可以将画笔走过的图像区域恢复到某一个指定的历史状态。在恢复的时候需要联合使用历史记录面板,用其指定要恢复的时期。下面以实例来说明使用步骤。

4.5.1 操作步骤

1. 打开文件

打开如图 4-65 所示的蜡梅花图片,我们发现该图片虽然有比较好看的树枝和花朵,却由于背景杂乱而不清晰和突出。

2. 操作图片

为了让混乱的背景不干扰前景,我们先将原图黑白化(单击"图像"→"调整"→"黑白"),如图 4-66 所示。

图 4-65 蜡梅花原图   图 4-66 蜡梅花黑白化

再将黑白图片模糊,单击"滤镜"→"模糊"→"高斯模糊",半径设置为 16 像素,如图 4-67 所示。模糊后的效果见图 4-68。

3. 确定历史源

此次历史画笔要恢复到何处?在历史记录面板中,我们选择"蜡梅.psd"为要恢复的位置(见图 4-69),在其左边的方格单击,使其被选为历史源 [历史记录画笔 蜡梅.psd]。

图 4-67　高斯模糊设置选项

图 4-68　蜡梅花高斯模糊

4. 使用历史记录画笔工具

单击 ✎ 进入历史记录画笔工具,此时需要先确定选项。我们发现其选项几乎和画笔工具的选项是一致的,因此不必再重复解释。

选择柔边圆画笔 ●,在高斯模糊后的图片上,在需要突出显示的地方使用画笔,直到得到图 4-70 所示的效果。

图 4-69　确定历史源

图 4-70　突出显示一支蜡梅

4.5.2　实例

1. 梅花压树枝

在图 4-64 完成的树枝上,利用已经自定义的梅花笔尖,加上颜色动态和散布,沿着树枝绘制梅花,产生如图 4-71 所示的效果。

2. 让树枝若隐若现

正常的梅花不可能完全盖住树枝,有一些会生长在树枝的背面,因此需要使某些树枝显现出来。我们将绘制树枝的历史设为历史记录源,用历史记录画笔工具抹去某些树枝上的梅花,效果如图 4-72 所示。

3. 完成一幅国画

图 4-73 为加入了梅花以后,最后实现的水墨风景画。

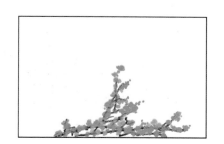

图 4-71　梅花压树枝

图 4-72 树枝若隐若现

图 4-73 风景国画

4.6 现实照亮历史——历史记录艺术画笔工具

历史记录艺术画笔工具 历史记录艺术画笔工具 在恢复历史记录的过程中,使用风格化的笔触,对历史源进行改造,创造新的绘画效果。

历史记录艺术画笔工具需要指定源数据,我们比较习惯将需要改变的原图层做一个副本,然后指定该副本为历史记录源,再依据选项来创造新的艺术风格。

选项的笔尖、模式和不透明度与画笔工具的选项含义是一致的,这里不再解释。下面来看几个不同的选项。

1. 样式

样式代表艺术画笔笔触的风格,包含多种选择,如图 4-74 所示。

以图 4-75 为例,设置画笔为“硬边圆”且大小为 50 像素,使用“轻涂”绘制有色花朵和树枝部分的效果如图 4-76 所示,用“绷紧中”绘制的效果如图 4-77 所示,用“松散卷曲长”绘制的效果如图 4-78 所示。

图 4-74 艺术笔触　　图 4-75 原图桃花　　图 4-76 样式:轻涂

图 4-77 样式:绷紧中

图 4-78 样式:松散卷曲长

2. 区域

输入值来指定绘画描边所覆盖的区域。值越大,覆盖的区域就越大,描边的数量也就越多。

3. 容差

容差限定可应用艺术笔触的区域。容差越低,笔触应用范围越大,反之限定越明显。当容差为 0％时,图像中的任何地方都会显示艺术笔触效果。

4.7 油漆桶工具

当我们需要大面积绘制同一种颜色或图案时,就需要使用填充工具。油漆桶工具 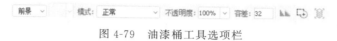油漆桶工具 可用来填充画布、色块区域或选定区域。

4.7.1 选项

单击油漆桶图标后,选项栏见图 4-79。

前景 ∨ │ │ 模式:正常 ∨ │ 不透明度:100% ∨ │ 容差:32 │ ⛰ ⛶ ⛶

图 4-79 油漆桶工具选项栏

1. 填充区域

通常的方法是,鼠标移动油漆桶图标到需要填充的区域,单击,该区域就会充满指定的颜色或图案。填充之前需要指定被填充区域,该区域可以是相近颜色区域或者指定的选区。

(1)颜色区域,如果没有用选区来指定区域,则油漆桶图标移动到的位置就是填充起点,鼠标单击该位置后,颜色相近的区域会被填充上新的内容;透明区域可以被看作颜色区域。

(2)指定区域,可以用选区工具选定一块要填充的区域,填充就只能在该区域进行;如果没有指定区域,则遵守颜色区域原则。

以图 4-80 为例,在原图背景基础上新建一个透明图层,以羽化(20 像素)值做一个椭圆选区来指定需要突出显示的区域,再单击"选择"→"反向"来将选区反选为要覆盖的区域,用黑色前景和半透明度(50％)填充该区域,得到图 4-81 的效果。

图 4-80 原图

图 4-81 填充以突出重点

2. 设置填充区域的源

要填充的内容需要预先指定,单击 前景 ∨ 上的箭头,会弹出"前景"和"图案"两个选项。

(1)前景,表示颜色填充,该颜色由 ⛶ 的前景指定,单击前景可以指定需要填充的颜色。

(2)图案,选择图案项,该选项会显示 图案 ∨ ▨ ∨ ,在图案文字的右边,会出现图案本身。

第 4 章

绘画及编辑

3. 模式

模式表示将填充内容与图像原本内容的关系，此处我们先使用"正常"模式。

4. 不透明度

不透明度表示将要填充内容的透明程度。

5. 容差

容差表示被填充区域的颜色限制，容差越大，被填充区域的颜色变化范围越大，其填充区域也越大；容差越小，被填充区域的颜色范围变化越小，其填充区域也越小。

油漆桶填充的本质是连续容差范围内被颜色填充。

6. 所有图层

如果不勾选"所有图层"这个选项，表示区域由当前图层的颜色决定，如果勾选该项，所有图层的颜色都将决定填充区域。

7. 其他

"消除锯齿"使填充边缘平滑，勾选"连续的"则只填充和鼠标起点颜色连续的区域，不勾选则填充鼠标滑过的所有容差范围内的颜色区域。

8. 快捷填充

有几组快捷键可以快速实现前景色、背景色填充。

（1）快捷键 Alt＋Delete：用前景色填充当前的图层或选区。

（2）快捷键 Ctrl＋Delete：用背景色填充当前的图层或选区。

（3）D：恢复系统默认前景色和背景色。

4.7.2 图案填充

1. 选择图案

当选择图案填充，单击图案本身，会弹出如图 4-82 所示的面板，我们可以从中选择需要的图案。

如果还需要更多的图案选项，单击右上角的 ⚙ ，将弹出如图 4-83 所示的进一步选项，其中包含各种类型的图案子集。图 4-84 为岩石图案子集。

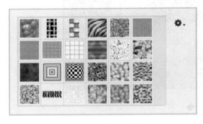

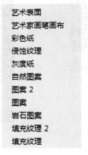

图 4-82　图案选择　　　　图 4-83　图案子集列表　　　　图 4-84　岩石图案子集

如果需要回到最初系统设置的图案，单击 ⚙ 后选择"复位图案"。

2. 实例

以图 4-85 为例，用选区选择所有地面，再单击图案面板中的 ⚙ 按钮，选择"彩色纸"，导入彩色纸子集后，将鼠标在各种材质上停留，找到"红色彩纸"，填充到选区，建筑内的地面似乎被覆盖了红色地毯,见图4-86。

图4-85　室内原图

图4-86　室内加地毯

4.7.3　自定义图案

如果用户需要将自己的图案作为填充图案,可以按如下步骤来实现。

1. 设计图案

可以使用前期学习的任何工具来寻找或设计自己喜欢的图案,此处我们打开一幅花草照片(见图4-87),将其上的鲜花作为图案样本。

2. 选择图案

如果要将照片右下角的花朵定义为图案,需要用矩形选区工具将其选定,如图4-88所示。

图4-87　花草照片

图4-88　用矩形选区工具选定要定义的图案

3. 定义图案

单击"编辑"→"定义图案",将弹出如图4-89所示的对话框,我们为其取名"花1",单击"确定"按钮。

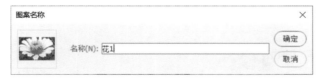

图4-89　定义图案

4. 查看并使用图案

选择油漆桶工具,并选择图案填充,再单击具体图案的图标,将弹出如图4-90所示的选项框,已经定义的图案显示在图案面板上,此时我们看到自定义的几个花朵图案。

单击刚才定义的"花1",新建一个图层,将油漆桶灌注在该图层上,我们看到布满鲜花的画面,见图4-91。

第4章

绘画及编辑

图 4-90　自定义的图案

图 4-91　用自定义的图案填充

5. 保存图案

如果需要长期保存自己设计的图案,单击 ⚙. 后在弹出的菜单中选择"存储图案"。

如果保存的图案不理想,可以右击图案本身,在弹出的选项(见图 4-92)中选择"删除图案"。

图 4-92　删除及重命名图案

4.8　渐　变　工　具

渐变工具用缓慢变化的过渡色彩填充区域。右击油漆桶后,下拉列表中的 `渐变工具` 选项就是渐变工具,其选项栏见图 4-93。

图 4-93　渐变工具选项栏

4.8.1　选取渐变

1. 默认渐变

单击渐变图标 `▣ ▾` 的向下箭头,会弹出渐变"拾色器",如图 4-94 所示。初始状态下显示的是默认渐变。

2. 更多渐变

Photoshop 提供了更多渐变子集,单击渐变拾色器面板右上角的 ⚙. 按钮,有许多渐变子集可选(见图 4-95)。

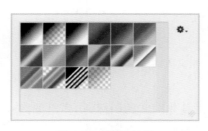

图 4-94　默认渐变

图 4-95　更多渐变子集

这些渐变子集代表着不同的渐变风格,大类可分为实色渐变和杂色渐变,实色渐变是颜色平滑过渡的渐变,杂色渐变是颜色在某个范围内的随机分布,见图 4-96。

实色渐变   杂色渐变

图 4-96 实色渐变与杂色渐变

以"协调色 1"为例说明实色渐变,以"杂色样式"说明杂色渐变,如图 4-97 所示。

协调色1   杂色样式

图 4-97 渐变风格

4.8.2 渐变应用

1. 填充范围

填充渐变之前要确定填充区域,可以用选择工具选定区域,如果不选择区域,则在整个当前图层上填充。

2. 渐变起点和终点

渐变颜色的填充由鼠标拖动的起点和终点决定,因此鼠标拖动的范围决定了渐变颜色的变化,以渐变色  为例,图 4-98 中有三种鼠标拖动方式。

图 4-98 中,上图为鼠标从选区左边框拖动到右边框,渐变按照样本从左至右完整填充;中图的鼠标从中间开始拖动到选取框以外,渐变从中间开始到边框以外,起点左部的颜色为渐变左边边缘黑色;下图的鼠标从左边框拖动到中部,渐变变化就在这个区域,终点右边的颜色为渐变右边边缘白色。

3. 渐变填充方式

填充方式有 5 种，分别是线性渐变、径向渐变、角度渐变、对称渐变和菱形渐变。

（1）线性渐变。

线性渐变以直线从起点变化到终点,图 4-99 显示了不同起点和终点的线性渐变填充。

图 4-98 鼠标拖动范围

图 4-100 为线性渐变填充实例,先在矩形选框中横向填充渐变 以形成柱体,使用椭圆选框切去柱体上下的区域,再在椭圆选区内使用油漆桶填充形成顶面,最后合并顶面和柱体成为一个圆柱立体。

（2）径向渐变。

径向渐变以圆形图案从起点渐变到终点,图 4-101 为不同鼠标方向下的径向填充。

第 4 章

绘画及编辑

图 4-99　线性渐变的不同方向

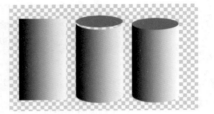

图 4-100　圆柱体的形成

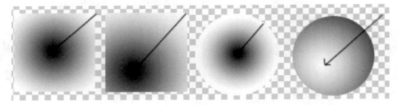

图 4-101　径向填充的不同方向

图 4-101 中右边的图看起来是一个圆球,鼠标从圆形选框的右上角外部拖动到内部反光位置。

（3）角度渐变。

角度渐变以方向线为起点,以逆时针扫描方式渐变,图 4-102 为角度渐变在不同起点和终点位置所产生的效果。

图 4-102　角度渐变

（4）对称渐变。

对称渐变从起点沿鼠标拖动线的正反两个方向填充渐变,图 4-103 为对称渐变。

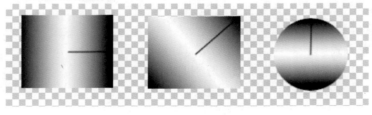

图 4-103　对称渐变

（5）菱形渐变。

菱形渐变从起点开始沿与鼠标拖动线平行和垂直的四个方向填充渐变,图 4-104 为菱形渐变。

4.8.3　渐变填充的其他参数

在渐变填充的选项栏中,还有几个参数需要设置。

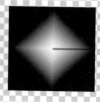

图 4-104　菱形渐变

1. 模式和不透明度

模式表示本次填充和图像已有颜色之间的关系,更多具体内容先暂时忽略,此时我们选择"正常"。

不透明度和画笔的不透明度的含义一样。

2. 反向

反向表示渐变方向和渐变色标变化方向相反,图 4-105 显示了不勾选"反向"和勾选"反向"的区别。

3. 仿色

仿色是对细微渐变的模仿,当颜色位数过低时会导致过渡突兀,为了平滑过渡可以勾选"仿色",使突兀部分的两种颜色相互穿插渗透,产生颜色细微渐变的效果。由于我们的肉眼在 Photoshop 中无法看出仿色与不仿色的区别,但是如果打印成照片,仿色就会比不仿色的打印效果更平滑,所以建议勾选"仿色"。

4. 透明区域

本选项决定是否使透明渐变生效,如果不勾选,即使采用了某种透明渐变,也看不到透明效果,图 4-106 所示为勾选"透明区域"与不勾选"透明区域"的区别。

图 4-105　渐变反向的作用

图 4-106　透明区域的效果

4.8.4　渐变编辑器

如果不满意现有渐变,可以对渐变进行编辑,单击选项栏上 ▇▇▇▇▭ 的渐变色标本身,就会弹出如图 4-107 所示的渐变编辑器。

1. 预设

预设框内有很多已有渐变,我们可以选其中某个渐变为基础,在其上进行修改,更多预设可单击右上角的 ✿.按钮弹出选择。

2. 渐变名称

为新的渐变取名,如在名称栏输入"新的渐变"。

3. 选择渐变类型

渐变类型分为实色渐变(实底)和杂色渐变(杂色),如果选择杂色渐变,渐变编辑器将变为如图 4-108 所示的模式。

图 4-107　渐变编辑器　　　　　　图 4-108　杂色渐变编辑器

4. 平滑度和粗糙度

实色渐变的平滑度决定渐变的细腻程度,杂色渐变的粗糙度决定杂色穿插的锐利程度。图 4-109 从上至下杂色渐变的粗糙度为 20%、50%和 80%。

5. 不透明度色标

在确定创建一个实色渐变以后,就可以着手渐变内容的创作了,编辑区域见图 4-110。

图 4-109　杂色渐变粗糙度

图 4-110　渐变编辑

图 4-110 中渐变条的上部一组色标 ■ 为不透明度色标,代表所指位置的不透明度,当鼠标单击一个空白位置,就会产生一个新的不透明度色标。单击任一不透明度色标,渐变条的下方"不透明度"和"位置"的内容变成可调,我们通过调整其不透明度滑块来设置不透明程度。随着不透明度的设置,渐变条上方的色标也在改变灰度,色标为黑色时代表完全不透明,色标为白色代表全透明。

当前色标的两侧还有两个中点 ◇ ,表示该色标与相邻色标的中间位置,滑动该中点,可以调整不同不透明度的交接位置。

要删除某个不透明度色标,选择该色标后,单击删除。

6. 颜色色标

渐变条的下部为颜色色标 ■ (见图 4-111),色标所至位置表示该处的颜色。当鼠标单击一个空白位置,就会产生一个新的色标。单击任一色标,渐变条的下方颜色和位置的内容变成可调,单击颜色图标,会弹出拾色器供我们选择颜色,单击颜色右边的三角箭头,会出现颜色来源选项。

当前色标与相邻色标之间的中点 ◇ 可调，代表两相邻颜色的交接位置。

7. 杂色编辑

如果"渐变类型"选择的是杂色，则需要对杂色颜色进行调整，要调整的内容见图 4-112。

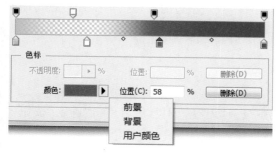

图 4-111　颜色色标

图 4-112　杂色渐变编辑

（1）RGB 颜色，分别滑动 R、G、B 颜色滑块来指定渐变所需要的颜色范围，范围越宽，杂色变化越大，范围越小，颜色越单一。

（2）限制颜色，勾选此项表示防止颜色过度饱和。

（3）增加透明度，勾选此项则颜色以部分透明的形式存在。

（4）随机化，单击该按钮随机产生一个杂色渐变。

8. 建立"新的渐变"

当完成所有渐变编辑以后，单击"新建"按钮，新的渐变就出现在预设框内，可供选择。若需要存储本组渐变，单击"存储"按钮。

4.9　菜单上的填充

填充还可以使用 Photoshop 菜单功能，单击菜单栏中"编辑"区域的"填充"按钮，将会弹出如图 4-113 所示的"填充"对话框。

对话框中的模式和不透明度等不再赘述，下面我们来看看下拉的内容，见图 4-114。

图 4-113　"填充"对话框

图 4-114　填充内容

4.9.1　常规填充

常规填充类似于我们学习的油漆桶工具，前景色、背景色、颜色、图案、黑色、50％灰色和白色的名称已经说明了填充内容。

4.9.2 内容识别填充

内容识别填充会在分析环境后,模拟环境填充选定的区域。下面来看一个例子,原图如图 4-115 所示。

图中作者的目的是突出显示一个海边奔跑的小孩,但是左边的背影抢了读者的视线,因此我们打算用内容识别填充来去除该背影。

1. 选择要去除内容

用选区工具选择背影,见图 4-116。

2. 环境模拟填充

单击"编辑"→"填充",在"内容"的下拉列表中选择"内容识别",然后单击"确定"按钮,将产生如图 4-117 所示的效果。

图 4-115　海边奔跑　　　　　图 4-116　选择区域　　　　　图 4-117　内容识别填充效果

4.9.3 历史记录填充

历史记录填充和历史画笔工具有相似之处,都是将图像恢复到某个指定的历史时刻。下面以图 4-118 这幅花卉图像为例进行说明。

1. 选择需要恢复历史的区域

我们在花卉图像周边画上了枫叶,但是中心部分的花卉也被盖上了一些,需要清除。用选区工具确定需要处理的区域,见图 4-119。

图 4-118　花卉　　　　　　　　　　　图 4-119　选择区域

2. 指定历史

这时需要先确定"历史"在哪里,打开历史记录面板,指定  历史记录填充.psd 为历史,见图 4-120。

3. 填充

单击"编辑"→"填充",在"内容"的下拉列表中选择"历史记录",单击"确定"按钮完成填充,效果见图 4-121。

图 4-120　指定历史　　　　　　　　图 4-121　历史记录填充效果

4.10　选区留痕——描边

描边是将选区框用线条记录下来,由于选区的多样化,描边将充分利用选区框的形状来创造彩色封闭线条。

4.10.1　应　用

1. 复杂选区

图 4-122 为一幅油菜花图像,我们想将其绘制成线描图。

单击"选择"→"色彩范围",用拾取颜色的方式加选 ✏ 油菜花以外的区域,如图 4-123所示。

图 4-122　油菜花　　　　　　　　图 4-123　选择油菜花以外的区域

然后选择"反相"复选框选取油菜花,见图 4-124。

新建一个图层"线描油菜花",关闭"油菜花"图层,选区显示如图 4-125 所示。

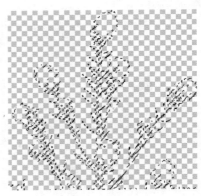

图 4-124 选择油菜花 　　　　　　　　图 4-125 油菜花选区

2. 选区描边

单击"编辑"→"描边"后弹出图 4-126 所示的面板,此时可以设置描边参数。

(1) 描边宽度为描边像素值,可以直接输入数据设定,此时我们将描边宽度设定为 3 像素。

(2) 颜色为描边笔将使用的颜色,单击  将弹出拾色器,此处指定为黑色。

(3) 位置是边沿相对于选区线框的位置,"内部"表示描边线条居于选框内侧,"外部"线条居外侧,"居中"线条压住选框,此处选择"居中"。

选好参数后单击"确定"按钮,将得到如图 4-127 所示的线描图。

图 4-126 设定描边参数 　　　　　　　　图 4-127 线描图

4.10.2　更多描边应用

除了对图像本身的区域描边以外,还可以利用选区功能绘制特殊图形,见图 4-128。

图 4-128　利用选区描边绘制图形

图中,我们使用了选区的正方、正圆、羽化、加选等选区选项,还进行了重复描边。读者可以试试创作更多的图形效果。

4.11　综 合 实 例

下面我们综合应用本章知识,绘制一幅荷花图。

1. 新建图像

创建一幅 850×1500 像素的长幅画布,我们打算画一幅国画。

2. 定义笔尖

找到绘制荷花图所必需的笔尖荷叶和荷花(见图 4-129),利用"自定义画笔"功能将其创建为笔尖,见图 4-130。

图 4-129　荷花荷叶

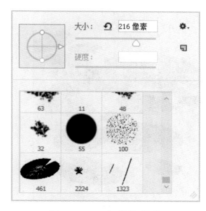

图 4-130　定义的笔尖

3. 荷叶绘制

新建"荷叶表层"图层,使用荷叶笔尖,选择前景色为浅绿 61a20b,背景色为深绿 377908,调整笔尖形状动态的大小抖动和角度抖动、散布和颜色动态,在画布的上部绘制荷叶,见图 4-131。

4. 为荷叶加上茎

我们看到荷叶有茎的位置都是半透明的,这里需要有深色的叶茎。使用"选择"→"色彩范围"选取所有的荷叶,见图 4-132。

在"荷叶表层"的下方"创建新图层"和"荷叶底层",调整前景色为更深的绿 152703,用油漆桶在荷叶区域填充,效果见图 4-133。

点亮荷叶表层和底层,产生叶茎效果,见图 4-134。

绘画及编辑

图 4-131　荷叶表层

图 4-132　选取荷叶

图 4-133　荷叶底色

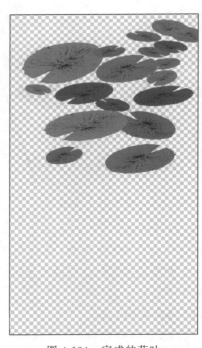

图 4-134　完成的荷叶

5．残叶

新建图层"残叶"，将其移动到"荷叶底层"下方，调整前景色为 163d0a，再用荷叶画笔在适当的位置画上叶茎已经破败的残叶，见图 4-135。

6. 荷花及倒影

新建图层"荷花"→"荷花倒影"，使用荷花笔尖及前景色粉红 fb0adc 在"荷花"图层绘制荷花；使用前景色深灰 31312f 在"荷花倒影"图层绘制荷花，然后使用"编辑"→"变换"上下翻转并缩小图形，形成倒影。图 4-136 为荷花及倒影加入以后的效果。

图 4-135　加入残叶

图 4-136　荷花及倒影

7. 映射天空

荷叶与荷花长在水面上，为了显示水面的镜像效果，我们假设这里为天空的倒影。新建图层"天空渐变"，设置前景为蓝色 4690c4，使用蓝白渐变从下至上填充 ⬛⬛⬛ ▼ 该图层。

在该图层上简单画几笔白色线条(见图 4-137)，单击历史面板将此刻定为历史(见图 4-138)。

图 4-137　渐变天空

图 4-138　设置历史

使用历史记录艺术画笔工具,选择样式普通的圆形笔尖,使用样式"松散长"在画面上涂抹,再选择较大的柔软圆形笔尖,使用样式"轻涂"在画面上涂抹,产生天空的效果(见图 4-139)。

8. 完成图像

将天空倒影衬于荷花与荷叶下层,再加上适度的水面杂草,就完成了如图 4-140 所示的荷花图。

图 4-139 天空倒影   图 4-140 荷花图

4.12 实验要求

参考网络上的国画样本,使用本讲所学内容,自己创作一幅国画,内容按照自己的喜好决定,题材不限。

第5章　　　　修　　复

使用修复类工具可以对照片细节及瑕疵进行修改。本章我们要学习各种修复工具，包括设置参考线、模糊锐化工具组、加深减淡工具组、橡皮擦工具组、仿制图章工具组和污点修复工具组。

5.1　标尺与参考线

在修改图像时，为了严格定位图像，往往需要辅助标尺或者参考线。

5.1.1　标尺

标尺是辅助工具，可以用来精确定位图像或元素。单击菜单"视图"，在"标尺"左边单击勾选，将会看到图像的左侧和顶部显示了标尺，见图5-1。

随着鼠标的移动，标尺上会出现跟随移动的虚线，我们可以以此来判断光标的位置。要取消标尺，单击"视图"，将"标尺"选项去除。

5.1.2　网格

单击"视图"→"显示"后勾选"网格"，可以在画面上附加网格，见图5-2。同理，去除网格则将"显示"中的"网格"选项去除。

图 5-1　标尺

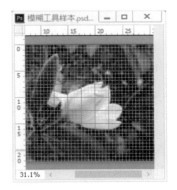

图 5-2　网格

5.1.3　参考线

单击"视图"后，在菜单里可以看见"参考线"选项，见图5-3（a）。单击"新建参考线"后，可以建立水平或垂直的参考线，见图5-3（b）。图5-4为建立的垂直参考线。

(a) 参考线选项	(b) 新建参考线

图 5-3　"参考线"选项

图 5-4　建立的参考线

要移动参考线,将光标靠近参考线,将看到移动图标 ,拖动图标可以移动参考线;要固定参考线,单击"视图"→"锁定参考线";要去除参考线,单击"视图"→"清除参考线"。

5.1.4　显示额外内容

还可以显示更多的辅助信息,单击"视图"→"显示"→"显示额外选项",如图 5-5 所示。

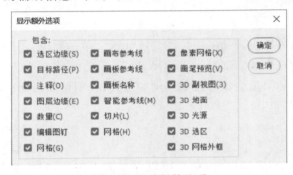

图 5-5　显示额外选项

5.2　减淡和加深工具组

工具箱中的减淡与加深工具组如图 5-6 所示。

5.2.1　减淡工具

减淡工具 　减淡工具 用来使图像操作区域变亮,鼠标拖动划过的地方,图像的亮度会变高(变淡)。

图 5-6　减淡与加深工具组

1. 减淡工具选项

下面来看选项栏(见图 5-7)。

图 5-7　减淡工具选项栏

(1) 范围,有阴影、中间调和高光,表示减淡工具操作区域被改变的范围,"阴影"表示只减淡图像中偏暗的部分,"高光"表示减淡图像中偏亮的部分,"中间调"表示减淡亮度为灰色的部分。

（2）曝光度，表示减淡操作的力度，曝光度越高，减淡效果越明显，一般情况下不适合将曝光度调得过大，以免减淡效果太突兀。

（3）保护色调，不勾选该项，对所有范围内的颜色加亮，勾选该项，则不破坏颜色本身，只减淡颜色中所含的灰色成分。

2. 实例

我们对图 5-8 所示的人物肖像进行调整，该图像中的帽子遮盖了人物脸部的光线。

设置范围为"中间调"、曝光度为 20% 并勾选保护色调，使用"软圆笔尖"减淡脸部，效果如图 5-9 所示。

图 5-8　人物原图　　　　　　　　　　　　图 5-9　减淡脸部

5.2.2　加深工具

加深工具 ![加深工具] 和减淡工具相反，其选项参照减淡选项即可理解。

图 5-9 中减淡了脸部，但脸部的五官也被减淡，使脸部立体感降低，于是我们加深五官。设置加深范围为"阴影"、曝光度 20% 且勾选保护色调，用较小的软圆笔尖涂抹五官，效果如图 5-10 所示。

为了减少帽子上部的亮光，设置加深范围为"高光"、曝光度 20% 且勾选保护色调，用软圆笔尖涂抹帽子上部，效果如图 5-11 所示。

图 5-10　加深脸部五官　　　　　　　　　图 5-11　加深帽子上部

5.2.3 海绵工具

海绵工具  用来通过涂抹改变饱和度。

1. 选项

（1）模式，包含"去色"和"加色"，代表降低或者
提升涂抹位置的饱和度。

（2）流量，表示改变饱和度的力度。

（3）自然饱和度，勾选自然饱和度，表示饱和度
相对增加，只增加未达到饱和的颜色的饱和度；不勾
选，表示涂抹位置的饱和度绝对增加，过度涂抹则会
导致某些接近饱和的颜色过于饱和，而自然饱和度
不会出现这种问题。

2. 实例

为了突出人物，我们设置模式为"降低饱和度"、
50％流量并勾选自然饱和度，涂抹人物后面的背景，
效果见图 5-12。

图 5-12　海绵工具改变背景饱和度

5.3　模糊和锐化工具组

工具箱上的模糊和锐化工具组（见图 5-13）用来对图像局部进行简单的模糊和锐化。

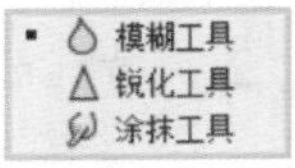

5.3.1 模糊工具

模糊工具 模糊工具 用来使涂抹位置的像素颜色属性趋于平
均值。

图 5-13　模糊和锐
化工具组

1. 选项

模糊工具选项栏如图 5-14 所示。

图 5-14　模糊工具选项栏

（1）模式下拉列表框如图 5-15 所示，表示选择要模糊的某个色彩属性。默认状态下模
式为"正常"，表示鼠标笔尖划过的地方的所有属性都趋于平均。

（2）强度，表示模糊操作时一次涂抹的力度。

（3）对所有图层取样，是勾选项。不勾选，表示只模糊当前操作图层的笔迹区；勾选此
项，则在当前图层上记录对任一可见区的模糊效果，非当前图层的内容并不改变。

2. 实例

图 5-16 为一张花卉照片，为了突出花朵，我们将其周边的树叶模糊。

在原图上部新建透明图层，取名为"模糊图层"，并设为当前图层。设置模糊模式为"变
暗"，模糊强度 100％，勾选"对所有图层取样"，软圆画笔涂抹花卉周边，新的"模糊图层"上
产生模糊效果，如图 5-17 所示，模糊后的图像显示效果见图 5-18。

图 5-15　模糊工具的模式选项

图 5-16　花卉原图

图 5-17　勾选"对所有图层取样"后的模糊图层

图 5-18　模糊效果图

5.3.2　锐化工具

锐化工具 △ 锐化工具 用来使相邻区域的颜色属性加大差异，增加更多细节。锐化可以被看作模糊的反向动作。

图 5-19 为花卉原图，新建透明图层"锐化图层"，强度设置为 20%，勾选"对所有图层取样"，对红色花朵用软圆笔尖锐化涂抹后，花蕊细节增强，锐化图层如图 5-20 所示。原图和锐化图层叠加，产生如图 5-21 所示的效果图。

图 5-19　花卉原图

图 5-20　锐化图层

图 5-21　锐化工具效果

5.3.3　涂抹工具

涂抹工具 👆 涂抹工具 用来模拟画笔在湿油漆上涂抹的效果，画笔笔尖划过的位置，油漆沿拖动方向被糅合到一起。

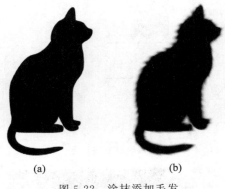

（1）手指绘画，是一个勾选项，表示是否是用前景色，不勾选此项表示只涂抹画纸上已有颜色，勾选此项则在涂抹开始时让前景色也参与糅合。

（2）模式，表示涂抹所操作的颜色属性。

图 5-22(a)为一只小猫的剪影，我们使用涂抹工具来为它添加毛发。

设置涂抹工具选项，笔尖选"圆扇形硬毛刷"，模式为"正常"，强度为 50%，不勾选"手指绘画"，有毛的小猫效果见图 5-22(b)。

(a)   (b)

图 5-22　涂抹添加毛发

5.4　橡皮擦工具组

橡皮擦工具组（见图 5-23）的作用是涂抹图像内容。可以将一般图层上的实色区域修改为透明区域，也可以将背景图层或者锁定透明度的图层指定区域修改为背景色。

图 5-23　橡皮擦工具组

5.4.1　橡皮擦工具

橡皮擦工具 用来擦除鼠标拖动轨迹区域，其选项栏见图 5-24。

图 5-24　橡皮擦工具选项栏

1. 参数

（1）笔尖，为擦除画笔的形状。

（2）模式，为画笔种类，"画笔"可调性最大，"铅笔"只有硬边缘，"块"则为方块形橡皮擦。

（3）不透明度和流量，用来调整橡皮擦的强度。

（4）抹到历史记录，是一个恢复到历史的选项，需要和"历史记录"联合使用。

2. 擦除

在设置好笔尖参数以后，直接在要擦除区域涂抹就可以实现擦除，建议在擦除的时候配合"选区"使用，使擦除边缘更清晰，见图 5-25。

3. 抹到历史记录

勾选了"抹到历史记录"，用橡皮擦涂抹时将使涂抹区域恢复到指定的历史点，使用方法和效果类似历史记录画笔工具。以图 5-26 为例来说明如何使用勾选"抹到历史记录"后的橡皮擦，我们要突出"蚌"并虚化其他区域。

（1）模糊。

为了保护原图，不在背景图层上操作，单击图层面板中的"创建新图层"按钮，命名该图层为"模糊"并指定其为当前图层；使用模糊工具，设置其选项：选择比较大的画笔笔尖，强度为 100%，勾选"对所有图层取样"，使"模糊"图层变得模糊，见图 5-27。

擦除前   擦除后

图 5-25　擦除

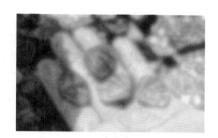

图 5-26　原图"蚌"　　　　　　　图 5-27　已经模糊的图层

（2）指定历史点。

恢复之前需要先指定历史点，打开历史记录面板（见图 5-28），在"更改名称"项之前的矩形上单击，使之变为 名称更改 ，表示要恢复的位置。

（3）部分恢复。

单击橡皮擦工具 　橡皮擦工具 ，设置其选项：选择一个软画笔并勾选"抹到历史记录"，指定当前图层为名为"模糊"的图层，橡皮擦只涂抹蚌壳区域，得到图 5-29 的效果。

图 5-28　指定历史位置　　　　图 5-29　橡皮擦"抹到历史记录"效果

5.4.2　背景橡皮擦工具

背景橡皮擦工具 　背景橡皮擦工具 是基于颜色容差的，抹除取样点及其容差范围内的像素。其选项栏见图 5-30。

1. 参数

（1）取样选项 　，用来决定橡皮擦擦除的内容。

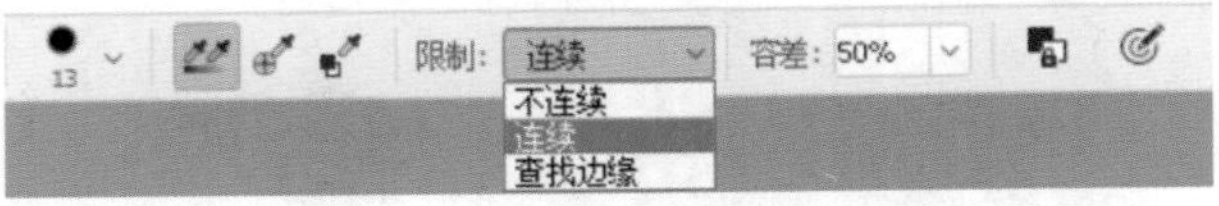

图 5-30　背景橡皮擦选项栏

（2）限制，用来限制擦除区域和取样点的关系。

（3）容差，与取样颜色相似的范围。

（4）保护前景色，勾选则表示对于和"前景"一致的颜色区域，无论如何都不能擦除。

2．实例

以图 5-31 为例，来看擦除参数对效果的影响。

（1）连续取样擦除。

连续取样，表示凡是橡皮擦经过之处都被擦除。设置"连续取样"，限制为"不连续"，容差为 35%，擦除效果见图 5-32。

图 5-31　擦除前原图

图 5-32　连续取样擦除

（2）一次取样擦除。

一次取样，表示在擦除开始位置的颜色为将要擦除的颜色，橡皮擦经过之处只有颜色和取样颜色一致的才被擦除。设置"一次取样"，限制为"不连续"，容差为 35%，从天空开始擦除，和天空颜色一致的颜色被擦除，效果见图 5-33。

（3）背景色板。

取样选为"背景色板"，表示和背景色一致的颜色被擦除。将背景色设置为土色 b5ba9f，选取"背景色板"，限制为"不连续"，容差为 35%，从任意地方开始擦除，地面部分和背景色一致的颜色被擦除。我们发现，天空中有颜色中含有背景色分量的区域被部分擦除，显示为半透明状态，效果见图 5-34。

图 5-33　一次取样擦除

图 5-34　取样为"背景色板"

（4）限制擦除。

"连续"表示将擦除区域限制为和取样位置连续的区域；"不连续"表示不限制区域；"查找边缘"表示不擦除边缘区域。设置限制为"查找边缘"且"一次取样"，从红色（c4372a）部分开始擦除，产生的效果见图 5-35，我们看到接近的红色被擦除，但红色边缘被保留。

图 5-35　限制为"查找边缘"

5.4.3　魔术橡皮擦工具

魔术橡皮擦工具 ✦ 魔术橡皮擦工具 也是将像素抹除以得到透明区域，只是不依据轨迹而是依据容差直接对全图像进行操作。其选项栏参数"容差"表示擦除颜色和取样位置颜色的色差范围，"连续"表示擦除区域与取样点是否连续。魔术橡皮擦工具相当于先用魔棒创建选区，再删除选区内的像素，最后取消选区这几个步骤的集合。

以图 5-36 为例来进行说明。将"灯笼"图层置于"天空"图层上方，设置"灯笼"图层为当前图层，设置容差为 32，不勾选"连续"，分别在左上角和右上角应用"魔术橡皮擦工具"，得到图 5-37 所示的效果。

灯笼　　　　　　　　　天空

图 5-36　魔术橡皮擦工具擦除前

图 5-37　应用魔术橡皮擦工具后的效果

5.5　仿　制　图　章

仿制图章工具 ♟ 仿制图章工具 将图像"源"花式复制到"目的地"，可用于创造群体效果，或者用来掩盖瑕疵。其选项栏如图 5-38 所示。

笔尖　　仿制源面板　　　　　　　　　　　　　对齐　样本

图 5-38　仿制图章工具选项栏

（1）仿制源面板，用来调整仿制效果，内容包括大小、比例、角度及透明度等。
（2）不透明度和流量，像前期学过的画笔工具对应选项一样，控制仿制强度。

（3）对齐，勾选则以第一次仿制为准对齐仿制源，多次涂抹都将"对齐"第一次确定的位置；不勾选表示不必对齐，每次涂抹都以当时位置为准。

（4）样本，决定仿制源的来源图层。"当前图层"表示直接从当前图层取样并仿制；"当前和下方图层"表示可以从当前图层和下方图层取样，并仿制到当前图层；"所有图层"表示可以从所有图层取样，并仿制到当前图层。

5.5.1 仿制一下

以图 5-39 为例，我们要让天空中有更多的红色风筝。

1. 指定源

单击工具箱上的 ![按钮] 按钮后，按住 Alt 键，光标将变成"靶心"图案，在要仿制的源位置单击，这一过程称为取样。为了实现在任意位置多次仿制，不选择"对齐"选项。

2. 仿制

在目标位置涂抹，将得到仿制了红色风筝的图片，见图 5-40。

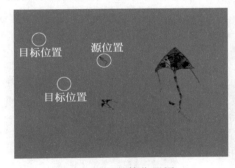

图 5-39　风筝位置图　　　　　　　　　图 5-40　仿制效果

5.5.2 仿制源面板

我们可以利用仿制源面板进一步设置仿制效果，单击选项栏上的仿制源面板图标，将弹出如图 5-41 所示的面板。面板中提供了 5 个不同的源图章 ![图章]，表示可以同时设定好 5 个源参数以供使用，这样可以避免反复重新取样。

1. 翻转

包括水平翻转 ![水平翻转] 和垂直翻转 ![垂直翻转]，单击后将使仿制目标翻转，见图 5-42。

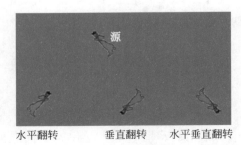

图 5-41　仿制源面板　　　　　　　　　图 5-42　翻转仿制

2. 缩放

包括水平缩放 W: 45.0% 和垂直缩放 H: 45.0% ，以及等比例缩放链接 ⑧ 。图 5-43 为纵横缩放 45％后的结果。

3. 角度

设置仿制角度 ∠45.0 度后，仿制目标将转换指定的角度，图 5-44 为缩放 45％且旋转 45° 后的仿制效果。

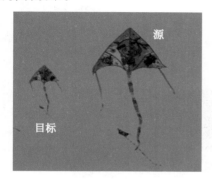

图 5-43 缩放仿制

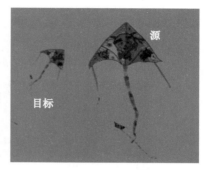

图 5-44 角度仿制

4. 显示项

仿制源面板下方还有几个显示项，这些选项都只在查看仿制过程时起辅助作用，并不直接影响仿制效果。

（1）显示叠加，勾选后将会看到按照"不透明度"设置的源叠加预览，它可以让我们在仿制时看到整个源的移动。

（2）已剪切，勾选后，源的移动只能看到画笔笔尖大小。

（3）自动隐藏，勾选后，在仿制时隐藏画笔以外的"显示叠加"区域。

（4）反相，勾选后以反向的形式"显示叠加"。

5.5.3 跨图像仿制

如果仿制的源来源于其他图像，可以跨图像仿制。同时打开源图像"风筝 2"和目标图像"风筝 1"，切换源图像为当前图像，按 Alt 键并单击风筝；然后切换到目标图像，设置源面板参数为 H: 60.0% 和 W: 60.0% ，在目标位置涂抹，得到图 5-45 中"风筝 1"所示的效果。

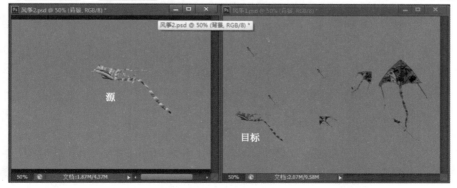

图 5-45 跨图像仿制

5.6 修复工具组

修复工具组(见图 5-46)用来修复微小瑕疵,它不但可以直接掩盖斑点,还可以针对颜色的不同属性进行瑕疵修改。

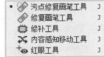

图 5-46 修复工具组

5.6.1 污点修复画笔工具

污点修复画笔工具 ![污点修复画笔工具] 用来修复微小斑点。以图 5-47(a)为例,人物的脸上有明显的痣。将画笔调整为可以覆盖斑点的大小,用修复工具在原图斑点上单击,斑点消失,见图 5-47(b)。

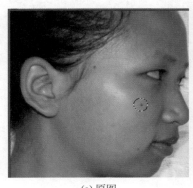
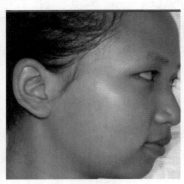

(a)原图   (b)污点修复祛痣

图 5-47 利用污点修复画笔工具祛痣

污点修复画笔工具的选项栏见图 5-48。

图 5-48 污点修复画笔工具的选项栏

(1) 笔尖,用来调整修复范围,笔尖大小要完全覆盖要修复的斑点区域。

(2) 模式,修复内容和笔尖相叠加的模式,一般情况下选择"正常"或者"替换",可以去除斑;其他选项将保留笔尖形状痕迹。

(3) 近似匹配,区分笔尖边缘像素方位后填充斑点区域,这种方法适合光滑区域中的斑点。

(4) 创建纹理,用笔尖边缘像素均值填充斑点区域。

(5) 内容识别,模仿笔尖以外区域填充斑点区域,保留模仿区域细节,这种方法适合斑点外围差别较大的情况。

(6) 对所有图层取样,不勾选时只使用当前图层内容,勾选则所有可见图层显示内容都参与作用。

5.6.2 修复画笔工具

修复画笔工具 ![修复画笔工具] 类似于仿制图章,需要先指定一个"源",再在目标位置复制源的内容。以图 5-49(a)为例来说明,为了去掉人像的眼镜,我们不断在靠近眼镜的位置指定源,然后在镜框部位修复(仿制),图 5-49(b)显示人像左边的镜框被去除。

(a) 原图   (b) 修复工具去除左边镜

图 5-49　修复画笔工具效果

下面来看看修复画笔工具的选项栏内容。

（1）图章 ![图标]，单击将弹出仿制源面板，其参数及效果可以查看"仿制图章"章节。

（2）模式，仿制与原图的相互关系。

（3）源，可选项，选择表示需要先指定源：按 Alt 键的同时在源位置单击，然后才能在目标位置拖动产生仿制效果。

（4）图案，可选项，选择表示不需要指定源，通过单击"图案"直接指定图案，在目标位置拖动将绘制图案。

（5）对齐，以指定源以后的第一次仿制为基准，后面的仿制都将与基准对齐。

（6）样本，用来指定取样的图层。

5.6.3　修补工具

修补工具 ![修补工具图标] 用来修补画面中明显的裂痕或褶皱缺陷，单击该工具将看到其选项栏，见图 5-50。

图 5-50　修补工具选项栏

1. 参数

（1）目标，表示要修复的目标区域。

（2）源，表示要用来修复的来源区域。

（3）选区，直接用修补工具在源位置或者目标位置画出选区，将得到需要修补的区域，选区图标 ![选区图标] 表示选区的进一步增减。

（4）"正常"修补，表示用"源"区域的光滑度替代"目标"位置的光滑度，"目标位置"区域原有的整体色相、明度和饱和度依然保留，此方法用于将褶皱变光滑。

（5）"内容识别"修补，表示将"目标"区域的外围内容和"源"区域的光滑度混合，替代"目标"位置的相应内容。选择内容识别以后，还需要进一步设置其适应程度和是否"对所有图层取样"。

（6）"源"和"目标选项"为单选项，选"源"在操作时将"目标"选区拖动至"源"位置，实现"源"对"目标"的修复，见图 5-51；选"目标"，则拖动方向相反，实现同样的目的。

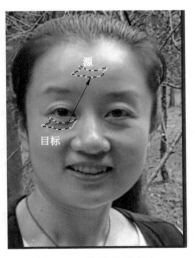

图 5-51　修补拖动方向

（7）透明，为勾选项，不勾选则"源"区域替代"目标"区域的光滑度；勾选则源区域中的边缘与目标区域叠加。

2. 实例

以图 5-52(a)为例，我们用额头部分的光滑度替代眼睛下方的皱纹区域，在"正常"修补方案下得到的效果见图 5-52(b)。

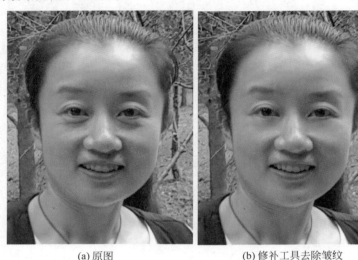

（a）原图　　　　　　　　　　（b）修补工具去除皱纹

图 5-52　修补工具效果

5.6.4 内容感知移动工具

内容感知移动工具 ![内容感知移动工具]，根据周边内容自动填充移动对象留下的空白区域，使移动区域的背景保持原有风格。图 5-53 为其选项栏。

图 5-53　"内容感知移动工具"选项栏

1. 选项

（1）模式，有两个选项，"移动"表示只是移动选中的区域；"扩展"表示对选区复制后移动，原选区位置的内容不变。

（2）结构、颜色，表示填充移动后留下的空区时，填充内容和周边的匹配程度。

图 5-54　原图

（3）对所有图层取样，选择该项则所有可见内容参与移动，否则只采样当前图层。

2. 实例

图 5-54 为向日葵，我们想将右下角的向日葵移到图片的中部。

单击内容感知移动工具后，指定模式为"移动"。选择向日葵区域，拖动其到目标位置（见图 5-55），松开鼠标，得到如图 5-56 所示的效果。

图 5-55 移动

如果模式选择为"扩展",将得到如图 5-57 所示的效果。

图 5-56 移动后效果

图 5-57 扩展后效果

5.6.5 红眼工具

在暗处用闪光灯照相时,放大的瞳孔来不及缩小,闪光照亮眼底血管丰富的视网膜,出现红眼现象。红眼工具 **+⊙ 红眼工具** 可以消除照片上的红眼。图 5-58(a)为原图,应用"红眼工具"在眼睛瞳孔部位单击,将得到去除红眼的效果,见图 5-58(b)。

(a)原图

(b)红眼工具应用后

图 5-58 红眼工具应用

"红眼工具"效果可以调整,选项栏上的"瞳孔大小"将增大或减小受红眼工具影响的区域。"变暗量"将设置校正暗度。

5.7 综合实例

下面以图 5-59(a)为例实现一个修复应用,修复后的图像见图 5-59(b)。

修 复

(a) 原图　　　　　　　　　　　　　　(b) 修复后

图 5-59　修复实例

1. 去污

应用"污点修复画笔工具"祛痣；"仿制图章工具"祛斑；"修补工具"祛除眼部周围皱纹；"仿制图章工具"去掉肩带，效果见图 5-60。

2. 微调五官

应用"画笔工具"在鼻梁上画一条浅粉色直线，使鼻梁更直；应用"操控变形"将人物左眼提升并增大；"锐化工具"让眼睛更亮，效果见图 5-61。

图 5-60　祛斑、祛痣、祛皱、去肩带　　　　　图 5-61　微调五官

3. 磨皮和提亮

应用"减淡工具"让眼白变浅；"锐化工具"让脸部边缘清晰，并用"画笔工具"在脸部边缘用淡粉色提亮；"模糊工具"对脸部进一步精细模糊让皮肤光滑，注意应用较小的模糊强度，效果见图 5-62。

4. 轮廓修补

应用"仿制图章工具"修补眉毛；"操控变形"进一步修改脸型；在适当区域应用"模糊工具"和"锐化工具"，笔尖柔和且强度要小，效果见图 5-63。

图 5-62　磨皮和提亮　　　　　　　　　图 5-63　轮廓精细调整

5. 整体亮暗处理

　　复制创建图 5-63 的图层副本,并重命名图层为"阈值";应用菜单"图像"→"调整"→"阈值",取阈值色阶为 65,创建一幅黑白图片;再用"画笔工具"修改图片,需要加深的部位涂黑,需要变淡的地方涂白(见图 5-64);调整"阈值"图层的不透明度为 6%,这时图像整体深浅更分明。

6. 最后微调

　　在所有图层的最上层新建一个透明图层并命名为"最后微调",应用"模糊工具",设置"对所有图层取样"、强度 35%,对嘴角等部位模糊处理。最终效果见图 5-59(b)。至此,图像修复完毕。

图 5-64　"阈值"创建黑白图

5.8　实　验　要　求

　　准备若干网上搜索的明星素颜照片,充分应用本章所学技术,选一张照片进行修复,要求修复后的照片既保持人物没有显著变形,又明显变漂亮。

第6章 调整图像色彩

在与图像打交道时,色彩是非常重要的一方面。许多用来展示的样片看起来色彩饱满丰富,其实都离不开色彩的调整。本章我们来学习如何调整图像的色彩,学习各种调整色彩的命令和工具。

6.1 颜 色 属 性

调整图像色彩其实是对颜色属性的部分或者全部进行改变,因此我们需要先了解颜色属性。

6.1.1 局部与整体

1. 局部

在创建或使用图像时,会涉及图像的长和宽,如果用像素表示,就代表整幅图像的长宽共有多少像素。像素是图像的最基本单元,它的颜色属性用色相、饱和度和明度来表示,称为色彩三要素。

2. 整体

由像素构成的图像会给人一个整体印象,比如图像是否有彩色、整体偏暖还是偏冷、主要颜色分布等,这些属性通常用色调、色阶和对比度来表示。

6.1.2 色相、饱和度和明度

1. 色相(H)

色相是色彩的相貌和名称。显示器上的颜色由红绿蓝构成,这是最基本的色相,由基本色相适度混合,就形成了更丰富的色相,如赤橙黄绿青蓝紫,见图 6-1。

2. 饱和度(S)

饱和度代表颜色的纯度,一般颜色都或多或少包含有灰色成分,纯度是指彩色中不含黑白灰的程度。饱和度高表示颜色趋于原本的色相,饱和度低表示颜色趋于黑白灰。图 6-2 为"红色"饱和度的变化,从左至右饱和度逐渐变高。

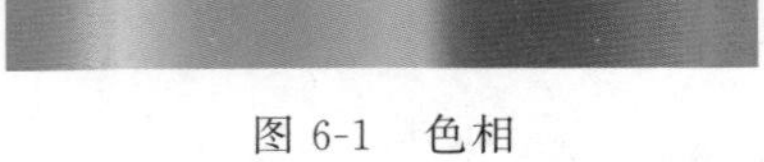

图 6-1 色相 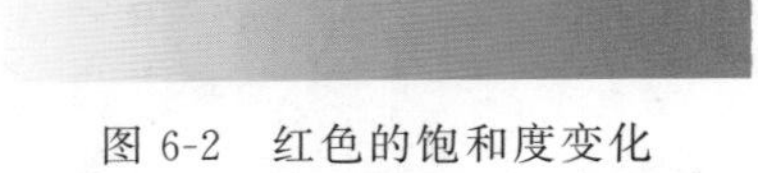　　　　　　　　　　　图 6-2 红色的饱和度变化

饱和度高的图像看起来亮丽但不够柔和,饱和度低的图像灰暗柔和但不够分明,当饱和度为零时,图像成为灰度图像。

3．明度（B）

明度又称为亮度，表示图像的明暗程度。不同色相的明度是有差别的，彩色中黄、橙、红、绿、蓝、青、紫依次递减。如果是灰度图像，白色明度最高，黑色明度最低，灰度即是明度。

6.1.3　色阶

色阶是图像中像素亮度的统计值，色阶在每个亮度的分布用色阶直方图（也叫色阶图）表示。我们可以从图像的色阶直方图了解图像在统计意义上的亮度特点。

下面来看看图 6-3 中的三幅图像及其色阶直方图告诉了我们什么。

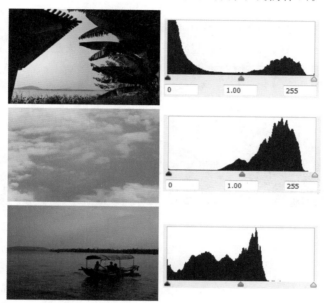

图 6-3　色阶直方图

图 6-3 中，上图有大块的亮区和暗区，色阶图上有两个峰值区，一个接近黑色（0），另一个接近白色（255）；中图整体偏亮，因此色阶图在接近白色的地方出现一个峰值；下图整体偏暗灰，因此在色阶图中亮度比较低的位置出现色阶堆积，我们还看到色阶在亮区几乎没有堆积，说明该图没有比较亮的区域。

6.1.4　色调

色调是色彩的调子，是一幅画中整体色彩的总体倾向，是对图片的总体概括。色调可分为冷色调、暖色调或某种中性色调。

冷色调表示图片主要采用冷色系颜色，图片整体颜色偏青、蓝；暖色调表示图片主要采用暖色系颜色，图片整体偏红、橙、黄；中性色调包含紫、绿、黑、灰、白。

典型的冷色调照片有薄雾中的早晨、清冷的月夜，暖色调照片有秋天下午的阳光、壁炉前的火光等。

6.1.5　对比度

对比度是图像明暗的差异大小，差异范围越大代表对比度越大，差异范围越小代表对比度越小。当图像相邻像素之间的亮度差异变大,微小的细节便被显示出来,图像会变得更清晰,颜色也会更加纯粹。对比度下降,图像细节会被减少,因此图像会显得平平无奇。

6.2 彩色变单色

图像按模式可分为黑白图像、灰度图像和彩色图像,现在我们要在不改变图像模式的前提下,改变图像整体或者局部,使图像呈现黑白或灰度效果。

6.2.1 去色

"去色"是将彩色图像变为灰度图像。单击"图像"→"调整"→"去色",可将选中区域的彩色图像转换为灰度图像效果。图 6-4 显示了一幅彩色图像去色后的效果。

图 6-4　去色

6.2.2 黑白

"黑白"是将彩色图像变为单色图像。单击"图像"→"调整"→"黑白",将弹出如图 6-5 所示的"黑白"面板。

下面以图 6-6 为例来说明"黑白"参数的作用。

图 6-5　"黑白"面板　　　　　　　　图 6-6　黑白处理前的原图

1. 默认处理

弹出"黑白"面板后不做任何设置就直接确定,将使用"默认"参数将图片转换为灰度效果(见图 6-7),这种转换类似于"去色"。

但是原片中铜色的门环和红色的背景在转换后变成了接近灰色的颜色,表现力变差。

2. 预设处理

其实我们还有一个偷懒的办法,那就是使用别人已经预先设置好的处理。单击"黑白"面板的 预设(E): 默认值 ▼ 下拉菜单,将看到如图 6-8 所示的处理选项。

为了减少红色对突出门环的干扰,此时选择"高对比度红色滤镜"后确认,将产生如图 6-9 所示的图像效果。

图 6-7 黑白之"默认"处理效果　图 6-8 黑白之"预设"选项　图 6-9 黑白之"高对比度红色滤镜"处理

3. 自定处理

如果预设的内容不能满足我们的需求,我们需要自己来调整参数。在"黑白"面板的中部,是 7 个颜色滑块,分别代表对某种颜色的明度调整,此时我们将红色明度调暗,将黄色明度调亮(见图 6-10),就可以得到突出门环的效果(见图 6-11)。

图 6-10 黑白之"自定"参数　　　　　　图 6-11 黑白之"自定"处理效果

如果自定的参数需要保留下来，单击预设右边的 ，选择"存储预设"，再在弹出的"存储"对话框中输入适当的名称（见图 6-12），就有了一个新的预设，我们以后可以在预设下拉选项中选用。

4. 加上色调

如果认为转换后的灰度图片不足以反映更多的情绪，可以勾选黑白面板的"色调"复选框。此时我们在自定参数的基础上，用滑块选择了色相和饱和度（见图 6-13）。

加上色调以后的效果图见图 6-14，此时的门环挂在斑驳的门上，棕色的光轻轻划过门环表面，表现出陈旧及沧桑感。

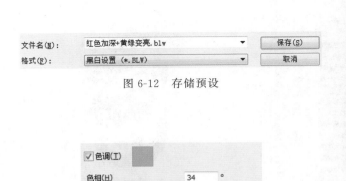

图 6-12　存储预设

图 6-13　附加色调

图 6-14　黑白之加上"色调"处理效果

6.2.3　阈值

"阈值"将图片转换为不是黑就是白的位图效果。单击"图像"→"调整"→"阈值"，将弹出如图 6-15 所示的面板。

从图 6-15 中我们可以看到图像的色阶图，色阶图中间的可滑动图标 △ 为阈值色阶，表示亮度分割点，凡是原图中亮度大于该点的将显示为白色，明度小于该点的将显示为黑色。以图 6-16 为例来说明。

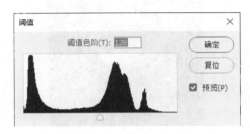

图 6-15　"阈值"面板

图 6-16　阈值处理之前的原图

分别用阈值色阶 63 和 152 进行处理,得到图 6-17 和图 6-18 的黑白效果图。

图 6-17　阈值色阶 63 效果图

图 6-18　阈值色阶 152 效果图

6.3　色彩属性调整

色彩的每一个属性都可以被单独调整,以产生想要的效果。

6.3.1　亮度/对比度

亮度即是色彩的明度,对比度为色彩亮度的差异。单击"图像"→"调整"→"亮度/对比度",便会弹出相应的调整面板,见图 6-19。

直接滑动亮度和对比度滑块,图像便会产生调整后的效果。"使用旧版"决定了调整的范围,不勾选表示相对调整,只调整在图片最大亮度以内的像素;勾选复选框则做绝对调整,图片上所有像素直接同等加亮,这会使亮度原本很大的区域产生亮度溢出。

下面以图 6-20 所示的原片为例来说明调整效果。

图 6-19　"亮度/对比度"面板

图 6-20　亮度/对比度调整前原图

将亮度减少到 -18,对比度增加到 +92,图片变清晰(见图 6-21)。

如果勾选"使用旧版",可调范围明显变大,再将亮度减少为 -6,对比度增加到 +57,图片更加艳丽(见图 6-22)。

但是如果不节制地使用旧版,亮度溢出,会产生如图 6-23 所示的结果。

图 6-21　亮度为 -18,对比度为 +92

调整图像色彩

图 6-22　使用旧版,亮度为−6,对比度为+57　　　图 6-23　使用旧版,亮度为−18,对比度为+92

6.3.2　自然饱和度

自然饱和度为饱和度相对调整,在不突破图片最大饱和度的情况下对像素饱和度相对改变,这种调整可防止饱和度溢出。单击"图像"→"调整"→"自然饱和度",将弹出如图 6-24 所示的面板。

图 6-25 为调整之前的原图,图 6-26 为自然饱和度调整到最大产生的效果。

图 6-24　"自然饱和度"面板　　　　　　　　图 6-25　自然饱和度调整之前的原图

也可以直接调整"饱和度"滑块,这时图像中所有像素的饱和度同时改变。

6.3.3　色相/饱和度

单击"图像"→"调整"→"色相/饱和度",可以对图像或选定区域进行色彩三要素的调整,见图 6-27。

图 6-26　将自然饱和度调至最大　　　　　　图 6-27　"色相/饱和度"面板

1. 预设

如果不想自己手动调整,可直接使用"预设"中已经设置好的调整。单击预设右边的下拉选项便可以找到期望的预设。

2. 调整范围

在预设的下方有一个下拉选项,单击它可选择要调整的色彩范围(见图 6-28),选择"全图"表示对所有色彩做相同处理,选择其他单色表示只对图片中含有该色彩的像素进行处理。

图 6-28　调整范围

如果不想仅仅选择全图或单色,可以使用面板右下部的吸管工具 ,　表示选择单色,　表示加选更多颜色,　表示减去某个颜色,所有选择都是通过将吸管移至图片上的对应颜色区域来完成的。我们可以看面板下部的彩条,两个彩条中间的灰色表示已经选定的颜色区域,被调整的色域范围又被划分为中心色域和两端的辐射色域,见图 6-29。

图 6-29　彩条中间的灰色代表选定的颜色区域

3. 颜色比对

选择了"全图调整"后,就可以直接滑动色相、饱和度和明度滑块来调整整幅图像的颜色三要素,调整效果一方面可以通过图像本身直接查看;另一方面可查看面板下部的颜色比对条了解原始颜色(上部彩条)和调整后颜色(下部彩条)的变化,见图 6-30。

4. 着色

在面板的右下部,有一个"着色"选项 着色(O) 。不选此项时,图片上所有的色彩信息都是基于原有色彩变化的;而勾选此项时,表示不分原始颜色,在所有颜色上用由色相、饱和度和明度指定的附加颜色,图像将变成单色效果,整张图片的色相统一改变,见图 6-31。

图 6-30　颜色比对 　　　　　　　　　　　　　　图 6-31　着色

5. 实例

图 6-32 为调整前的原图。

选择范围为"全图",指定色相＋16、饱和度＋36 及明度－7,效果见图 6-33。

图 6-32　色相/饱和度调整前的原图

图 6-33　全图调整

选择范围为"红色",指定色相－56、饱和度＋35 及明度＋13,效果见图 6-34。

勾选"着色",指定色相＋11、饱和度＋27 及明度＋0,效果见图 6-35。

图 6-34　单色调整

图 6-35　勾选了"着色"

6.4　改变颜色

下面的调整都涉及对颜色的改变，它们是替换颜色、色彩平衡及可选颜色。

6.4.1　替换颜色

"替换颜色"是将指定颜色对象的色彩三要素修改为新的参数。

下面以实例来说明替换颜色操作。为了替换衣服的颜色，我们先用选区工具选定孩子的衣服区域（见图 6-36）。

单击"图像"→"调整"→"替换颜色"，将弹出如图 6-37 所示的"替换颜色"面板。

图 6-36　替换颜色前的原图

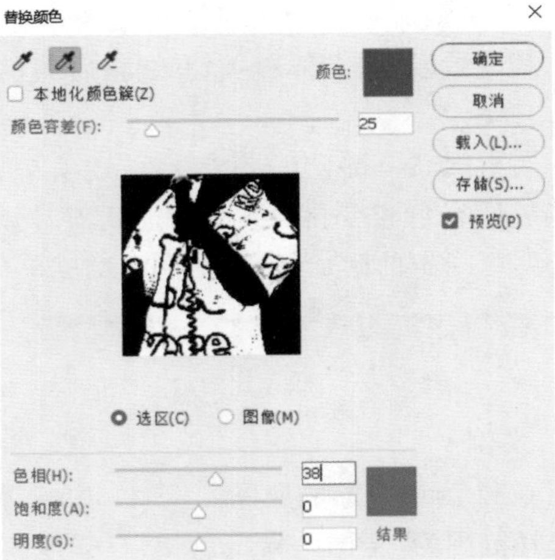

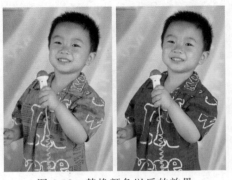

图 6-37　"替换颜色"面板

我们打算将孩子的红色衣服换个颜色。先设置容差为 20～30（此处 25），再使用吸管 🖊 在要换色的图片位置单击，直到面板内所有红色衣服区域变成白色。最后通过滑块设置要替换的颜色，滑块的右边会显示颜色样本，替换后孩子的衣服颜色被改变，如图 6-38 所示（左图色相＋38，饱和度及明度未修改；右图色相－130，饱和度－31，明度－12）。

图 6-38　替换颜色以后的效果

6.4.2 色彩平衡

"色彩平衡"用来分别对图像高光、阴影和中间调的颜色进行调整。单击"图像"→"调整"→"色彩平衡",将弹出如图 6-39 所示的"色彩平衡"面板。

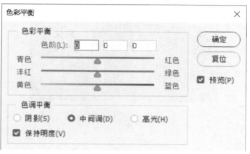

（1）色彩平衡,表示对选择区域色彩的增减,可通过滑块实现增减 6 种颜色。

（2）色调平衡,表示要改变的色调区域。高光代表图片中较亮的区域,阴影代表较暗的区域,中间调代表亮度处于中间的区域。

（3）保持明度,勾选表示不改变调整区域的明度,不勾选则明度随颜色的增减一同改变。

图 6-39 "色彩平衡"面板

下面以图 6-40 为例来说明。我们想使图中的树莓（高光部分）更红亮,使背景（阴影及中间调）变得比较暗来突出树莓。

勾选"保持明度",再选择"高光",然后滑动 3 个颜色滑块,使其向红色偏移,具体参数为色阶＋20、－22、＋20；再选阴影,使颜色向绿色偏移,色阶－40、－16、＋27；最后选择中间调,色阶－9、＋42、＋10。调整后的效果见图 6-41。

图 6-40 色彩平衡前的原图

图 6-41 色彩平衡效果

6.4.3 可选颜色

使用"可选颜色"功能可以对图像中的某一个颜色分量进行单独调整,单击"图像"→"调整"→"可选颜色",将弹出如图 6-42 所示的面板。

（1）颜色,代表需要调整的原图中的颜色。

颜色下方的四个滑块,表示将要增减的颜色。

（2）方法有相对和绝对,相对表示增减量相对于像素颜色的总量,绝对表示不考虑颜色总量直接增减。

下面以图 6-43 为例来说明"可选颜色"的调整效果。我们想将图片中红色的树叶改变成棕黄,并且加深背景。

弹出"可选颜色"面板,先选"红色",方法选"绝对",调整滑块为黄＋97％、黑－28％；再选"洋红",调

图 6-42 "可选颜色"面板

整洋红－100％；最后选"中性色"，调整黑色＋23％。调整后的效果见图6-44。

图 6-43　可选颜色调整前的原图　　　　　图 6-44　可选颜色调整效果

6.5　色　阶　调　整

　　色阶调整是修改色阶图的分布峰值，并改变分布图的输入输出范围来修改图像。色阶、色调分离、曲线及阴影/高光都属于色阶调整范畴。

6.5.1　色阶

　　"色阶"是对图像的色阶分布范围进行调整。单击"图像"→"调整"→"色阶"，将弹出图 6-45 所示的色阶面板。

1. 预设

　　预设中有若干已有的调整方案（见图 6-46），单击其中的某个方案，就可以直接调整图像色阶。

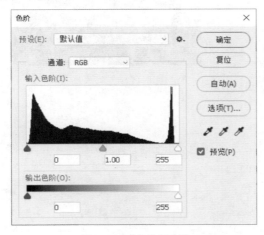 

图 6-45　"色阶"面板　　　　　　图 6-46　色阶调整中的预设方案

2. 通道

　　通道为下拉选项（如图 6-47 所示），在此可选择将要调整的色彩通道，选择"RGB"表示红、绿、蓝三个色彩通道同时调整。

3. 输入色阶

　　输入色阶表示调整前图像的色阶分布，分布图的横轴表示亮度值，

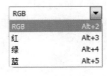

图 6-47　色彩通道

从 0（全黑）变化到 255（全白），纵轴为该亮度在图像中的比重。

横轴上有三个三角形 ◣△◣，分别表示明度的黑场、白场和灰场。

（1）黑场，指定图像最暗的明度，黑场左边的明度区域也为最暗，向右滑动黑场将使图像暗区变多，图像变暗。

（2）白场，指定图像最亮的明度，白场右边的明度区域也为最亮，向左滑动白场将使图像亮区变多，图像变亮。

（3）灰场，表示图像的中间明度，灰场左边明度偏暗，右边明度偏亮，因此滑动灰场将会改变图像整体明度，向左滑动图像变亮（偏亮的区域变多），向右滑动则图像变暗。

如果图像黑场向右滑动，白场向左滑动，则整个图像的输入色阶将减少，下面以图 6-48 为例来说明。

图 6-48　色阶调整前的原图

滑动黑场 ◣ 和白场 △ 标记（见图 6-49），使黑场为 62，白场为 175，单击确定，将得到图 6-50 所示的效果和新的色阶分布。

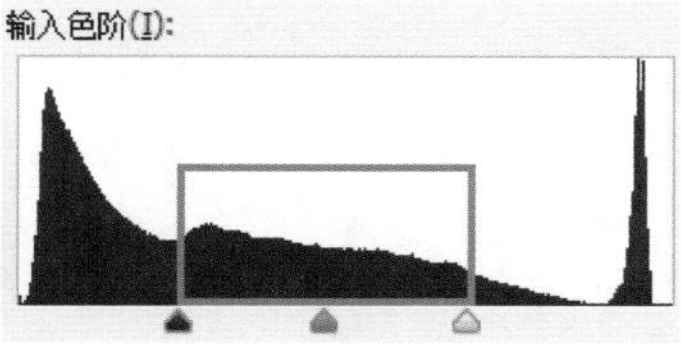

图 6-49　滑动黑场和白场标记 　　　　图 6-50　输入色阶变窄以后的色阶分布及图片效果

从图 5-50 中我们看到，其余的色阶在 0～255 重新分布。这种重新分布使中间调部分增大了色调范围，实际上增强了图像的中间调区域的对比度。

调整过的图像暗部和亮部细节减少，灰场部分的图片变得比较锐利。由此可见，适度调整输入色阶可以改变图像的中间调细节，减少暗部和亮部不需要的内容。

4. 输出色阶

输出色阶是图像需要保留的色阶范围，比如在原图输入色阶的基础上，将输出色阶调整为 92～249，我们将看到图像整体变亮且灰度范围狭窄，图片有了雾蒙蒙的效果（见图 6-51）。

5. 黑场、白场、灰场吸管指定

在色阶面板的右下部有三个吸管 ✎✎✎，表示直接设置黑白灰场。使用黑场吸管 ✎ 单击图像中某个偏暗的位置，凡是比该位置暗的像素都变成黑色（0）；使用白场吸管 ✎ 单击图像中某个偏亮的位置，凡是比该位置亮的像素都变成白色（255）；使用灰场吸管 ✎ 单击图像中某个中间调位置，该位置的亮度就被设置成了中间值。图 6-52 为用吸管单击所调整的图像效果。

图 6-51　输出色阶变窄的效果　　　　　　图 6-52　黑场、白场、灰场吸管指定

6.5.2　色调分离

色调分离是将图像的连续渐变色阶(256 色阶)改变为跳变色阶,使图像产生斑驳的色彩效果。图 6-53 为灰度色阶变化情况。

单击"图像"→"调整"→"色调分离",将弹出图 6-54 所示的面板,其中的"色阶"数值表示 RGB 三种颜色分别的色阶数量,拖动滑块可以调整。

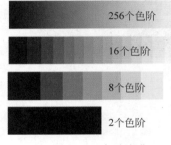

图 6-53　色阶变化　　　　　　　　　　图 6-54　"色调分离"面板

经过色调分离调整的图像将产生色块效果,适度的调整可以使图像看起来像水粉画,图 6-55 为色调分离前的图片,设置色阶为 4 后产生图 6-56 的效果,设置色阶为 2 后产生图 6-57 的效果。

图 6-55　色调分离前原图　　图 6-56　色调分离效果(色阶:4)　　图 6-57　色调分离效果(色阶:2)

6.5.3　曲线

"曲线"是对图像色阶分布统计值进行全方位调整,单击"图像"→"调整"→"曲线",将弹

出如图 6-58 所示的面板。

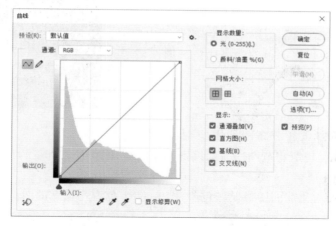

图 6-58　"曲线"面板

1. 输入输出

"输入"→"输出"在这里都代表图像颜色亮度值,输入为调整前的色阶,输出为调整后的色阶,输入输出联合成为曲线,表示输入输出关系,初始的时候曲线为"输入＝输出"的状态。曲线的背后是隐约的色阶图,表示图像原有色阶分布。

2. 调整曲线

调整曲线可以改变输入输出关系,调整的方法可以使用

图 6-59　曲线调整前原图

,用节点改变曲线;或者使用 ,直接绘制新的曲线。以图 6-59 为例,我们希望将其色彩调整得更有冲击力。

为了强化红色花朵的高光部分,设置通道为"红",提升红色线高光段,降低阴影段(见图 6-60 中的红色曲线);对蓝色和绿色通道也进行了调整,目的是分离前景和背景,抬高蓝色阴影区(见蓝色曲线),降低绿色高光区,抬高绿色灰调区(见绿色曲线);为了增加全图的对比度,提升 RGB 通道的高光,压低其阴影部分(见灰色曲线),最后图片效果见图 6-61。

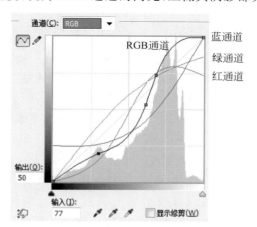

图 6-60　调整曲线

图 6-61　曲线效果

第 6 章

调整图像色彩

3. 其他选项

面板中的预设、通道、黑白灰场前期已经学习过。曲线显示选项 ⊗ 曲线显示选项 可以进一步弹开,其中曲线面板中要显示的内容可以通过勾选来确定。图 6-62 为使用预设中的"彩色负片"调整的图像效果。

6.5.4 色调均化

"色调均化"滤镜重新分布图像中像素的亮度值,

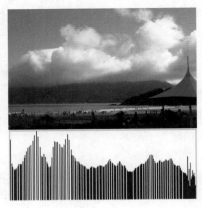

图 6-62 曲线之"彩色负片"

以便它们更均匀地呈现所有范围的亮度级别。调整后,图像最暗部变为黑色,最亮部变为白色,中间调被均化。

图 6-63 为色调均化前的图像及其色阶,图 6-64 为色调均化后的图像及其色阶。

图 6-63 色调均化前的原图及色阶

图 6-64 色调均化的效果及色阶

6.5.5 阴影/高光

"阴影/高光"常用来处理逆光的照片,能让阴影区域的细节显示出来,并且色阶不损失。

图 6-65 "阴影/高光"面板

单击"图像"→"调整"→"阴影/高光"将弹出调整面板,勾选"显示更多选项"后面板如图 6-65 所示。

1. 数量

阴影和高光的数量都可以通过滑块来调整,数值越大表示对其相反方向的调整力度越大。增加阴影,则阴影部分会变亮,阴影的细节会显示出来。增加高光,则高光部分会变暗。

2. 色调宽度

代表阴影或高光中色调的修改范围。比如对于阴影,较小的值表示只修改暗区的亮度,较大的值表示暗区加中间调的亮度都会被涉及。而高光则相反,较小的值表示只修改亮区的亮度。

3.半径

表示调整所影响的相邻像素范围,比如调整阴影,某阴影像素周边"半径"太大,则半径范围内的亮度都随调整改变,如果将半径扩大致全图,则全图亮度都被改变。

4.中间调对比度

用于调整中间调的对比度。向左移动滑块会降低对比度,向右移动会增加对比度。

5.实例

以图 6-66 为例说明阴影/高光调整,原图为逆光拍摄,阴影部分显示不清晰。

打开"阴影/高光"调整面板后,设置阴影(数量 66%、色调宽度 24%、半径 30 像素)、高光(数量 25%、色调宽度 50%、半径 30 像素)和中间对比度 38%,将得到如图 6-67 所示的效果图。

图 6-66　阴影/高光调整前的原图　　　　图 6-67　阴影/高光调整效果图

6.5.6　曝光度

曝光度是拍摄时照片接受光线的程度。曝光度过高,照片会过亮;曝光度过低,照片会偏黑。单击"图像"→"调整"→"曝光度",会弹出如图 6-68 所示的面板,就可以对图像的曝光度进行纠正。

1.参数

(1)曝光度,用来调整图像的高光部分,滑块表示亮度增减。

(2)位移,用来调整阴影和中间调部分,滑块使其亮度增减。

(3)灰度系数校正,用乘方函数来调整图像的灰度系数,效果与调整饱和度相似。

另外,在曝光度调整面板的右边,有黑、白、灰场吸管,可用于直接在图像上设置黑场、白场和灰场。

2.实例

图 6-69 为原图,整体比较偏灰,色彩不足,对比度不够。

图 6-68　"曝光度"面板　　　　　　图 6-69　曝光度调整前的原图

调整图像色彩

设置曝光度＋0.63、位移－0.0357 和灰度系数校正 0.69,得到如图 6-70 所示的效果。

6.5.7 自动调整

在图像菜单中,有 3 个快速调整选项,分别是"自动色调""自动对比度""自动颜色"(见图 6-71),使用它们可以直接快速调整图像。

这里的"自动"是按照一定的预设来实现的,单击"图像"→"调整"→"色阶"→"选项"后可以进行针对性设置,见图 6-72。

图 6-70 曝光度调整效果

图 6-71 自动调整

图 6-72 设置自动调整

图 6-72 中有 4 个可选算法,选择其中一项算法后,可以设置目标颜色和修剪参数,勾选"存储为默认值"后确定。将来使用自动选项时,此时设置的算法和参数就会直接起作用。

6.6 色调调整

色调调整是对图像色彩的基调进行调整。

6.6.1 照片滤镜

滤镜原本是在照相机镜头前添加的彩色玻璃或其他特殊效果的玻璃片,为的是使照片带上某种色温。"照片滤镜"调整就是模仿这一滤色技术,使图像的调子发生变化。单击"图像"→"调整"→"照片滤镜",就会弹出图 6-73 所示的"照片滤镜"面板。

1. 滤镜

选择滤镜对应的下拉菜单,其实是选择预设方案,会看到图 6-74 所示的内容。

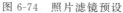

图 6-73　"照片滤镜"面板

图 6-74　照片滤镜预设

　　这些滤镜的名称已经说明了它将产生的效果,加温使照片变得温暖,冷却使照片变得清冷。可以直接用这些滤镜来调整图像,比如图 6-75 为一幅早晨的图片,我们想将其调整为黄昏的照片。

　　使用"加温滤镜",调整浓度为 68％,勾选"保留明度",调整后的结果见图 6-76。

2. 颜色

　　如果选择"颜色",单击颜色图标则可以自选颜色进行调整。比如先用 20 像素的羽化选择船以外的区

图 6-75　照片滤镜调整前的原图

域,再使用照片滤镜,选择"颜色",在拾色器中将颜色设置为 222a46,加大浓度到 70％,效果如图 6-77 所示。

图 6-76　加温滤镜调整效果

图 6-77　自设颜色滤镜效果

3. 浓度

"浓度"表示滤镜颜色参与的程度,用滑块调整,浓度越大则颜色力度越大,反之越小。

4. 保留明度

"保留明度"为勾选项,如果不勾选此复选框,滤镜将使图像变暗,勾选则调整时只使用

调整图像色彩

滤镜色相,不使用滤镜的明度。

6.6.2 渐变映射

渐变映射将图像灰度范围映射到指定的渐变填充色。本质上是用渐变样式中的各个色彩去替换原图中不同亮度的像素,即以渐变样式中的颜色为样本按色阶替换颜色。现以图 6-78 为例来说明。

首先将原图映射成灰调,单击"图像"→"调整"→"渐变映射",弹出调整面板,见图 6-79,选定"黑白渐变"后单击"确定"按钮。

图 6-78　渐变映射之前的原图　　　　　　　　图 6-79　"渐变映射"面板

使用"黑白渐变"后效果见图 6-80,使用"蓝紫黄橙渐变"后的效果见图 6-81。

图 6-80　渐变映射之"黑白渐变"　　　　　　图 6-81　渐变映射之"蓝紫黄橙渐变"

6.6.3 匹配颜色

如果一幅图片是由不同局部图片拼接而成,图片上不同区域的色彩有可能不在相同的基调上,这时就需要匹配同一幅图像的不同图层之间或者不同图像之间的颜色使整幅图像看起来协调一致,这就是"匹配颜色"的任务。

"匹配颜色"调整使目标图像(或图层)的颜色与源图像(或图层)的颜色相匹配,因此在匹配颜色之前,需要先确定好谁是目标图像,谁是源图像。下面以实例来说明匹配过程,我们要在背景图片的窗口前面加一个陶罐,见图 6-82。

将陶罐放置在台面上的效果见图 6-83,我们发现陶罐颜色与背景颜色色调不一致,不够和谐,需要使用"匹配颜色"功能。

单击"图像"→"调整"→"匹配颜色",将会弹出如图 6-84 所示的调整面板。

图 6-82　匹配颜色之前的素材(背景、陶罐)　　　　　图 6-83　未匹配颜色的效果

(1)目标,为要调整的图像或图层。本例中需要匹配颜色的图层为"陶罐",因此选择操作图层为"陶罐"图层。

(2)源,为要匹配的图像或图层。本例中要用于匹配的源图像为"匹配颜色素材.psd"中的"背景"图层,我们在源的位置 源(S): 通过下拉选项选定。

(3)图像选项,为目标图像被匹配以后的色彩微调,我们调整明度为 158,颜色强度(即饱和度)为 165。

(4)渐隐,为匹配的程度,数值越小匹配越彻底,数值越大匹配越弱,当渐隐值达到 100时不采纳匹配效果,此处我们设置渐隐为 59。

(5)中和,为勾选项,如果勾选,目标图层色彩要素会趋于平均值。

(6)图像统计,当匹配颜色应用于选区时,该选项区域产生统计效果。

(7)存储统计数据,可以命名及保存已经设置好的匹配数据。

(8)载入统计数据,可以直接使用已经存储的匹配数据,类似于前期学过的"预设"。

采用图 6-84 所列参数,获得图 6-85 所示的匹配效果,全图的色调基本一致。

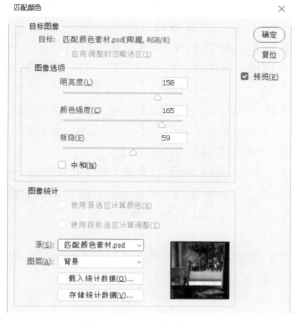

图 6-84　"匹配颜色"面板

图 6-85　匹配颜色的效果

调整图像色彩

除了上面例子中图层之间的颜色匹配以外,还可以在图像之间和选区之间匹配颜色,我们只要记住设置正确的目标和源,就可以使任何目标的色调与源文件和谐共存。

6.6.4 反相

反相就是将图像中所有颜色转换成对应的补色。一幅图像上有很多颜色,每个颜色都有其对应的补色,如黑色的补色为白色,绿色的补色为红色。互为补色的颜色相邻,可以产生强烈的对比,产生颜色冲撞感。

当以 RGB8 位模式表示颜色时,求补色就是将 R、G、B 每个颜色分量用 255 减去当前颜色的值。Photoshop 提供反相功能,可以将正片转换为负片或反之。单击"图像"→"调整"→"反相",便可直接实现区域或整个图像的反相,图 6-86 为反相前的原片,图 6-87 为反相后的负片。

图 6-86　反相前的原图　　　　　　　　　图 6-87　反相后的负片

6.7　混合调整

混合调整是将多种调整方法集成到一个面板上,方便多种调整同时进行。

HDR(High Dynamic Range)即高动态范围,"HDR 色调"用来一次性同时完成多种色调调整。使用 HDR 色调调整前要合并所有图层。单击"图像"→"调整"→"HDR 色调",将弹出如图 6-88 所示的调整面板。

"预设"有多种方案,可以直接选用。下面以图 6-89 为例来说明各项参数的含义。

(1) 方法,表示要调整的主要内容,可选项有曝光度和灰度系数、高光压缩、色调均化直方图和局部适应,为了使调整更充分,我们选择调整范围最大的局部适应。

(2) 边缘光,用来调整图像中色彩跳变的区域。图 6-89 是被称为"西兰卡普"的一种土家织锦,它由彩色棉线纵横编织而成,因此近看会看到棉线的立体痕迹。此时我们设置边缘光半径(边缘范围)为 4 像素,强度(调整力度)为 0.94,让织锦线条产生光影,以突出立体效果。

(3) 色调和细节,用于调整灰度和曝光度,细节决定了对比度。此时我们降低"曝光度"至 -0.86,增加"细节"至 $+30\%$,设置灰度系数为 1.94。

(4) 高级,含有阴影、高光、自然饱和度和饱和度,其内容在前期已经了解。此时我们设置这些参数的目的是进一步突出织线的颜色纯度和相互变化,参数设置为阴影 $+78\%$、高光 $+33\%$、自然饱和度 $+87\%$ 和饱和度 $+20\%$。

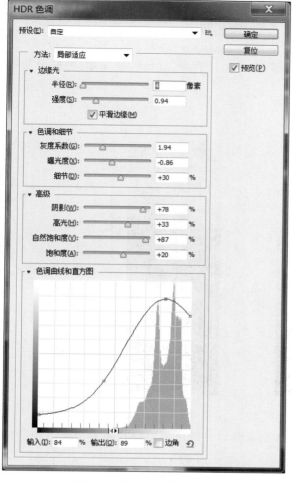

图 6-88 "HDR 色调"面板

图 6-89 HDR 色调调整前的原图

（5）色调曲线和直方图，类似于前期所学的"曲线"调整，此时我们提高暗部来展现深色织线，降低亮部来压缩墙面的光线，提升峰值区域来使彩色更加明亮，曲线形状见图 6-90。

将以上所有参数调整到位后，单击"确定"将看到如图 6-91 所示的效果图。

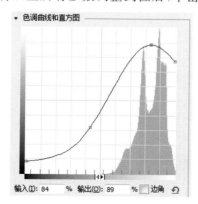

图 6-90 色调曲线和直方图

图 6-91 HDR 色调调整后的效果

6.8 综 合 实 例

以图 6-92 为例,我们需要将其分割成四部分,分别代表春、夏、秋、冬四季,每部分按季节需要应用图像调整。

1. 春

对三部分进行调整,见图 6-93。

图 6-92 综合实例原图

局部1:
色彩平衡

局部2:
色相、饱和度

大地:
色彩平衡

图 6-93 春的调整

(1) 春天的色调,大地被染上嫩绿色。选取天空以外的区域,应用"色彩平衡",中间调调整,色阶:0,+35,-87。

(2) 红瓦点缀,春天色彩比较多。选取局部 1,色彩平衡,中间调.色阶:+36,0,0。

(3) 鲜花点缀。选取局部 2 的点状区域,色相-58,饱和度+82。

2. 夏

夏天很明亮,选取整个夏天部分,调整自然饱和度,自然饱和度+93。

3. 秋

秋天是收获的色调,处理几个区域,见图 6-94。

(1) 天空,秋天的天空变得很清晰。选取天空区域,应用"色阶",黑场 114、中间调 1.39、白场 243。

(2) 远山,远山显出褐色。选取远山区域,应用"色彩平衡",中间调调整,色阶:+19,0,-16。

(3) 近树,近树开始发黄。选取近树区域,应用"色彩平衡",中间调调整,色阶:+70,0,-88。

(4) 整体调子,整体带上浅褐的环境色。应用"色阶",黑场 30、中间调 1.03、白场 255;应用"色彩平衡",中间调调整,色阶:+19,-9,0。

4. 冬

冬天白色基调,大雪覆盖,处理区域见图 6-95。

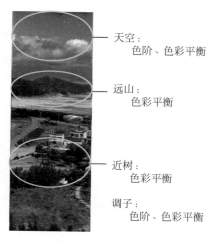

图 6-94 "秋"的调整

天空：
色阶、色彩平衡

远山：
色彩平衡

近树：
色彩平衡

调子：
色阶、色彩平衡

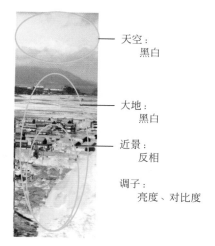

图 6-95 "冬"的调整

天空：
黑白

大地：
黑白

近景：
反相

调子：
亮度、对比度

（1）天空，天空中有冬季的沉重，选取天空区域，应用"黑白"，勾选色调，用拾色器指定淡蓝色 cce8f9。

（2）大地，白色覆盖，选取整个大地区域，应用"黑白"，直接应用预设的"最白"。

（3）近景，黑色屋顶要变成大雪覆盖，选取近景区域，应用"反相"。

（4）整体调子，为了在白色调子下依然能看见景色，应用"亮度/对比度"，对比度＋100。至此，全部处理完毕，效果见图 6-96。

图 6-96 四季效果图

6.9 实 验 要 求

从网络上下载一些未处理的原始风景样本，使用本章所学内容，自己创作一幅梦幻风景图，内容按照自己的喜好决定，卡通、写实、梦幻、神秘等风格任意发挥。

第7章   路　　径

跟前面学过的像素处理的各种工具不同,路径是一种矢量工具。本章我们学习绘图辅助工具"钢笔工具"组以及"路径选择"工具组。

7.1　图像与图形

图像是对客观视觉效果的记录和描述,我们通常所说的照片就是图像。在计算机上,图像的本质是像素阵列,我们可以采用某种图像格式来记录所有像素的色彩属性,从而记录一整幅图像。对图像全部或者局部的像素直接处理称为像素化(又叫栅格化)处理。

图形是由外部轮廓线条构成的矢量图。矢量图在数学上定义为一系列由线连接的点,是根据几何特性来绘制图形,计算机用数学公式来描述和存储矢量图,因此记录矢量图只需很少的存储空间,矢量图也很容易被分割和组合,放大和缩小矢量图也不会失真。

在平面设计中,通常是图像工具和矢量图工具混合使用,前期使用过的选区、画笔工具、图像调整等都属于像素化处理。接下来要学习的路径属于矢量化处理。

7.2　路径初识与绘制

路径在 Photoshop 中是一个辅助工具,它是由锚点和曲线段构成的一段闭合或者开放的曲线,我们可以利用这种曲线来勾勒出物体的轮廓,然后填充颜色或记录边缘,图 7-1 中展示了路径及其辅助效果。

Photoshop 中有两种绘制路径的工具,即钢笔工具和形状工具。使用钢笔工具可以绘制出任意形状的路径,使用形状工具可以绘制出具有规则外形的路径。我们将在后面的章节中学习形状工具的用法。钢笔工具组见图 7-2。

路径　　　　　路径填充　　　　路径描边

图 7-1　路径作用

图 7-2　路径绘制之钢笔工具组

7.2.1　路径的基本组成

路径由锚点和路径线联合构成,见图 7-3。

（1）锚点，是路径上的连接点，它可以连接直线段或者曲线段。

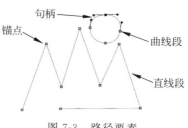

图7-3　路径要素

（2）句柄，又称为方向线，是用来控制锚点两边线段的连接曲度的工具，是附带有圆点的线，通常是成对出现的。通过移动句柄方向或者调整句柄长度可以改变曲线的曲度。

（3）路径线，锚点之间的线段，可以为直线或者曲线。

（4）路径，单个或者多个路径对象在同一路径层上的组合。

7.2.2　路径的作用

路径与选区类似，是辅助实现图像绘制的工具，本身并不构成图像，完成后的路径并不直接显示在图片上，而是一个背后辅助工具，只有将其填充或描边后才能产生实际像素。

路径可以帮助绘制精准曲线和区域、微调选区边缘、创造特殊形状等。

虽然路径在画面表现上可以用选区替代，但是它的矢量和灵活的特点是独一无二的。首先路径可以无损放大和缩小，其次路径不仅可以直接修改，还可以通过矢量的运算实现修改。如图7-4所示，左图是一个从矩形的右下角减去椭圆的形状，修改时，可以直接移动椭圆得到新的形状，如右图所示。

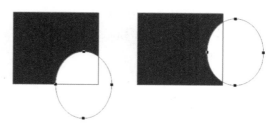

图7-4　通过矢量运算修改路径

7.2.3　使用钢笔工具绘制路径

钢笔工具  用来绘制由直线段或者曲线段构成的路径。

1. 绘制直线型路径

（1）绘制开放型路径。单击产生第一个锚点，再单击产生第二个锚点，直到设想的最后一个锚点，结束路径按Esc键。

（2）闭合型路径。如果结束锚点与起始锚点重合，钢笔笔尖旁边将看到"。"符号，在起始锚点处单击则产生闭合路径。

（3）如果按Shift键以后单击产生锚点，则产生的线段角度为45°的倍数。

（4）以Esc键或者闭合路径结束路径绘制后，该路径锚点隐藏。

采用上述方法绘制的路径见图7-5。

不闭合路径　　　　闭合路径　　　　45°倍角线段路径

图7-5　直线型路径

2．绘制曲线型路径

曲线段也分为开放型和闭合型,开放和闭合的绘法同直线段,不再赘述。

曲线型锚点跟直线型锚点不同,这种锚点有两个默认位于同一条直线上的控制句柄,控制曲线的弯曲形态。

当单击产生锚点时,如果鼠标左键保持按下并拖动,锚点处会随拖动方向产生句柄,并根据句柄的方向和长度产生曲线段,句柄的方向及长度决定了曲线段的方向及曲率,如图 7-6 所示。

如果在每个锚点处拖动鼠标产生句柄并形成曲线,绘制的路径将是光滑的。我们看到的光滑曲线似乎不能完全按照我们的意志产生,那是因为该曲线的生成方式受数学公式的影响(贝塞尔曲线),为了更精确地绘制,我们可使用自由钢笔工具。

3．绘制拐角型路径

拐角型路径具有两个句柄,但这两个句柄不在同一条直线上。

通常情况下,两个句柄在一条水平线上,如果拖动其中一个,另一个将向相反的方向移动,此时无法绘制出如图 7-7 所示包含拐角锚点的拐角型路径。

绘制拐角型路径的步骤如下。

(1)按照绘制曲线型路径的方法绘制第二个锚点,如图 7-8 所示。

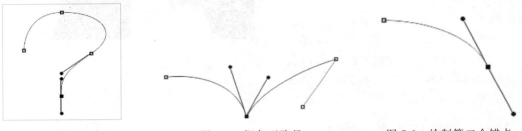

图 7-6　曲线型路径　　　　图 7-7　拐角型路径　　　　图 7-8　绘制第二个锚点

(2)按住 Alt 键不放,拖动一侧句柄而不会影响到另一侧句柄,如图 7-9 所示。

(3)释放鼠标和 Alt 键,继续绘制后面的锚点,如图 7-10 所示。

图 7-9　用 Alt 键配合鼠标修改句柄　　　　图 7-10　释放鼠标和 Alt 键后继续绘制

4．自动添加/删除锚点

在钢笔工具选项栏中,有"自动添加/删除"复选框,用来选择是否直接在路径上添加或者删除锚点。如果勾选该复选框,当钢笔笔尖靠近路径段,笔尖旁边将看到"＋"号,笔尖在路径线段上单击,将生成新的锚点;当钢笔笔尖靠近已有锚点,笔尖旁边将看到"－"号,笔尖在路径锚点上单击,该锚点将被删除。

5．橡皮带

单击钢笔工具选项栏中的 ⚙ 将引出橡皮带复选框,勾选该项,绘制路径的时候将看到钢笔笔尖所在位置的预测路径,单击便会生成该路径段;不勾选该项,绘制路径新锚点时则看不到预测路径。

7.2.4 使用自由钢笔工具绘制路径

自由钢笔工具  让我们随心所欲地绘制路径，像使用铅笔一样，笔迹所到之处路径形成，线段和锚点自动生成。使用该工具可绘制曲线或者闭合曲线。

1. 磁性的

在自由钢笔工具的选项栏中有"磁性的"复选框，不勾选该项表示完全自由绘制；勾选该复选框，钢笔笔尖旁会有磁铁标志，绘制时路径自动贴近画面中的颜色跳变边缘，绘制的路径只能是闭合形式。我们可以利用该功能来勾画物体轮廓。图7-11中一朵花的轮廓被勾画成路径。

图 7-11　自由钢笔工具（勾选"磁性的"复选框）

2. 曲线拟合

虽然勾选了"磁性的"复选框，但路径并没有完全贴合颜色交界线，那是因为路径是通过拟合边缘来产生的，拟合的贴合度设置得不够细腻。单击选项栏上的 ⚙，将弹出"曲线拟合"参数设置（见图7-12），"曲线拟合"输入 0.5～10.0 像素的值，该值越小，创建的路径锚点越多，拟合越细腻；该值越高，创建的路径锚点越少，路径越简单。

（1）宽度，拟合路径时选择的范围，有点像画笔工具的笔尖直径，宽度越大，边缘半径越大。按 Caps Lock 键可以显示路径的选择范围。

（2）对比，图像边缘所要求的对比度，值越大表示对边缘的对比度要求越高，较低对比度的地方就无法探测；值越低，使用较低的值就能探测低对比度的边缘。

（3）频率，为路径上使用的锚点数量，值越大绘制路径时产生的锚点越多。此项和"曲线拟合"项比较相似。

（4）钢笔压力，使用绘图板上的光笔绘制路径时，勾选了该项将根据压力改变"宽度"值。

对曲线拟合参数进行调整使其更贴合边缘，参数及对应路径效果见图7-13。

图 7-12　曲线拟合参数

图 7-13　曲线拟合路径

7.3　编辑路径

使用钢笔工具和自由钢笔工具绘制的路径难免不够理想，此时就需要编辑路径从而达到修改的目的。编辑路径分为对子路径的整体操作和对锚点及线段的操作。编辑路径要用到路径选择工具和直接选择工具，路径选择工具只能选取整条路径，直接选择工具能选择锚点，各用于不同的编辑需求。

7.3.1 编辑子路径

路径通常由多条子路径组成，子路径就是通过锚点和线段连通在一起的单条路径。对子路径的编辑就是对单条路径的整体操作。

1. 选择子路径

利用路径选择工具 ▶ 路径选择工具 只能选择整条子路径。将光标在连通路径上单击，整条路径被选中，被单击路径的所有锚点显示并变成实心黑点，见图 7-14，在这种状态下可以方便地对整条路径执行移动、变换等操作。

2. 选择多条子路径

如果路径包含多条子路径，想将它们都选中，可以使用路径选择工具，先选择一条子路径，按住 Shift 键，再在其他子路径上单击，单击过的路径都被选择，见图 7-15。

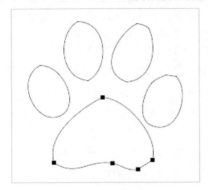

图 7-14　选择子路径

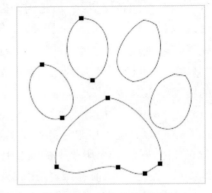

图 7-15　选择多条子路径

如果要放弃选择所有路径，在没有路径的空白区域单击；如果要放弃已经选择的路径中的一条路径，按住 Shift 键，再次单击要放弃选择的路径。

还可以通过鼠标拖动的形式来选择路径，图 7-16 中左边的虚框跨过了三个子路径，右边显示了被选择的子路径。

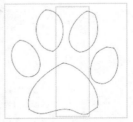 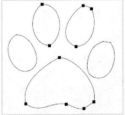

图 7-16　拖动选择路径

3. 移动路径

路径被选择后，将光标放入路径闭环内，或者将光标靠近路径凹处，单击左键并移动，路径将被移动。

4. 变换路径

如果要对路径执行变换操作，先选择路径，再单击"编辑"→"变换路径"或者"自由变换路径"，就可以用变换来改变选中的路径，见图 7-17。

5. 复制子路径

选择要复制的路径，单击"编辑"→"拷贝"→"粘贴"（或者直接按快捷键 Ctrl＋C 和

Ctrl＋V），选中的路径被复制，移动路径副本，将看到完全相同的路径，图 7-18 为复制路径并加以变换的效果。

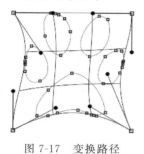

图 7-17　变换路径

图 7-18　复制子路径

6. 删除路径

选择子路径后，单击"编辑"→"清除"（或者直接按 Delete 键），可以删除当前选择的路径。

注意：不能使用"快捷菜单"中的"删除"命令，此操作会删除所有的子路径。

7. 对齐和分布路径组件

要对齐几个子路径，先选择路径，再使用选项栏上的"路径对齐方式"，在弹出的方式（见图 7-19）中选择后便使子路径对齐或者按要求分布，分布效果见图 7-20。

图 7-19　路径对齐方式

熊掌　　　　　左端对齐　　　　　底端对齐

图 7-20　路径对齐

路径分布类似于对齐，选中子路径后单击分布选项即可。

8. 填充子路径

选择好子路径以后，单击鼠标右键将弹出可以对子路径进行操作的菜单，单击"填充子路径"将弹出如图 7-21 所示的填充子路径面板，我们可以使用"前景色"和"背景色"或自选"颜色"和"图案"来填充路径所围区域；还可以设置羽化半径来处理填充边缘。图 7-22 为多种填充内容所填充的路径。

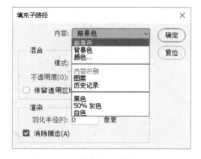

图 7-21　"填充子路径"面板

图 7-22　填充子路径效果图

9. 描边子路径

如果在选择子路径后使用右键菜单中的"描边子路径",则路径所在位置被当前设置的画笔笔尖(包括笔尖形状、大小和所有笔尖面板中的设置)使用前景色描边。图 7-23 为分别使用柔边圆、平扇形多毛硬毛刷、硬边圆、沙丘草和大油彩蜡笔等笔尖,加上颜色采用路径描边的效果。

10. 子路径建立选区

如果在选择子路径后使用右键菜单中的"建立选区",将弹出图 7-24 所示的建立选区面板,我们可以在面板中设置羽化半径,单击"确定"按钮后该路径位置产生选区。我们可以利用这一功能实现精确选择,图 7-25 为利用熊掌路径生成选区(羽化半径:10),再对该选区渐变(径向渐变)填充产生的效果。

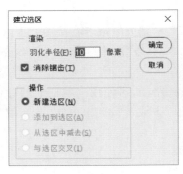

图 7-23　路径描边　　　　图 7-24　"建立选区"面板　　　图 7-25　由路径建立的选区

7.3.2　编辑锚点

对子路径的操作是整体实现的,如果改变子路径中的锚点及其两边的线段,则需要编辑锚点。

1. 锚点选择

利用直接选择工具 ▶ **直接选择工具** 可以选择子路径的一个或多个锚点进行调整。单击某个子路径后,该路径上将显示空心锚点,单击锚点则该锚点变为实心黑点,实心锚点上将出现完整句柄。既可以选中一个锚点进行编辑,也可以框选多个锚点进行编辑。

拖动锚点可以移动该锚点,拖动句柄将改变锚点所在曲线的弯曲度。图 7-26 中熊掌的大拇指顶端锚点被移动且弧度被修改。

2. 转换锚点

(1) 锚点类型。

锚点可分为 4 种类型(见图 7-27)。

① 角点:角点锚点没有句柄,锚点两端直线形成夹角。

② 平滑锚点:平滑锚点有两个句柄,句柄在一条直线上。

③ 拐角锚点:拐角锚点有两个句柄,句柄不在一条直线上。

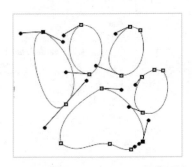

图 7-26　直接选择工具改变锚点位置

④ 复合锚点：复合锚点只有一个句柄。

（2）转换点工具。

转换点工具 **转换点工具** 用来实现角点和其他锚点的相互转换。当转换点图标靠近锚点时，图标由箭头变为 ，此时单击锚点将改变锚点类型。

① 角点转平滑锚点，单击角点并拖动，将出现两个相同方向的句柄，句柄的方向和长度决定锚点的平滑方向和程度。图 7-28 将三个角点转换成了平滑锚点。

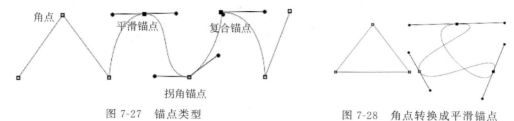

图 7-27　锚点类型　　　　　　　　　　图 7-28　角点转换成平滑锚点

② 其他锚点转角点，直接单击要转换的带句柄锚点，句柄消失，该锚点变为角点。

③ 平滑锚点转半曲线锚点，使用转换点工具在一个平滑锚点上按住 Alt 键单击，则会单独删除一个方向上的句柄，从而使该锚点成为半曲线锚点。

3. 添加锚点

如果需要在路径线段上增加锚点，使用添加锚点工具 **添加锚点工具** 在线段位置单击，便能够增加锚点。图 7-29 显示了由一个三角形路径变为心形路径的过程。

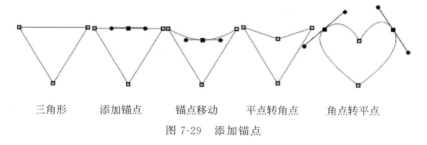

三角形　　　　添加锚点　　　　锚点移动　　　　平点转角点　　　　角点转平点

图 7-29　添加锚点

4. 删除锚点

要去掉多余的锚点，使用删除锚点工具 **删除锚点工具** 。在需要删除的锚点上单击，该锚点消失，锚点两边的线段合成一段。

5. 删除锚点及其所在线段

要删除锚点及其两边的线段，先用"直接选择工具"选定锚点使其变成实心黑点，再按 Backspace 键或 Delete 键，锚点及线段消失。闭合路径将被打开，开放路径将变成两条子路径。

注意：此操作将锚点和线段都删除了，而使用"删除锚点工具"仅删除锚点并且合并线段。

6. 连接两条开放路径

将钢笔工具靠近要连接的路径端点，指针旁边将出现小合并符号 ，单击端点，然后将指针定位到要连接到的另一条路径端点上单击，两条路径将合并成一条。

7. 编辑锚点的应用

图 7-30 显示了一个树形路径的形成过程，从左至右依次如下。

（1）利用钢笔工具绘制简单路径。

（2）利用添加锚点工具添加锚点。

（3）利用直接选择工具拖动锚点。

（4）利用转换点工具将平滑锚点转换为角点。

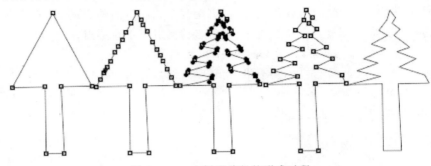

图 7-30　一个树形路径的形成过程

7.4　使用路径面板管理路径

路径面板是用来操作路径的最直接工具，如果路径面板没有显示在窗口上，单击"窗口"后选择"路径"，单击图层面板右边的"路径"，将看到路径面板，见图 7-31。

路径面板上的路径是一个整体，其中包含若干子路径，所有的操作都是针对这个整体的。在路径面板中选择某路径后，该路径会在工作区中显示出来，如果要取消该路径的显示，可在路径面板的空白处单击或按 Esc 键，此时路径面板中不再有任何路径被激活。

7.4.1　新建路径

图 7-31　"路径"面板

单击路径面板下部的 图标，将产生一个新的路径"路径 n"，此时若绘制路径，路径图标上将显示路径的缩略图 ，其中灰色部分没有路径，黑色线条为路径，白色区域为路径所围区域。

也可以在不选择任何路径时直接绘制路径，这时系统自动产生一个工作路径 工作路径 。但是不建议用此种方式新建路径，因为每当产生新的"工作路径"，前一次的内容就会被覆盖消失。

多次新建路径后，路径面板上便存在若干路径，要选择其中一个路径来操作，需要单击该路径，使其颜色变亮一些。

7.4.2　路径面板调整

为了在路径面板上看清楚路径的缩览图，可以单击面板右上角的 按钮弹出选项，选择面板选项（见图 7-32）可调整缩览图的大小。

图 7-32　路径面板选项

7.4.3　重命名路径

为了方便查找,可以按自己的喜好来重命名路径。先在面板上选择路径,双击后将出现路径名修改栏,我们便可以输入想要的名字。如果双击工作路径,将弹出如图 7-33 所示的对话框,修改名称后该路径不再是工作路径。

7.4.4　删除路径

1. 垃圾桶

选择要删除的路径,单击面板下部的垃圾桶图标 🗑 ,将会弹出删除提醒框(见图 7-34),单击确认便会删除。

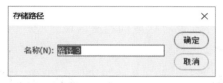

图 7-33　工作路径名称修改

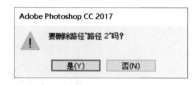

图 7-34　删除路径

也可以将需要删除的路径直接拖到垃圾桶图标上,此时不会弹出提醒框,路径会被直接删除。

2. 右键菜单

选择要删除的路径后,单击右键后也有删除选项,可以选择删除路径。

7.4.5　复制路径

要想修改路径而保留副本,可以先选择要复制的路径,并将其拖动到创建新路径图标 🔲 上,如图 7-35 所示,就可以得到复制的副本。

7.4.6　填充路径

路径面板下部的 ● 用来填充路径,比如选择路径"熊掌副本",单击填充图标,图层上将会以前景色填充所有路径区域,见图 7-36。

图 7-35　复制路径

图 7-36　路径填充

我们发现,当子路径不重叠的时候,填充没有异议。但是一旦子路径重叠,填充效果就有差别,这是由子路径之间的运算关系决定的。

1. 路径运算

每一个连通的路径称为子路径,先绘制的子路径居于下层,后绘制的子路径居于上层,填充前需要先确定子路径之间以什么模式相交。绘制好了多条子路径后,可以应用路径运算功能修改路径的相交模式。在路径选择工具模式下,先选择后绘制的顶层路径,然后单击工具选项栏中的路径操作按钮 ▢ ,在弹出的模式选项中进行选择,如图 7-37 所示。最后设置好前景色并单击填充图标 ● 产生填充效果。

下面以图 7-38 中的路径为例说明模式区别,心形路径处于下层,箭头路径处于顶层。

(1) 合并形状,顶层路径环绕区域与下层路径区域合并。

(2) 减去顶层形状,将顶层路径区域从下层路径区域中减去。

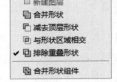

图 7-37　填充模式选项

(3) 与形状区域相交,只保留顶层路径区域和下层路径区域的相交区域。

(4) 排除重叠形状,只保留顶层与下层的不重叠区域。

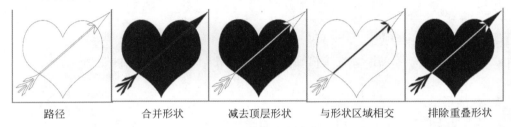

| 路径 | 合并形状 | 减去顶层形状 | 与形状区域相交 | 排除重叠形状 |

图 7-38　路径填充模式

2. 路径排列方式

当一个路径中的子路径过多时,填充的时候总是上层路径区域覆盖下层路径区域,因此我们需要理清每个子路径所在的层次。如果某个子路径不在期望的层次,可以先用路径选择工具 ► 选定子路径,再用选项栏上的路径排列方式 ⬙ 来移动子路径层次,见图 7-39。

7.4.7　路径描边

1. 利用 ○ 按钮实现路径描边

路径面板下部的"用画笔描边路径"按钮 ○ 实现对路径的描边。描边的前期工作和子路径描边是一样的,需要先设置画笔笔尖和前景色,再选定要描边的路径,单击 ○ 按钮。

2. 利用"描边路径"命令描边

在确定要描边的路径后,还可以使用右键菜单中的"描边路径"命令,这时将弹出如图 7-40 所示的面板。

图 7-39　路径排列方式

图 7-40　"描边路径"面板

（1）工具。

工具： ✎ 画笔 ⌄ 提供了多种选择（见图7-41），这些选择的任一项都表示沿着路径要做的事情。

例如，选择画笔，就是用现有画笔沿路径绘画，选择橡皮擦就是用现有橡皮擦沿路径擦除，选择涂抹将使路径边缘区域产生涂抹效果，如图7-42所示。

（2）模拟压力。

模拟压力 ✔ 模拟压力 是可选项，不勾选此复选框表示沿路径均匀处理，勾选则表示要模拟笔势压力（这里必须要使用有笔势差别的笔尖，比如各种笔刷），边缘处理有笔势导致的强弱。图7-42中右图显示了"平角左手姿势"笔刷在25像素大小下模拟压力产生的效果。

图7-41　描边路径工具

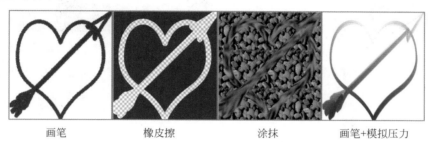

画笔　　　　橡皮擦　　　　涂抹　　　画笔+模拟压力

图7-42　画笔描边

7.4.8　路径变选区

选择好路径以后，单击路径面板下部的"将路径作为选区载入"图标 ⬚，能够绘制沿着路径的选区。

和路径填充相似的是，路径中的子路径上下层之间的关系也会决定选区的形状，我们需要先选择某条子路径，再通过选项栏上的路径操作按钮设置上层路径和下层路径的重叠关系，然后在指定路径上画出选区。图7-43是不同路径操作下的选区形状。

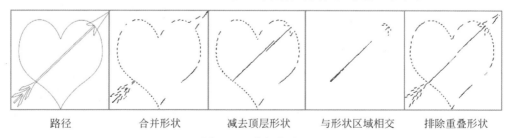

路径　　　　合并形状　　　减去顶层形状　　与形状区域相交　　排除重叠形状

图7-43　路径变选区

如果要对选区边缘进一步设置，也可以使用快捷菜单建立选区，在选择路径以后，再右击后从快捷菜单中选择"建立选区"，其操作方式和使用子路径建立选区一样。

7.4.9 选区变路径

将选区转变为路径，既可以微调选区，又可以长久保存选区。以图 7-44 为例，先用选区工具选择苦瓜，再单击路径面板上的"从选区生成路径"按钮 ◇，就会在路径面板上生成一个新的工作路径。

放大图片，会发现其实路径不是很贴合要选择的苦瓜（见图 7-45），这是因为选区或者路径都是拟合生成的，这时我们可以使用路径选择及锚点编辑工具进行微调，产生更贴合的路径。

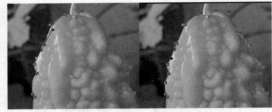

图 7-44　选区变路径　　　　　　　　图 7-45　路径微调

微调以后的路径，可以再用"将路径作为选区载入"按钮 ⬚ 建立新的更贴合目标的选区。

7.4.10 路径变换

在指定操作路径以后，单击"编辑"→"自由路径变换"或者"变换路径"便可以改变现有路径。下面我们使用路径变换来实现飘带的制作，过程如图 7-46 所示。

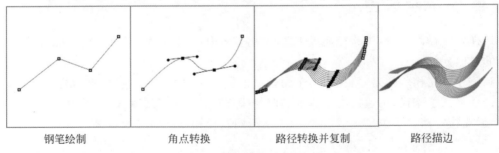

| 钢笔绘制 | 角点转换 | 路径转换并复制 | 路径描边 |

图 7-46　路径变换制作飘带

（1）先建立一个简单路径，使用钢笔工具绘制路径。

（2）将角点转换成平滑锚点。

（3）用路径选择工具选择子路径，按快捷键 Ctrl+C 复制并粘贴出子路径副本。

（4）自由变换路径，将子路径副本轻微旋转并位移，按 Enter 键确定；然后按快捷键 Ctrl+Alt+Shift+T 多次，形成相同变换的多条子路径；重命名该路径为"飘带"，单击路径面板空白处取消路径选择，再单击飘带路径将其整体选中。

（5）设置前景色为粉红、3 像素硬圆画笔笔尖，描边路径"飘带"；接着变换飘带路径，再用粉绿色路径描边；取消任何路径选择，在图层上可以看到产生的效果。

7.4.11 不同文件之间的复制路径

如果要将一个文件中的路径复制到另一个文件中,先将两个文件下拉成两个独立窗口,窗口不覆盖,再选择源文件,将要复制的路径直接拖动到目标文件窗口,目标文件中将被复制源文件中的路径,见图 7-47。

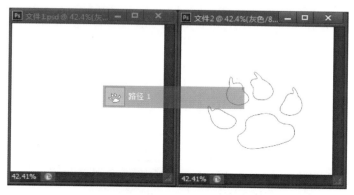

图 7-47　将源文件中的路径拖动复制到目标文件中

7.5　综合实例

下面以一个铜锁照片为例(见图 7-48),使用路径辅助工具来绘制表情。

7.5.1　绘制路径

1. 绘制五官路径

使用路径工具绘制铜锁脸部各个局部的路径(见图 7-49),尽量分开成不同的路径,以便生成效果的时候进行局部处理。

图 7-48　铜锁照片

图 7-49　铜锁五官路径

2. 绘制胡须毛发等路径

为了产生趣味效果,绘制毛发胡须等路径采用的方法如下。

(1)钢笔工具绘单条子路径。

(2)选中子路径,按快捷键 Ctrl+T 进行路径变换,按 Enter 键进行确定。

(3)按快捷键 Ctrl+Alt+Shift+T 几次,形成多条密集路径。图 7-50 为几个路径样本。

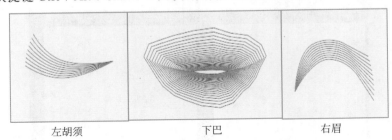

左胡须　　　　　　　下巴　　　　　　　右眉

图 7-50　变换+复制形成毛发等路径

(4)再选择路径,适当变换到合适的大小方位。

图 7-51 为不同毛发路径及其名称。

7.5.2　苦脸表情

路径绘制完成后,就需要结合图层应用路径。

1. 绘制五官

为五官的各个部分建立相应图层,每一个五官路径都对应一个新的图层,使用醒目的前景色实施路径填充。

2. 绘制毛发

在新的图层上选择毛发路径,调整笔尖为"细线硬毛刷"类型并指定合适的大小,指定合适的前景色以后,使用路径描边。完成的苦脸表情见图 7-52。

图 7-51　毛发路径

图 7-52　利用路径辅助绘制的苦脸表情

7.5.3　笑脸表情

　　笑脸表情的关键是改变相关路径,如将嘴角变换为上翘,将眼睛变换得更大,然后再用路径填充和路径描边形成笑脸表情,见图 7-53。

图 7-53　笑脸表情

　　如果需要创造更多的表情,可以对铜锁的各个路径进行夸张变换,最后形成扩展的表情包。

7.6　实验要求

　　找几张明星照片或者用户照片作为样本,使用本章所学内容,自己创作相同人物的三种以上不同表情,形成表情包系列。

第8章　形　状　绘　制

　　形状绘制是 Photoshop 提供的用矢量工具绘图的方法，利用形状工具可以非常方便地创建各种几何形状或路径。本章内容包含各种形状绘制、形状叠加、形状图层与其他类型图层的转换。

8.1　形状绘制概述

　　在工具箱的矩形工具上单击右键，会弹出如图 8-1 所示的形状工具组，包括矩形工具、圆角矩形工具、椭圆工具、多边形工具、直线工具和自定义形状工具。
　　选中任意一种形状工具，都将见到图 8-2 所示的工具选项栏。

图 8-1　形状工具组　　　　　　　　　　　　　　图 8-2　形状工具选项栏

8.1.1　绘制结果的性质

　　绘制之前需要先决定绘制结果的性质，在工具选项栏中有"形状""路径""像素"三个选项。

1. 形状

　　在工具选项栏中选择"形状"选项，再使用形状工具进行绘制，将创建一个形状图层，图层内容为具有矢量性质的"图形"。由于形状图层是一种矢量图层，因此在图层图标的右下方有矢量标记，见图 8-3。

2. 像素

　　如果选择"像素"选项，选项栏将变成与像素图层对应的模式，此时已经不是矢量工具的概念范畴了。因此需要先创建普通像素图层，再使用形状工具进行绘制，绘制结果为形状样式的像素区域，该区域被前景色填充，见图 8-4。

3. 路径

　　如果在工具选项栏中选择"路径"选项，选项栏将变成路径所对应的模式，再使用形状工具进行绘制，将创建一个形状边缘所围绕的路径（见图 8-5），此时进一步的操作可直接应用路径工具。

图 8-3　形状图层

图 8-4　形状绘制的像素图层　　　　　　　　图 8-5　形状绘制的路径

8.1.2　填充与描边

在形状选项栏中有填充和描边的选项 ，用来设置图形内部填充颜色和轮廓线的填充方式、粗细、线型。

1. 填充

"填充"是对图形区域填充颜色。单击填充旁边的色标，将展开填充面板，见图 8-6。

填充面板中有四个选项供选择，分别表示无填充、颜色填充、渐变填充和图案填充。

（1）无填充，选择此项后绘制的图形为仅有边框的形状。

（2）颜色填充，选择此项后可以直接在面板的颜色区域单击选择，或者单击面板右上方的拾色器 来选择颜色。

（3）渐变填充，选择此项后面板将改变为图 8-7 所示的渐变选项，可以选择并设置渐变样式、方法、缩放等渐变参数。

（4）图案填充，选择此项后面板将改变为图 8-8 所示的图案选项，可以选择图案和设置图案缩放比例。

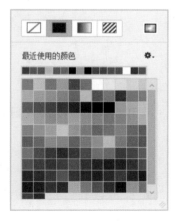

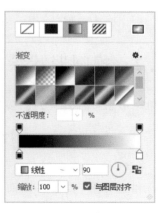

图 8-6　图形填充　　　　　　图 8-7　渐变填充选项　　　　　　图 8-8　图案填充选项

图 8-9 展示了四种不同填充得到的图形效果。

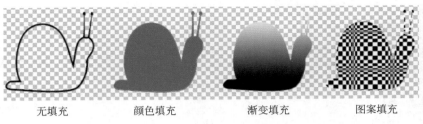

| 无填充 | 颜色填充 | 渐变填充 | 图案填充 |

图 8-9　四种填充效果

2. 描边

"描边"是对图形边缘进行绘制。单击"描边"旁边的色标 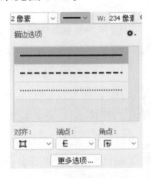,将展开描边面板,它的选项和填充面板类似,有"无""颜色""渐变""图案"四种,同时还可以选择描边的粗细和线型(见图 8-10)。不同描边选项的效果见图 8-11。

图 8-10　描边线型选择

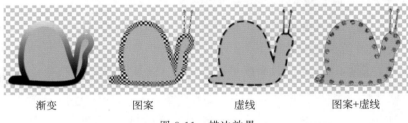

| 渐变 | 图案 | 虚线 | 图案+虚线 |

图 8-11　描边效果

8.2　规则形状绘制

下面我们学习矩形工具、圆角矩形工具、椭圆工具、多边形工具和直线工具 5 个规则形状工具。

8.2.1　矩形工具

矩形工具 用来绘制矩形和正方形,直接在画面上拖动鼠标可以创建矩形,按住 Shift 键的同时拖动鼠标可创建正方形。

1. 矩形约束

可以指定矩形约束来控制矩形的长宽比和画法。单击选项栏右侧的花形图标 ,将弹出如图 8-12 所示的面板,在此可以根据需要设置相应的选项。

(1) 不受约束,可以绘制任意长宽比的矩形。

(2) 方形,绘制的矩形全部为正方形。

(3) 固定大小,在 W 和 H 文本框中输入数值,用来定义矩形的宽度和高度。

(4) 比例,可以在 W 和 H 文本框中输入数值,用来定义矩形的宽度和高度的比例。

(5) 从中心,为勾选项,勾选后绘制矩形时从中心向外扩展;不勾选该项则从起始角点向另一个对角点伸展。

2. 矩形应用

图 8-13 为利用矩形工具创造的街边建筑。

图 8-12　矩形约束选项　　　　　　　　图 8-13　矩形应用

8.2.2　圆角矩形工具

圆角矩形工具 ⬭ 用来绘制圆角矩形。使用方法与矩形工具相同,只是工具选项栏里多了一个"半径"选项 半径: 10 像素 。在"半径"文本框里输入数值,可以设置圆角的半径值。这个数值越大角度越圆滑,如果该数值为 0 像素,就是矩形形状。

图 8-14 分别是半径为 0 像素、10 像素、50 像素绘制的圆角矩形。

半径0像素　　　　　半径10像素　　　　半径50像素

图 8-14　半径不同的圆角矩形

8.2.3　椭圆工具

椭圆工具 ⬭ 可以绘制椭圆和圆。选择椭圆工具后,拖动鼠标可以创建椭圆形,按住 Shift 键拖动鼠标可创建圆形。单击选项栏右侧的花形图标,将弹出其约束选项(见图 8-15),在此可以根据需要设置相应的选项。

(1) 不受约束,用来绘制任意长宽比的椭圆形。

(2) 圆,用来绘制不同大小的正圆形。

(3) 固定大小,在 W 和 H 文本框中输入数值,用来定义椭圆形的宽度和高度。

(4) 比例,在 W 和 H 文本框中输入数值,用来定义椭圆

图 8-15　椭圆约束选项

形的宽度和高度的比例。

（5）从中心，为勾选项，勾选后绘制椭圆时从中心向外扩展；不勾选该项则从起始边框向拖动方向伸展。

8.2.4　多边形工具

选择多边形工具 ⬡，选项栏上除了已有的选项以外，将显示约束标记和边数标记 ⚙ 边: 5 　　。

1. 边数

"边"文本框提供了对多边形边数的输入，其值的变化范围为 3～100 的整数。

2. 多边形约束

单击选项栏右侧的花形图标，将弹出如图 8-16 所示的选项。

（1）半径，指定星形或多边形的半径大小，一旦指定，拖动绘制时产生的形状大小直接表现为指定值。不指定半径，大小由拖动距离决定。

（2）平滑拐角，勾选该复选框，表示多边形转折点线段平滑过渡，不勾选该项则转折点线段为折线，见图 8-17。

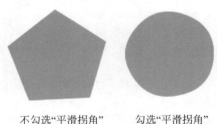

图 8-16　约束选项　　　　　　　　　　图 8-17　平滑拐角

（3）星形，为勾选项，不勾选绘制的是多边形，勾选该项则绘制星形。

（4）缩进边依据，在星形选项下被激活，用来设置内陷拐角的缩进程度，值越小缩进越小，值越大缩进越大。图 8-18 为不同缩进值的效果。

（5）平滑缩进，为勾选项，不勾选该项的内陷角为折线，勾选则内陷拐角为弧线。图 8-19 可见勾选前后的对比效果。

缩进20%　　　　缩进50%　　　　缩进80%　　　不勾选"平滑缩进"　　勾选"平滑缩进"

图 8-18　缩进效果　　　　　　　　　　　图 8-19　平滑缩进效果

8.2.5　直线工具

直线工具 ╱ 可以在图像中绘制不同粗细的直线、单向或双向箭头。直接拖动鼠标可以创建直线或箭头，按住 Shift 键的同时拖动鼠标可创建水平、垂直或 45°角的直线。直线工具选项栏除了已有选项外,多了粗细设置和约束选项 ⚙ 粗细: 4 像素 。

1. 粗细

在"粗细"文本框中输入数值可确定直线的宽度,范围在 1～1000 像素。

2. 直线约束

单击选项栏右侧的花形图标,将弹出图 8-20 所示的选项。

(1) 起点/终点,为勾选项,勾选表示直线端点有箭头,不勾选表示无箭头。图 8-21 为从左至右绘制的箭头效果。

图 8-20　直线约束　　　图 8-21　起点/终点选项的设置

(2) 宽度/长度,"宽度"设置箭头的宽度与直线宽度的比例,范围为 10%～1000%;"长度"设置箭头的长度与直线宽度的比例,范围为 10%～5000%。图 8-22 显示了使用不同的长宽百分比创建的带有箭头的直线。

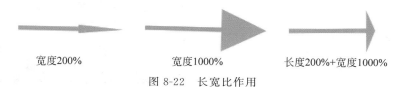

图 8-22　长宽比作用

(3) 凹度,设置箭头内陷拐角的大小比例,范围为 -50%～50%。该值大于 0%,向内凹陷;该参数为 0% 时,箭头尾部齐平;该值小于 0% 时,向外凸出。图 8-23 显示了不同凹陷值的效果。

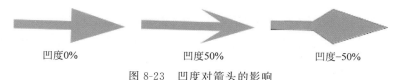

图 8-23　凹度对箭头的影响

8.3　自定形状工具

自定形状工具用来绘制规则形状以外的图形,单击自定形状工具 ✿ 后,有很多自定形状可供选择。

1. 形状选择

单击自定形状工具选项栏上的形状图案的下拉按钮
形状: 🐦 ,将弹出形状选择面板,见图 8-24。

在"形状"面板中选择任意图形后在页面中拖动鼠标,即可得到相应的图案。按住 Shift 键的同时绘制图形,可以保持形状的原始比例不变。

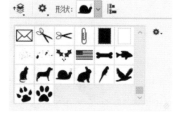

图 8-24　自定形状选择面板

2. 更多自定形状

Photoshop 提供了很多有意思的形状,单击形状面板右
上角的星号按钮 ![star] ,有更多形状系列可供选择,见图 8-25。

在弹出的菜单中选择某一类型或"全部",即可通过"确定"按钮用新的形状系列替换掉
默认的形状系列,或者通过"追加"按钮将其追加到前期的所有形状之后,见图 8-26。

3. 自定形状应用

我们应用各种自定形状设置适当的填充及边缘参数,便可以得到有趣的卡通换面,见
图 8-27。

图 8-25　更多自定形状

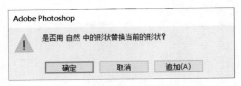

图 8-26　替换或追加形状系列

图 8-27　自定形状应用

8.4　编　辑　形　状

对于已经绘制的形状,不但可以对其应用变换、叠加更多新的形状、调整子形状在整体中
的上下关系,还利用形状和路径的关系来进一步调整形状的轮廓,以及将形状图层栅格化。

8.4.1　形状变换

对于已经绘制好的形状,可以应用变换来调整其大小并对其变形。单击"编辑"→"自由
变换路径"或者"变换路径",就可以实现对形状的改变。图 8-28 为对于蝴蝶形状应用"变
形"后的效果。

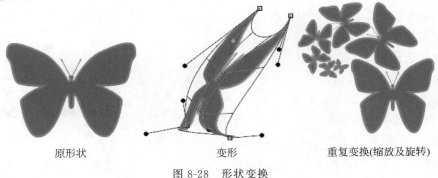

原形状　　　　　　　　　变形　　　　　　　重复变换(缩放及旋转)

图 8-28　形状变换

从变换过程我们看到,形状变换其实就是路径变换,该路径指的是形状边缘。

8.4.2 形状堆叠

绘制形状时默认的堆叠方式是"新建图层",除此以外,单击选项栏的"路径操作"按钮 □
可以见到其他操作模式,见图 8-29。

1. 新建图层

形状堆叠方式默认为"新建图层"方式,这种情况下,每次绘制
形状都会产生一个独立的图层,每个图层中的形状互相不影响,可
以有不同的填充和描边设定参数。

图 8-29 形状堆叠操作

只有"新建图层"方式在每次绘制形状时自动产生一个新的形
状图层,其他堆叠操作都是在一个图层内进行的。图 8-30(a)为云
朵形状和月牙形状的形状图层。

2. 合并形状

"合并形状"是在图层原有形状的基础上增加形状。在已有云朵图层的基础上绘制月
牙,云朵为底层形状,月牙为顶层形状,在"合并形状"下操作得到图 8-30(b)所示效果。

3. 减去顶层形状

"减去顶层形状"是将顶层形状从下层形状中减去。在已有云朵形状的基础上选择"减
去顶层形状"操作,绘制月牙形状后得到图 8-30(c)所示效果。

4. 与形状区域相交

"与形状区域相交"只保留顶层形状和已有形状的相交区域。图 8-30(d)为应用效果。

5. 排除重叠形状

"排除重叠形状"只保留顶层形状与下层形状的不重叠区域。图 8-30(e)为应用效果。

6. 合并形状组件

"合并形状组件"用来实现形状图层的最终效果。当图层由若干子形状堆叠构成,单击
🔂 可以将其转换为一个效果形状,该形状的所有子形状被合并成围绕显示效果的单一形
状。图 8-30(f)为应用效果。

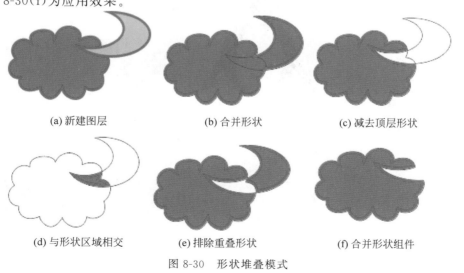

(a) 新建图层   (b) 合并形状   (c) 减去顶层形状

(d) 与形状区域相交   (e) 排除重叠形状   (f) 合并形状组件

图 8-30 形状堆叠模式

7. 形状堆叠应用

图 8-31(a)为利用椭圆工具和多边形工具经过"合并形状""减去顶层形状"绘制出的企鹅宝宝,最后经过"合并形状组件"合成为一个独立的企鹅形状,见图 8-31(b)。基本步骤如下。

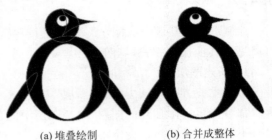

(1)身体:绘制大圆,按 Esc 键取消对大圆的选定,堆叠模式为"减去顶层形状",在大圆里绘制小圆,形成带肚皮的身体。

(2)手:堆叠模式为"合并形状",绘制两个长椭圆,变换路径,使其旋转。

(a) 堆叠绘制　　　(b) 合并成整体

图 8-31　形状堆叠应用

(3)头:绘制大圆,按 Esc 键取消对大圆的选定,堆叠模式为"减去顶层形状",大圆里绘制小圆,形成带眼眶的头部。

(4)嘴巴和眼珠:堆叠模式为"合并形状",分别用合适的形状绘制出眼珠、嘴巴。

最后,选择堆叠模式为"合并形状组件",所有的组件被合并成一个独立的企鹅形状。

8.4.3　形状的上下顺序

多个形状在一个图层堆叠时,形状的上下层关系直接影响绘制效果,因此常需要调整各个子形状在同一图层上的上下顺序。用"路径选择工具" ▶ 路径选择工具 选择好一个子形状后,单击选项栏上的"路径排列方式"按钮 ✦❤ ,将弹出如图 8-32 所示的路径排列方式选项。形状的上下关系可以直接选择调整。

8.4.4　形状和路径的关系

形状和路径都是矢量对象,每当创建一个新的形状,路径面板上都将产生一个对应的路径(见图 8-33),该路径环绕形状的边缘,因此可以通过编辑路径来调整形状。

+✦❤ 将形状置为顶层
+✦❤ 将形状前移一层
+✦❤ 将形状后移一层
+✦❤ 将形状置为底层

图 8-32　形状的上下顺序　　　　　　　　图 8-33　形状的边缘是路径

1. 路径直接对应形状

(1)一个形状图层对应一个路径,该路径的名称自动在形状图层名称后面加上"形状路径",如"企鹅"图层的路径为"企鹅形状路径"。

(2)如果创建多个形状图层,路径面板中只会显示当前选中的形状图层中的路径,而其他图层中的路径则不会显示。

（3）删除某个形状图层后，其对应的路径也随之被删除。而在路径面板中直接创建的路径则是不依附于形状独立存在的，不会随着形状图层的删除而消失。如果想保存形状所对应的路径，建议复制该路径为"路径 n"的形式。

（4）删除形状所对应的路径，形状也随之被删除。

2. 在路径上修改形状

在形状图层所对应的路径上直接修改，可以改变形状。图 8-34(a)为在路径面板上应用"直接选择工具" ▷ 后的路径显示，图 8-34(b)为通过"添加锚点工具" ✎ 增加锚点及调整锚点位置以后的效果，我们为企鹅增加了两只脚。

(a) 形状对应的路径　　　　　　　(b) 修改路径的效果

图 8-34　在路径上修改形状

8.4.5　形状图层栅格化

由于形状图层为矢量图层，它不能被画笔、橡皮擦等进行像素化操作。但是可以将形状图层转换为像素图层。在图层面板上选择对应的形状图层，右击该图层的名称区域，在弹出的选项列表里选择"栅格化图层"，将得到像素化的图层，我们便能够直接使用像素工具操作该图像。图 8-35 为在栅格化的像素图层"企鹅 拷贝"上用画笔为它涂上小黄嘴。

图 8-35　栅格化形状图层

8.5　创建自定义形状

在 Photoshop 中除了可以将原来的形状应用到图像中外，还可以将自己制作的图像创建为自定义形状，需要的时候可以应用在其他图像中。

创建自定义形状的本质是将路径保存为形状,下次再使用时,直接使用此自定义形状绘制所需要的路径。下面我们将自创的"企鹅"形状创建为自定义形状并反复应用。

1. 绘制一个形状

创建一个空白文档后,用形状工具或者路径工具(钢笔工具)创建一个新的路径,由于我们已经创建了"企鹅"形状,此时直接使用该形状来创建自定形状。在路径面板选择"企鹅形状路径",见图 8-36。

2. 将绘制好的形状创建为自定义形状

选择好路径以后,单击"编辑"→"定义自定形状"命令,在弹出的对话框(见图 8-37)中输入新形状的名称,接着单击"确定"按钮。

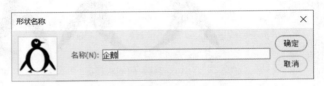

图 8-36　选择一个已经绘制好的形状　　　　图 8-37　定义自定形状对话框

3. 查看创建的新形状

在工具箱里选择自定形状工具，在形状列表中就可以看到刚才定义的形状,见图 8-38。

4. 存储自定形状

创建了若干自定形状后,单击"自定形状"列表面板右上角的星号图标，在弹出的列表菜单中选择"存储形状"(见图 8-39),便可以在自选的位置保存新的形状供将来使用。

5. 应用自定形状

自定形状的应用是使用"自定形状工具"　来实现的,配合变换等工具,很容易得到所需要的效果,见图 8-40。

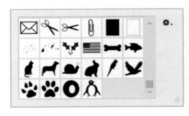

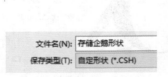

图 8-38　形状列表中的自定义形状　　图 8-39　存储自创的形状　　图 8-40　自定义形状的应用

8.6　综合实例

前面的章节中介绍了使用形状工具的方法和操作技巧,现在使用形状工具绘制一幅卡通插图,来表现"龙猫的疑惑"。

1. 背景

我们要制作蓝天下的草坪作为背景。

（1）背景。新建空白文档，使用渐变工具在背景图层上绘制出蓝色渐变背景，见图8-41。

（2）草坪。通过钢笔工具绘制一条曲线路径，单击"编辑"→"定义自定形状"，将该路径保持为自定义形状，选中此形状，设置好填充颜色，拖动鼠标绘制出草坪，见图8-42。

图8-41　蓝色渐变背景

图8-42　绘制草坪

2. 龙猫

背景下有一只龙猫在玩耍，构造龙猫需要充分应用规则形状工具。

（1）利用形状工具中的椭圆工具绘制出龙猫的身体、肚皮、手、足、眼睛、眼珠、鼻子、耳朵、嘴巴，填充效果为灰色渐变。

（2）用椭圆工具绘制出腮红，填充效果为紫红纯色。

（3）用直线工具绘制出胡须。

（4）利用自定形状工具绘制出肚皮上的花纹和皇冠，效果见图8-43。

3. 花草树木

草地上生长着花草树木，需要应用自定形状工具中的各种形状来绘制。

使用自定形状工具中的草、树叶、花朵、树等形状，绘制出草地、落叶、鲜花和小树，效果见图8-44。

图8-43　龙猫

图8-44　花草树木

4. 添加神奇符号

为了表示龙猫的疑惑，需要绘制问号和爪印。

（1）使用自定形状工具中的各种爪印，绘制出不同的几组爪印。为了提高效率，可以直接复制某条"爪印"子路径，粘贴多次，形成一个具有多个脚印的路径。

（2）使用自定形状工具中的问号形状，绘制出两个大小和颜色不同的问号，效果见图8-45。

5. 更多装饰

将图片变得更丰富,增加小鸟、蝴蝶和云朵。

(1) 小鸟唱歌。使用自定形状工具中的小鸟和音符形状,绘制出小鸟在唱歌的场景,并将其移动到某棵树的顶端,效果见图 8-46。

图 8-45　爪印和问号　　　　　　　　　　图 8-46　小鸟唱歌

(2) 蝴蝶飞舞在太阳和云朵下。利用自定形状工具中的太阳、云朵、蝴蝶形状在蓝色背景上方绘制出太阳、云朵和蝴蝶(渐变填充),见图 8-47。

6. 最终效果

点亮所有形状图层,得到图 8-48 所示的卡通动画。

图 8-47　更多装饰　　　　　　　　　　图 8-48　卡通最终效果图

8.7　实验要求

充分利用各种形状工具和路径工具绘制出动画场景,场景中有自己创建的自定形状。要求先设计故事画面,再实现效果。

第9章　文　　字

在 Photoshop 中,有四种文字工具(见图 9-1)。横排文字工具和直排文字工具用于创建水平和垂直方向的矢量文字,横排文字蒙版工具和直排文字蒙版工具用于创建文字形状的选区。

图 9-1　文字工具

9.1　文　字　编　辑

横排文字工具  用来创建横排文字。选择该工具或创建文字后,工具选项栏中可以设置文字方向、字体、样式、大小、消除锯齿方法、对齐方式、颜色、变形等基本属性,见图 9-2。

图 9-2　文字工具选项栏

（1）文字方向,用来设置文字的后续方向,横排文字表示从左至右添加后续文字,直排文字表示从上至下添加后续文字,该选项在输入文字后才显效。根据字体和语言的不同,文字本身排列方向的效果不同。例如英文字符,在直排状态下文字会顺时针旋转 90°,中文字符本身不改变方向。

（2）字体,用来设置文字字体。选定字体后,创建的所有文字将使用选定的字体。对于已创建的文字,更改字体对选定字符有效,未单独选定字符时,更改字体对当前图层的全部字符有效。由于英文字体库中不包含中文字符,所以对中文字符设置英文字体无效。而汉字字库包含英文字符,所以对英文字符设置中文字体有效。

（3）样式,用来设置字体样式,可选样式有 Regular(标准)、Italic(倾斜)、Bold(加粗)、Italic Bold(粗斜),只能为文字指定一种样式。

（4）字号,用来设置文字的大小。默认以点为单位设置字符大小,可以在下拉列表中选择字号,也可以直接输入字号。字号单位可以执行“编辑”→“首选项”命令,在“首选项”对话框的“单位与标尺”选项中设置。一般在显示器上显示的作品以像素为单位,印刷作品以毫米为单位。

（5）消除锯齿方法,通过不同边缘羽化的方法消除字符的锯齿边缘,提高字体质量。但小号字符由于笔画密集,消除锯齿时边缘羽化效果会使文字模糊,本选项应设置为"无"。

（6）对齐方式,设置多行文字的对齐方式,可选择左对齐、居中对齐和右对齐。

（7）颜色,用来设置文字的颜色,单击颜色图标,将弹出拾色器以便指定颜色。

（8）文字变形,用来改变当前文字图层上文字整体的形状。单击变形图标将打开"变形文字"对话框,设置文字变形样式、弯曲、扭曲等参数,制作变形文字。变形只针对整个文字图层,多种文字变形效果需要分别在不同图层上制作。该选项在输入文字后才显效。

（9）切换字符和段落面板,用来打开字符面板和段落面板,在面板中可以对文字格式做进一步设置。

9.1.1 输入文字

新建一个图像文件,选择横排文字工具 T 横排文字工具 ,在工具选项栏中设置文字基本格式后,在图像中需要的位置单击,将出现闪烁的文字输入提示光标,用来指定输入位置。文字输入时伴随有文本提示光标,并且输入的文字下方有编辑线,表示正在输入状态。若要结束当前文字图层的编辑,可以单击选项栏中的"提交所有当前编辑"按钮,或按快捷键 Ctrl+Enter,或者在图层面板的当前文字图层上单击。图 9-3 是不同文字选项创建的文字效果。

图 9-3　不同文字选项创建的文字效果

每次创建的文字在提交结束后以单独的图层形式存在,图层名默认为文字内容。文字图层上的图标为大写的"T"符号,表示它不是一个普通像素图层。文字图层是矢量图层的一种,因此无法在文字图层上应用画笔等像素操作。

9.1.2 文字修改

文字图层是一种特殊的图层,不能通过选框、套索、魔棒等工具选择字符,必须进入编辑状态才能选择单个或连续的字符。

1. 选择文字

要选择已创建的文字,只能采用以下两种方式。

（1）在图层面板的文字图层标记 T 上双击,选定文字图层中的所有文字。

（2）选择横排文字工具或直排文字工具,将鼠标移动到文字上方,当鼠标指针变成 I 形状时按下鼠标并拖动,选择连续的字符。

2. 修改文字内容

选择文字后,既可以修改文字内容,也可以在文字工具选项栏或字符面板中修改各种文字属性。比如将文字选中后改变颜色并放大字号,见图9-4。

修改结束后,单击工具选项栏中的"提交所有当前编辑"按钮,或按快捷键 Ctrl＋Enter 退出文字编辑状态。

改变文字内容时,图层中使用文本内容作为默认值的图层名称,将随文字内容一同改变。但如果在图层面板中修改文字图层名称,不影响文字内容。

3. 移动文字

可以使用移动工具移动已创建的文字的位置,但移动工具只能移动整个文字图层,如果要将文字图层中的部分字符移动,必须将文字先分成两个图层,再对两个图层分别设置位置,如图9-5所示。

图 9-4　修改文字内容　　　　图 9-5　不同位置的文字必须分成两个图层

4. 格式修改

如果不满意输入文字前指定的文字格式,可以在选定文字后再次选择选项栏的文字字号、字体和颜色选项,将文字格式修改为理想效果。

9.1.3　点文本与段落文本区别

为了方便用户对文本格式进行排版,Photoshop 在创建文本时提供两种创建方法:点文本和段落文本。

1. 点文本

点文本使用单行书写器创建。选择横排文字工具,将光标移动到图像区域内,光标形状变为 ,其中光标中间的短横线是文字基线位置。单击鼠标,图像中出现闪烁光标,表示文字的插入点,此时输入文字,文字将出现在文字插入点处。

在单行书写器中输入文字时,文字没有文本框作为界限,不会自动换行,只能通过按 Enter 键手动换行,图9-6 创建的文本是单行书写器创建的文本。

2. 段落文本

段落文本使用多行书写器创建。选择横排文字工具,在图像区域内拖动出一个矩形框,松开鼠标后将建立一个文本框,输入的文字被局限在文本框内,当一行溢出时文字会自动换行,形成一个段落。

如果输入文字较多超出文本框范围时,文本框右下角的控制点会显示溢出提示,见图9-7,扩大文本框后会显示被隐藏的部分。

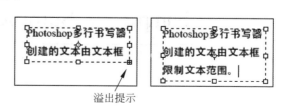

图 9-6　点文本输入及换行　　　　图 9-7　隐藏部分文字和显示所有文字

在建立段落文本框后,单击"文字""粘贴 Lorem Ipsum",可以粘贴虚拟文本(见图 9-8)。虚拟文本没有任何意义,只用来填充文字框架。这种方法可以帮助用户在没有最终文本的情况下快速建立文本中的格式和图层。最终文本确定后,只需要做简单替换操作就可以得到最终文字效果。

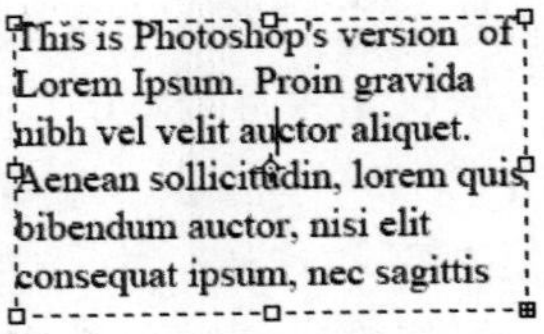

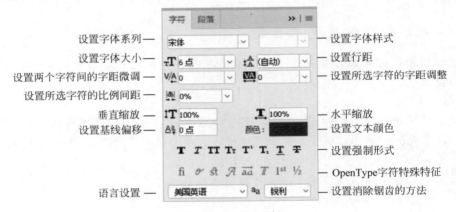

图 9-8　粘贴虚拟文本

3. 点文本和段落文本转换

点文本适合输入少量文字,段落文本适合大量文字输入和编辑。点文本和段落文本可以相互转换。在图层面板中右击文字图层,在快捷菜单中选择"转换为点文本"或"转换为段落文本"可以将两种文本互相转换。

9.1.4　文字格式设置

要修改文字的字体、大小、消除锯齿、对齐、颜色等基本格式,可以选定文字后在文字工具状态栏中修改。如果要更细致地调整文字格式,需要在字符面板和段落面板中进行设置。

1. 修改字符格式

字符面板提供了完整的字符格式设置功能(见图 9-9)。其中字体、字体样式、大小、颜色、消除锯齿选项与文字工具栏相同。

设置字体系列——　　　　　　　　　——设置字体样式
设置字体大小——　　　　　　　　　——设置行距
设置两个字符间的字距微调——　　——设置所选字符的字距调整
设置所选字符的比例间距——　　　——
垂直缩放——　　　　　　　　　——水平缩放
设置基线偏移——　　　　　　　——设置文本颜色
　　　　　　　　　　　　　　　——设置强制形式
　　　　　　　　　　　　　　　——OpenType字符特殊特征
语言设置——　　　　　　　　　——设置消除锯齿的方法

图 9-9　"字符"面板

(1) 行距,为行与行之间的距离。设置为自动时,行距会随字号做相应改变。手动设置时,应避免因行距太小造成字符重叠。

(2) 字距,为字与字之间的间距差值。使用固定数值增减字符之间的距离,数值为负数时减小字距,数值为正数时增大字距,效果见图 9-10。

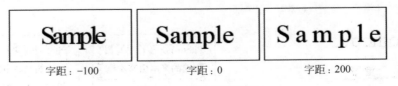

字距:-100　　　　　　字距:0　　　　　　字距:200

图 9-10　不同字距效果

(3) 比例间距,同比例地减少字间距。例如,比例间距为 50% 时字符间距减半,为 100% 时字符间距为 0,效果见图 9-11。

| 比例间距：0% | 比例间距：50% | 比例间距：100% |

图 9-11　调整比例间距效果

（4）缩放，字符本身的长度和宽度改变。缩放包括竖向缩放和横向缩放。数值小于100％为缩小，大于100％为放大。

（5）基线偏移，字符相对于起始水平线的升降。调整基线偏移值将使字符上下移动，通常用来制作类似上下标的效果。

（6）强制形式：将字体加粗、倾斜、加下画线等，如果字体本身未设置相应形式，强制形式有效。强制形式各选项可以叠加形成综合效果，见图 9-12。

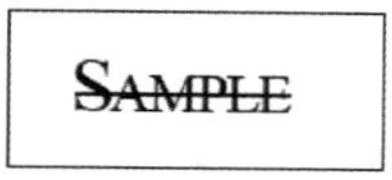

图 9-12　小型大写字母并
　　　　　添加删除线效果

（7）OpenType 字符特殊特征，OpenType 是一种轮廓字体，在字体列表中的字体名称前面用 **O** 表示。部分 OpenType 格式的字体包括标准连字、自由连字、花饰字、替代样式等多种特殊特征，单击对应选项可以设置是否使用这些特殊特征。

2. 修改段落格式

段落面板提供完整的段落格式设置功能，见图 9-13。

图 9-13　段落面板

（1）对齐方式，设置文本的对齐方式。其中左对齐、居中对齐、右对齐对点文本和段落文本都有效，最后一行左对齐、最后一行居中对齐、最后一行右对齐和全部对齐选项只对段落文本有效。

（2）左缩进，设置段落左侧相对于文本框左侧的缩进值。

（3）右缩进，设置段落右侧相对于文本框右侧的缩进值。

（4）首行缩进，设置段落首行相对于其他行的缩进值。

（5）段前添加空格，设置当前段落与上一段落之间的距离。

（6）段后添加空格，设置当前字符段落与下一段落之间的距离。

9.1.5　直排文字和横排文字

输入文字时我们默认了横排文字，要输入直排文字也是很方便的。

1. 直排文字

直排文字工具  用来创建直排文字。直排文字也分点文本和段落文本,输入和转换方法与横排文字相同。

对于英文字符,直排文字效果为旋转 90°,对中文字符,直排文字才是真正的竖排(见图 9-14)。文字排列方式是针对文字图层内的所有字符,所以要在图像中设置图 9-14 所示的多种排列效果,需要使用多个文字图层。

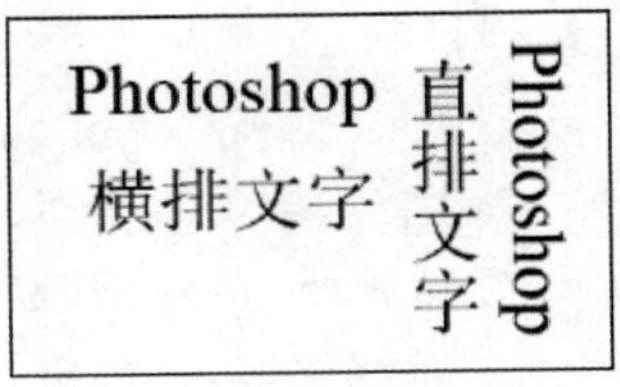

2. 横排文字和直排文字转换

横排文字和直排文字可以相互转换,转换方法有以下两种。

(1) 选择要转换的文字,单击工具选项栏中的转换文本方向按钮 。

(2) 右击文字图层,在弹出的快捷菜单中单击"水平"或"垂直"。

图 9-14 横排文字与直排文字

9.1.6 文字变换

文字工具选项栏中的文字变形工具 及"编辑"菜单中的"变换"→"变形"命令用于变换文字形状。

1. 文字变形工具

文字变形前选择要变形的文字图层中的所有文字,然后单击 选项栏中的文字变形工具,打开"变形文字"对话框,见图 9-15。

单击"样式"右边的下拉列表,可选择变形样式,可选样式见图 9-16。

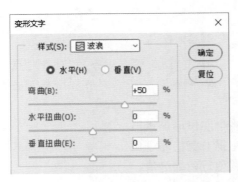

图 9-15 "变形文字"对话框

图 9-16 变形样式

对应每一种变形样式,都可以进一步设置变形方向、弯曲、水平扭曲、垂直扭曲等数值,使文字产生需要的变形效果,图 9-17 为应用波浪变形得到的效果。

对文字应用变形后,文字图层中的图层标记会变为文字变形标记 ,再次单击选项栏中的变形按钮 ,可以对原有变形参数编辑和修改。

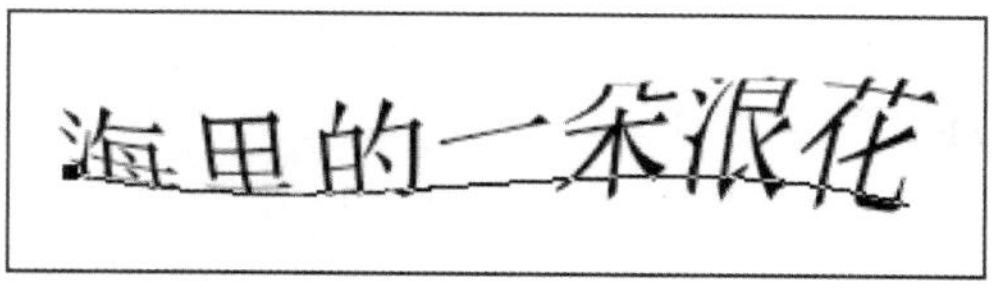

图 9-17　波浪文字变形效果

文字变形设置对图层中的所有文字有效,如果要对一个文字图层中的文字使用不同的变形效果,必须将文字分解到两个图层中,然后分别进行文字变形。

2. 应用"编辑"→"变换"中的相关命令

单击"编辑"→"变换"中的"缩放""旋转""斜切"等命令也可以对文字图层变形,变形效果见图 9-18。

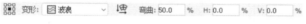

图 9-18　缩放、旋转、斜切效果

"编辑"菜单"变换"中的"变形"命令也可以制作文字变形效果。执行"变形"命令后,工具选项栏见图 9-19。

图 9-19　变形工具选项栏

(1)变形,设置变形方式,例如扇形、拱形、旗帜、波浪、鱼眼等。
(2)变形方向,设置水平或垂直方向变形。
(3)弯曲,设置弯曲程度。
(4)H,设置水平扭曲程度。
(5)V,设置垂直扭曲程度。

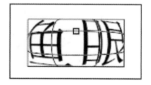

由于文字图层是一类特殊图层,变形命令对文字的处理方式与对普通图层的处理方式不同。执行变形命令后,文字被分割成9块长方形,但作用点只有一个。拖动作用点,调整弯曲程度,可以改变变形效果,见图 9-20。

图 9-20　鱼眼变形效果

9.2　文　字　样　式

文字样式是对文字格式进行快速设置的一种方法,分为字符样式和段落样式。如果作品中经常使用相同的文字格式(例如相同的字体、大小、颜色、字距、对齐方式、缩进格式等),通常把格式保存到字符样式面板或段落样式面板中。输入字符后,可以调用样式快速修改文字样式。

9.2.1　字符样式和段落样式

单击"窗口"→"字符样式",将打开字符样式面板,见图 9-21。

（1）新建样式：在字符样式列表中创建新样式。

（2）删除样式：删除选定的字符样式。

（3）合并覆盖：修改并更新样式。对已应用字符样式的文字修改格式后，修改的格式将覆盖字符样式中的原设置。

（4）清除覆盖：将文字原有样式清除，将样式应用到所选文本。

创建字符样式后，若当前选择的文本中含有与当前字符样式中不同的参数，则样式上会显示一个"＋"。

在字符样式中，可以设置字体、字体样式、大小、行距、字距、颜色等基本格式，缩放、基线偏移等高级格式，以及 OpenType 功能。

单击"窗口"→"段落样式"，将打开段落样式面板，见图 9-22。

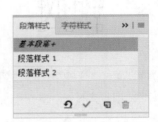

图 9-21　字符样式面板　　　　　图 9-22　段落样式面板

在段落样式中，除了可以设置字符格式中已包含的基本字符格式、高级字符格式和 OpenType 功能以外，还可以设置段落缩进和间距、排版格式、对齐格式、连字符连接等选项。段落样式的应用、保存和载入方法与字符样式相同。

9.2.2　创建字符和段落样式

1. 创建字符样式

单击字符样式面板下方的"创建新的字符样式"按钮 □ ，将在字符样式面板上增加样式"字符样式 1"，双击字符样式的名字，将弹出"字符样式选项"对话框，见图 9-23。

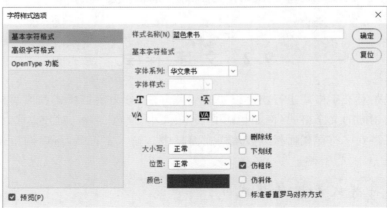

图 9-23　"字符样式选项"对话框

在字符样式对话框中，左边有三大类选项，"基本字符格式"用来重新命名样式，指定字体、位移、颜色等参数；"高级字符格式"用来指定字体的长宽比；"OpenType 功能"用来指定字之间的装饰效果。此处我们指定字体样式为字体"华文隶书"、颜色"083af7"蓝色、仿粗体。

2．创建段落样式

单击段落样式面板下方的"创建新的段落样式"按钮 ，将在字符样式面板上增加样式"段落样式 1"，双击段落样式的名字，将弹出"段落样式选项"对话框，见图 9-24。

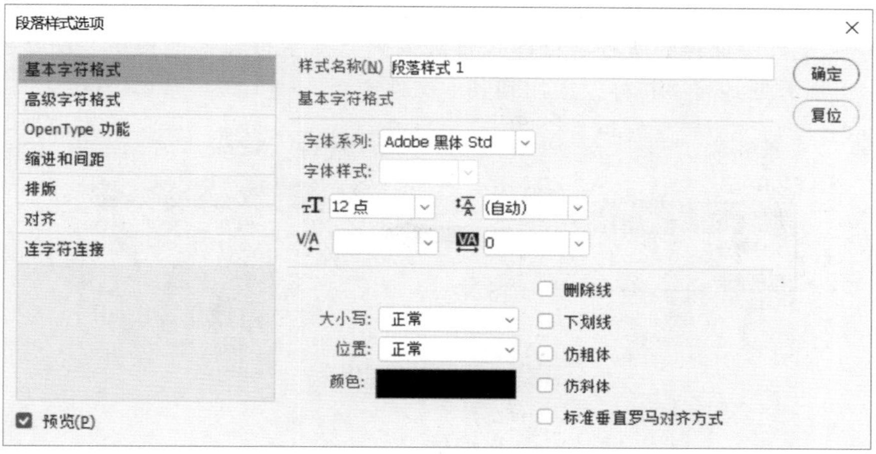

图 9-24 "段落样式选项"对话框

在"段落样式选项"对话框中，段落选项增加了"缩进和间距""排版""对齐""连字符连接"，设置方法类似字符样式。

9.2.3 应用字符样式

创建字符样式后，选择文字，先单击"清除覆盖"按钮将原有字符样式清除，再在字符样式面板中单击要设置的字符样式，字符样式就应用到选定文字上了。图 9-25 中分别对三行文字应用了三种不同的字符样式。

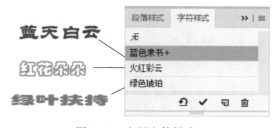

一种字符样式可以应用到多个文字中。应用字符样式后，如果修改字符样式，应用该样式的所有文字格式都将被修改。

图 9-25 应用字符样式

文字应用字符样式后，仍可以通过文字工具状态栏或字符面板对格式进行修改。修改文字格式后，字符样式面板中对应样式后面会出现"＋"号，表示应用该样式的文字格式已发生变化。单击合并覆盖按钮 ，可以将修改的文字格式覆盖原有字符样式，并应用到所有已使用该样式的字符上。单击清除覆盖按钮 ，则取消对文字格式的修改，将字符还原为字符样式指定的格式。

9.2.4 保存和载入样式

选择一个字符样式,单击字符样式面板下方的删除按钮,可以删除字符样式。删除字符样式后无法恢复,已应用该样式的字符将仍保持原设置。

在字符样式面板和段落样式面板中创建的样式保存在 PSD 文件中,打开文件即可使用。

单击字符样式面板或段落样式面板右上角的面板按钮,在弹出的菜单中可以执行复制样式、删除样式、载入样式等操作。执行载入字符样式命令后,在弹出的"载入"对话框中选择 PSD 文件,文件中保存的所有字符样式将载入到当前字符样式面板中。图 9-26 中使用载入样式,可以方便地将字符样式应用到其他文件中。

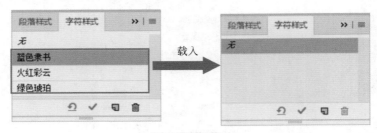

图 9-26　载入字符样式

9.3　像素化处理

如果需要对文字进行像素化处理,就需要创建非矢量图层的文字,这一功能由横排文字蒙版工具 和直排文字蒙版工具 来实现,它们在图像中创建文字蒙版。创建文字蒙版实际上是在图像中创建一个文字选区,文字选区和所有选区一样,它不但能够局限一个区域范围,还能够应用所有像素化工具(如画笔、填充)来操作,也可以实现选区和路径的相互转换。

9.3.1 创建文字选区

下面通过文字蒙版的操作来说明创建文字选区的过程。

1. 建立文字蒙版

选择横排文字蒙版工具 ,在工具选项栏中设置字体、大小等文字参数,在图像中单击(创建点文字)或拖动鼠标(创建段落文字)并输入文字,图像变为红色蒙版显示,红色区域为非选区,白色文字区域为选区。

2. 应用选项栏调整文字

在最终确定输入完成前,可以应用文字选项栏的所有功能,图 9-27 改变了文字的字体字号并进行了变形。

3. 文字蒙版确认为选区

单击选项栏中的"提交所有当前编辑"按钮 ,或按快捷键 Ctrl＋Enter,完成文字输入,图像中沿文字边沿创建文字选区,见图 9-28。

图 9-27　建立文字蒙版　　　　　　　　　图 9-28　创建文字选区

文字蒙版输入文字后自动转换为选区,文字选区不再具备文字属性,即确认文字输入后,文字选区不能再修改文字内容、字体、大小等矢量属性。如果需要修改文字属性,只能取消文字选区,重新创建。

4. 操作选区

文字选区和使用其他工具建立的选区一样,可以对选区内的像素点进行填充、复制、移动等操作,图 9-29 对文字区域进行了渐变填充。

图 9-29　渐变填充文字选区效果

9.3.2　选区转为蒙版

使用文字蒙版工具创建的文字选区不能保存在文件中。如果需要保存文字选区,需要将其转换为蒙版。

在图像中创建文字选区后,单击图层面板中的"添加图层蒙版"按钮 ▢ ,文字选区保存为图层蒙版,见图 9-30。

图 9-30　将文字选区保存为蒙版

使用蒙版可以将文字轮廓保存在图层面板中,需要使用时,可以将文字蒙版再添加到选区,对选区内的图像进行处理,制作各种文字特效。

9.3.3　选区转为路径

在路径面板中,可以将选区转换为工作路径,文字选区也一样。转换成工作路径后,文字轮廓保存在 PSD 文件,使用矢量工具可以对文字路径进行修改,制作出各种创意文字效果。

1. 文字选区变路径

使用文字蒙版创建选区后,在路径面板中单击"从选区生成工作路径"按钮 ◇ ,可以将文字轮廓保存到路径中（见图 9-31）。创建路径后，文字选区自动消失。

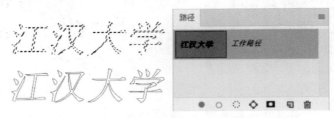

图 9-31　将文字选区保存为路径

2. 修改路径后变选区

　　文字转变为路径实际上是使用锚点和曲线沿文字轮廓建立工作路径，转换成路径后，不能改变文字内容、大小、样式等文字属性，只能使用直接选择工具、钢笔系列工具修改路径。利用路径工具对工作路径进行修改，使之变成我们期望的样子（见图 9-32）。

　　修改后的路径可以重新作为选区载入，在路径面板上单击 ⬚ 按钮得到和路径对应的选区，见图 9-33。

图 9-32　修改文字路径

图 9-33　路径载入为选区

　　然后对选区填充上色，此处我们应用了油漆桶工具，为选区填充了花卉图案，得到修改后的文字效果，见图 9-34。

　　也可以直接对路径进行填充或描边，见图 9-35。

图 9-34　修改后的文字

图 9-35　对文字路径进行填充和描边

9.4　矢量文字的转换

　　横排文字工具和直排文字工具创建的文字图层是矢量图层，其中的文字是矢量文字，包含字体、大小、对齐方式等多种属性。矢量文字可以转换为形状、路径，也可以栅格化为像素。

9.4.1 矢量文字转路径

切换到图层面板,在指定文字图层上右击,在弹出的快捷菜单中可看到"创建工作路径"命令,单击后将沿矢量文字轮廓建立工作路径,创建工作路径后,文字图层仍然保留,见图9-36。

图9-36 由矢量文字图层创建工作路径

9.4.2 矢量文字转形状

切换到图层面板,在指定文字图层上右击,在弹出的快捷菜单中单击"转换为形状"命令,将文字图层转换为矢量形状图层,见图9-37。

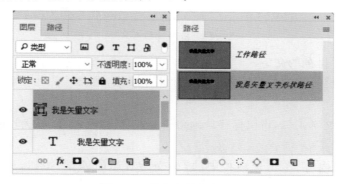

图9-37 将文字转换为形状

文字图层转为形状图层后,形状路径也同时出现在路径面板中。使用部分选择工具和钢笔系列工具可以对矢量形状中的锚点进行修改,改变文字轮廓。

9.4.3 栅格化文字

切换到图层面板,在指定文字图层上右击,在弹出的快捷菜单中选择"栅格化文字"命令,单将文字矢量图层转换为像素图层(见图9-38)。文字图层转换为像素图层后,不再具有矢量图层性质,但可以使用画笔及其他像素处理工具来修改。

图9-38 将文字栅格化

9.5　制作异型文字

文字和路径都是矢量对象，利用路径可以对文字的排列进行控制。在曲线路径上，文字沿路径排列，形成曲线文本效果。在封闭路径内，用文字填充路径区域，形成文字填充效果。

9.5.1　沿路径排列文字

在创建横排文字和直排文字时，文字沿基线方向排列。在文字跟随路径中，将路径作为文字基线，使文字沿曲线排列。下面以图 9-39 为例来实现路径对文字的控制。

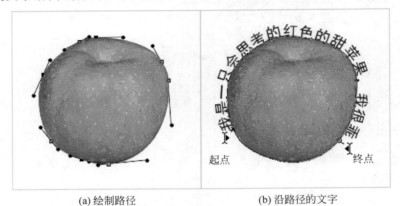

　(a) 绘制路径　　　　　　　　(b) 沿路径的文字

图 9-39　沿路径输入文字

1. 创建沿路径排列的文字

（1）要创建沿路径排列的文字需要先创建工作路径，围绕苹果用钢笔工具画一条路径，见图 9-39(a)。

（2）选择横排文本工具，将鼠标移动到路径上方，鼠标变成 形状时单击，确定文字在路径上的起点。

（3）输入文字内容，单击选项栏中的"提交所有当前编辑"按钮，或按快捷键 Ctrl＋Enter 退出文字编辑状态，见图 9-39(b)。

创建沿路径排列的文字后，选择文字图层，在路径面板中会出现一条以文字内容命名的路径，这条路径是文字的引导路径。

（4）将路径选择工具 放在绕排于路径的文字起点上，当光标变成 形状时拖动文字，可以改变文字的起点位置（该路径上的叉号 表示文字的起点，竖线 表示文字的终点），或设置文字沿路径内(外)侧排列，如图 9-40 所示。如果移动文字引导路径或更改路径形状，文字将自动适应新的路径位置或形状。

在文字跟随路径操作中，可能因为路径曲率过大造成字符排列过密或过疏，此时可以通过加大或减小弯曲部位的字符间距使文字排列均匀。

2. 多个文字图层沿路径排列

多个文字图层跟随路径实际上是通过复制图层操作，创建多个文字图层及文字路径图层。图 9-41 为复制了三个相同文字图层后，分别改变文字属性及移动图层位置后的效果。

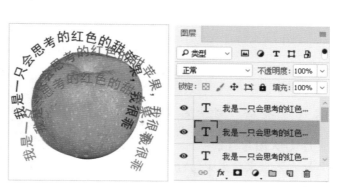

图 9-40　文字沿路径内侧排列　　　　　图 9-41　多个文字图层沿路径排列

9.5.2　在路径区域内排列文字

创建封闭路径后,可以在路径区域内创建文字,使文字约束在封闭路径内。

1. 创建路径区域内排列文字

继续选用"苹果"图像外围的路径,选择横排文字工具,将鼠标移到路径内部,当光标变成 形状时单击,以路径作为文字边界;输入文字,文字将在路径区域内部排列,见图 9-42。

路径区域内排列文字时常常会出现字符排列不够紧密、文字右端不贴合曲线的现象。此时可以采用调整行距、在文字中按 Enter 键、修改对齐方式等方法解决。

2. 多个文字图层在路径区域内排列

一条工作路径可以创建多组区域内排列文字。过程如下。

(1) 将已创建的区域内排列文字隐藏。

(2) 在路径面板中选择对应路径。

(3) 选择横排文字工具,将鼠标移到封闭路径内部,当光标变成 形状时单击,再次以路径作为文字边界。

(4) 输入文字,并调整文字的基线偏移值,使新的文字与原文字图层错开。

(5) 显示隐藏的文字图层,两个文字图层的内容在路径区域内交错排列,见图 9-43。

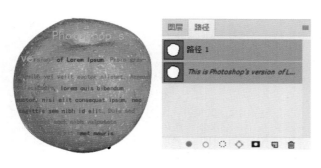

图 9-42　路径区域内排列文字

图 9-43　多个文字图层在路径
　　　　　区域内排列

9.6 综合实例

下面使用各种文字制作方法，制作毕业纪念册封面，见图9-44。

9.6.1 背景、形状处理

1. 导入图片背景

导入素材文件夹中的"图书馆.jpg"文件，作为纪念册背景。

对背景图片添加"浮雕效果"滤镜，并调整图层亮度和对比度，使照片中的建筑变为浅灰色浮雕背景。

2. 绘制边角三角形

新建图层，使用多边形套索工具分别在图像右上角和左下角创建三角形选区，并填充浅棕色，见图9-45。

3. 绘制足印形状

使用形状工具在建筑上方绘制足印路径，将路径载入选区，用不同的颜色填充选区，见图9-46。

图 9-44　毕业纪念册封面

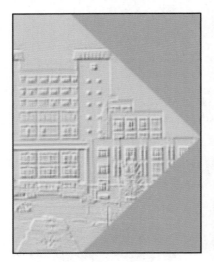

图 9-45　制作纪念册背景

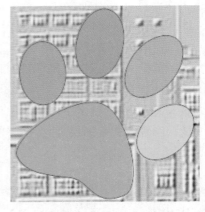

图 9-46　绘制"足印"路径

9.6.2 制作足印文字

1. 制作填充文字

使用在路径区域内排列文字的方法将"We graduated!"文字填满足印区域。方法如下。

（1）选择一个子路径，使用横排文字工具在路径内单击，输入文字"We graduated!"。为了避免单词自动换行造成无法贴近蝴蝶翅膀右侧边沿，我们在单词的每个字母之间增加了一个空格。

（2）将文字复制并粘贴多次，产生大段文字内容。

（3）选定所有文字，调整字符颜色、字号、间距和行距。

（4）重复步骤（1）～（3）3次，使每个足印子路径内有不同的文字属性。

（5）将"我们毕业了！"文字填充到足印的最大区域。效果见图9-47。

2. 制作日期

绘制日期路径并命名为"日期轮廓"，沿"日期轮廓"路径输入文字"2013.7～2017.7"，设置文字字号和字体（华文彩云），得到图9-48所示的效果。

图9-47　将文字铺满足印区域

图9-48　沿路径输入日期

9.6.3　制作标题

制作"毕业纪念册"标题文字。标题文字及图层结构如图9-49所示。

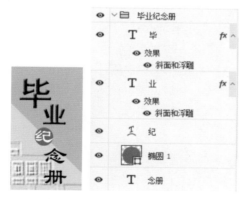

图9-49　"毕业纪念册"标题文字

由于"毕""业""纪""念册"文字的排列位置、大小、效果不同，所以在不同图层中制作。

"毕""业"两字采用黑体，但字号并不相同，并且添加斜面和浮雕效果。"纪"字使用了鱼眼文字变形，在字的下方绘制椭圆形状。"念册"二字采用直排文字制作。

9.6.4　制作发光剪影

（1）导入素材文件夹中的"剪影"文件，并放置到图像右下角。

（2）沿剪影上部绘制一条波浪形路径，命名为"发光路径"。

（3）使用横排文字工具在"发光路径"上反复输入文字"青春之歌"。

（4）设置文字为红色，用样式为文字加上黄色外发光，效果见图 9-50。

图 9-50　制作发光剪影

9.7　实验要求

收集校园图片及相关素材，使用本讲内容，设计制作一个校园海报。海报内容自定，要求使用各种文字处理技术，使海报中的文字具有较强的视觉冲击力，给人深刻的印象。

第 10 章　　图层基础知识

本章将完整地学习有关"图层"的基础知识,内容包括对单个图层及组合图层进行各种操作,以及蒙版、剪贴蒙版、调整与填充图层。

10.1　图层面板

几乎所有的图层操作都可以在图层面板及其延伸的快捷菜单中完成,一个文件的图层面板通常以图 10-1 的形式出现。

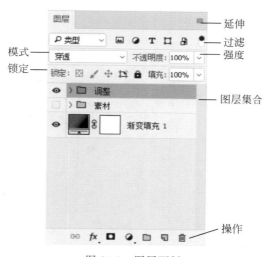

图 10-1　图层面板

10.1.1　图层各部分

可以在图层面板上看到的组成部分如下所示。

(1)图层:一幅 Photoshop 图像的不同种类图层集合在图层面板中,图层前面的眼睛图标 👁 代表该图层是否显示,图层上的图标代表图层种类和各种处理。

(2)操作:当指定图层以后,这些操作可以改变图层的存在方式。

(3)强度:图层实色显示的力度,由不透明度和填充表示。

(4)锁定:为图层被给予的限制,被限制的图层将屏蔽某些处理。

(5)模式:当前图层和下方图层的色彩显示关系。

(6)过滤:查找图层的方法,用来指定具有特殊属性的图层。

(7)延伸:用来弹出图层处理的更多菜单选项。

10.1.2　图层面板选项

图层面板的图标大小和显示方式可以选择，单击"延伸"按钮 ≡ ，选择"面板选项"将得到如图 10-2 所示的面板选择项。

（1）缩览图大小，图层图标在面板上显示的大小。

（2）缩览图内容，选择图层图标是否随图层实色内容的边界而改变。选择"整个文档"表示所有图层图标一样大，选择"图层边界"则图标边界随图层实色范围而改变。图 10-3 显示了不同选项的差别。

（3）在填充图层上使用默认蒙版，为勾选项，勾选代表新建填充图层的同时创建该图层的蒙版，不勾选则只创建填充图层。

图 10-2　图层面板选项

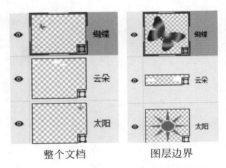

图 10-3　图层图标显示边界

10.1.3　过滤图层

当一幅图像中包含太多不同种类的图层，需要找出其中某些特殊属性的图层时，就要用到图层"过滤"。其中 类型 图标表示"滤镜类型"（名称、种类、效果、模式、属性或颜色），中间部分表示该滤镜的进一步细分，右边的按钮 是过滤开关。例如使用"类型"滤镜，将细分像素图层、调整图层、文字图层、形状图层和智能对象；指定"颜色"滤镜，则单击右边的颜色细分（见图 10-4），可以得到具有某个指定颜色的图层。

图 10-4　"颜色"滤镜细分

10.2　图层和组的基础操作

10.2.1　图层及组

图层可以零散存在或者以组的形式集中存在,图层如同堆叠在一起的透明纸。图层组就是将图层整合到称为"组"的图层夹中,用来组织和管理图层,见图10-5。

除了可以很方便地管理图层,组的另一个显著优点是组里的图层会变成联动模式。选中某一个组后,组里的所有图层可以联动调整大小。

当图层被填有实色时,上层图层将覆盖下层图层,利用这种关系,我们可以有"选择性"地安排要显示的局部。

图 10-5　图层及组

10.2.2　创建组

1. 创建组

组的创建和图层创建很相似,可以通过多种渠道来创建。

(1)图层面板按钮创建。

单击图层面板下方的"创建新图层"按钮 ,将在当前图层或组的上方产生新的图层,单击"创建新组"按钮 则产生新的"组 n"。

(2)图层菜单创建。

单击"图层"→"新建"→"组",将弹出"新建组"对话框(见图10-6),输入组名后单击"确定"按钮,将得到新组。

图 10-6　新建组

(3)从图层创建组。

选择若干图层,单击图层面板右上角的延伸按钮 ,选择"从图层新建组",将得到已经包含了所选图层的新组。

2. 增减组内容

(1)移动到组内外。

可以通过移动将组内外图层改变位置,先选择要移动的图层,右键拖动到目标位置;如果目标位置为另一个组,则所选图层进入该组的下层。

(2)组内新建和删除。

在组内选定位置,单击"创建新图层"或者"创建新组"图标,都可以增加组内图层和嵌套组;同理,在组内删除图层或组,可以减少组内内容。

10.2.3　图层类型转换

1. 背景图层和普通图层

图层面板中最下面的图层为背景图层,一幅图像只能有一个背景图层。背景图层受到许多限制,它不可被重命名、移动、改变不透明度及模式。如果需要让背景图层拥有普通图层所有的自由度,可以将背景图层改变为普通图层,同理,也可以将普通图层改变为背景图层。

(1) 背景图层转换为普通图层。

双击背景图层,将弹出如图 10-7 所示的对话框,此时可以修改图层名称、设置图层模式和不透明度,单击"确定"按钮后,原来的背景图层已经变为普通图层。

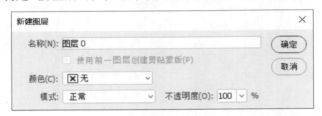

图 10-7　背景图层转换为普通图层

(2) 普通图层转换为背景图层。

选定一个普通图层,单击"图层"→"新建"→"图层背景",指定图层将被命名为"背景"并移动至图层底部,同时原图层上的透明区域被改变为背景色。

2. 像素图层和非像素图层

像素图层由像素点阵构成,因此在执行放大或缩小操作以后,图像会有一定的失真度;矢量图层为数学公式描述的图像,包括文字、形状、3D、矢量蒙版等,它不会因为图层的缩放而失真;非像素图层还包括许多其他类型的图层,如智能对象、视频、样式等图层。非像素图层不能实现画笔、填充等像素化操作。

要将非像素图层转换为像素图层,先选定该图层,单击"图层"→"栅格化",在进一步的选项(见图 10-8)中选择和图层类型对应的选项(一般为黑色项),如文字图层之"文字"和形状图层之"形状",该图层对应的矢量内容将被变为像素图层。

图 10-8　可以栅格化的图层

如果直接选择"图层",则选定图层的所有矢量内容变为像素;如果选择"所有图层",则任何非像素图层都转换为像素图层。

10.2.4　图层不透明度

为了调整当前图层的现实程度,或者调整当前图层对下层图层的遮盖程度,可以调整当前图层的不透明度 不透明度: 100% ∨ 和填充 填充: 100% ∨ 。先选定图层,再用拖动滑块或改变数字的形式修改参数,该图层将会按照需要变为指定的透明程度。两者的区别为:图层的不透明度对图层中的像素和效果都产生影响,而填充只对图层中的像素有影响,对应用了技术后该图层产生的效果(如图层样式)无效。

10.2.5　锁定图层或组

1. 单项锁定

当图层内容需要被保护,就可以使用锁定功能 ,先选定图层,再单击一个锁定项,图层便在对应的锁定项上被约束,被锁定图层将在图层栏右边显示部分锁定标记或者全部锁定标记。

(1) 锁定透明像素,单击该项,选定图层的透明像素不能被编辑。

(2) 锁定图像像素,单击该项,选定图层不能被画笔、填充等像素化工具操作。

(3) 锁定位置,单击该项,选定图层不能被移动。

(4) 锁定全部,单击该项,选定图层被完全锁定,前面三种操作都不能进行。

锁定对于图层组的约束与图层锁定一样。

2. 多项锁定

如果一次想选择多个锁定项,可以在选定要锁定的图层或组以后,单击"图层"→"锁定图层",在弹出的面板(见图10-9)中选择要锁定的内容。

图 10-9　锁定图层

10.2.6　显示图层边缘

在不断地操作图层以后,每一个图层的大小并不一致,为了看清楚当前图层边缘,可以单击"视图"→"显示"→"图层边缘",使图层边缘显示一个外框(见图10-10),便于移动和对齐。

10.2.7　为图层或组指定颜色

为了在图层面板中让图层更醒目,可以为图层指定颜色。选定要指定颜色的图层及组,右击图层图标,可以在弹出的菜单里选择颜色,图10-11为指定颜色后的图层标记。默认情况下,图层及组为"无颜色",背景图层只能为"无颜色"。

图 10-10　显示图层边缘

图 10-11　为图层指定颜色

10.3　图　层　联　动

图层和组可以联合,形成新的图层,或者直接联合行动。

10.3.1 图层链接

图层链接是将选区的若干图层绑定在一起,联合移动。它需要经过如下步骤。

1. 选择多个图层

(1) 选择连续图层,先指定当前图层,按 Shift 键,同时再单击另外一个图层,则当前图层和另外图层及其范围内的图层被选择。

(2) 选择不连续图层,在指定当前图层后,按 Ctrl 键,同时单击需要选择的图层,则当前图层和被单击图层都被选择。

(3) 选择所有图层,单击"选择"→"所有图层"。

(4) 选择相似图层,单击"选择"→"相似图层"。

(5) 自动选择图层或组,单击"移动工具"✛,勾选其选项栏中的"自动选择"选项,再指定是选择"组"还是"图层",这时候在移动工具所到达的位置单击,位置所在图层或组将被选择。

(6) 取消选择,单击"选择"→"取消选择图层",或者在图层面板的下方空白处单击,将取消任何图层的选择。

2. 链接图层

选择多个图层以后,单击"图层面板"下方的"链接图层"按钮 🔗,被选择图层右边将显示 🔗 标记,表示这些图层被链接,见图 10-12。

被链接的图层在移动时整体联动,只要选定一个有链接标记的当前图层,使用移动工具时,所有链接图层一起移动。

图 10-12　链接图层

3. 取消链接

(1) 临时取消链接,按住 Shift 键并单击链接图层的链接标记,标记位上将出现一个红×,表示临时取消,再次单击则不取消。

(2) 永久取消链接,选择要取消链接的图层,单击链接图层按钮 🔗,则链接被取消,链接标记消失。

10.3.2 图层合并

当若干图层或组的内容不再修改时,可以合并图层,以减少图像文件的大小。

1. 合并图层

选择要合并的图层,单击"图层"→"合并图层",所选图层被合并为一个图层,效果为这些图层本来联合显示的效果(即隐藏图层不显示),名称为所选图层的最上面一个图层的名称。

2. 向下合并

选择一个图层,在该图层上单击右键,选择向下合并,则下方图层和当前图层合并。

3. 合并组

选定一个组,单击"图层"→"合并组",该组所有可见图层被合并,新图层的名字为原来的组名,隐藏图层也同时消失。

4. 合并可见图层

单击"图层"→"合并可见图层",图像文件的所有可见图层被合并,隐藏图层保持原样。

5. 拼合图像

单击"图层"→"拼合图像",图像中所有可见图层被合并到背景图层,透明区域被白色填充。隐藏图层也同时消失。

图层合并以后,如果保存图像,则合并被固化,不能恢复到合并前的状态。

10.3.3 对齐和分布图层

当若干透明图层上散落有一些实色区域时,可以用对齐和分布图层来排列图层实色。

1. 对齐

对齐是以一条参照线来对齐不同图层上的实色区域,所有图层向直线靠拢。选择要对齐的图层,再单击"图层"→"对齐"将得到对齐选项,见图 10-13。

图 10-13 对齐选项

每一个对齐选项示意图中的直线直观显示了对齐方案,因此不需要更多的解释,以图 10-14 为例来看对齐效果。

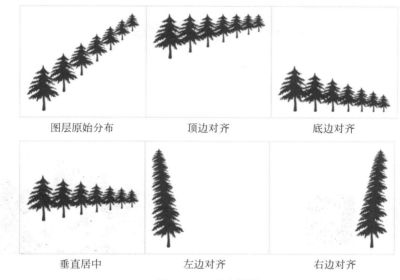

图 10-14 对齐效果

2. 分布

分布是将不同图层实色区域的某个方向从指定端开始均匀分布。选择要分布的图层,再单击"图层"→"分布"将得到分布选项,见图 10-15。

（1）顶边,从每个图层的顶端像素开始,间隔均匀地分布图层。

（2）垂直居中,从每个图层的垂直中心像素开始,间隔均匀地分布图层。

（3）底边,从每个图层的底端像素开始,间隔均匀地分布图层。

（4）左边,从每个图层的左端像素开始,间隔均匀地分布图层。

（5）水平居中,从每个图层的水平中心开始,间隔均匀地分布图层。

（6）右边,从每个图层的右端像素开始,间隔均匀地分布图层。

图 10-15 分布选项

图 10-16 为各种不同的分布效果。

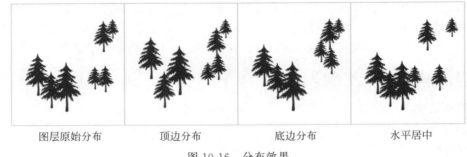

| 图层原始分布 | 顶边分布 | 底边分布 | 水平居中 |

图 10-16　分布效果

10.4　图层蒙版

蒙版是对图层的二次处理,它在保留图层原始信息的基础上决定图层内容的显示取舍。加了蒙版的图层在图层面板上的显示见图 10-17。

10.4.1　图层蒙版的原理

蒙版其实是加在图层上的遮盖,当图层上加载蒙版时,图层显示范围就由蒙版决定。蒙版的颜色为黑白灰色系,白色代表显示,黑色代表不显示,灰色代表半透明显示。图 10-18 表现了"锁"的显示,蒙版上的白色部分让锁显示出来,其余黑色部分将对应区域隐藏。

图 10-17　加了蒙版的图层

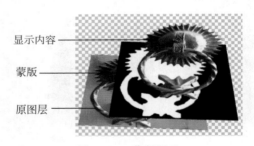

图 10-18　蒙版原理

10.4.2　图层蒙版基础操作

1. 添加蒙版

(1) 从选区添加蒙版。

指定要添加蒙版的基础图层,选择要显示的区域,单击图层面板中的"添加图层蒙版"按钮 ▣ (或者单击"图层"→"图层蒙版"→"显示选区"),将得到图 10-17 所示的黑白相间的蒙版。

(2) 对图层直接添加蒙版。

指定要添加蒙版的基础图层,单击图层面板中的"添加图层蒙版"按钮 ▣ (或者单击"图层"→"图层蒙版"→"显示全部"),将得到全白色蒙版,此时原图层内容全部显示。

（3）通过图层透明度创建蒙版。

选择一个具有透明或者半透明区域的基础图层，单击"图层"→"图层蒙版"→"从透明区域"，将得到显示实色区域的蒙版，实色区域部分蒙版为白色，全透明区域蒙版为黑色，半透明区域表现为灰度。

（4）应用另一个图层中的蒙版。

选定 A 图层上的蒙版 a，将其拖至 B 图层，则 B 图层上添加了蒙版 a，显示范围受蒙版限定；A 图层上的蒙版消失，该图层内容全部显示。

2. 蒙版开关

（1）蒙版停用。

虽然添加了蒙版，但也可以让蒙版暂时不起作用。按住 Shift 键，同时单击要关闭的蒙版，则该蒙版被打上红色的叉（见图 10-19），蒙版此时被停用。

（2）蒙版启用。

按住 Shift 键，同时单击已经关闭的蒙版，则该蒙版上红色的叉消失，蒙版此时被启用。

3. 图层和蒙版链接

创建蒙版时，基础图层和蒙版之间有一个链接标志 🔗，表示蒙版和基础图层处于联动状态，移动或者变换其中任何一部分，另一部分随之变化。

（1）取消链接。

直接单击基础图层和蒙版之间的链接标记，就取消了链接，此时如果再要移动或变换其中任意部分，结果都不会影响另外一部分。

（2）建立链接。

直接单击基础图层和蒙版之间的空白位置，就重新建立了链接。

4. 应用蒙版

如果想让基础图层和蒙版产生的混合效果固化，可以在对应图层的蒙版图标上右击，选择"应用图层蒙版"，则该图层蒙版消失，留下被蒙版遮盖过的显示部分。

5. 删除蒙版

要去掉图层上的蒙版，可以直接拖动蒙版图标到图层面板下方的垃圾桶图标上，释放鼠标时将看到图 10-20 所示的对话框，选择"应用"将使蒙版作用固化，选择"删除"则直接去掉蒙版。

图 10-19　蒙版开关

图 10-20　删除蒙版

6. 图层蒙版产生选区

蒙版可以由选区添加产生，同样蒙版也可以产生选区。右击图层上的蒙版，在弹出的快捷菜单中选择"添加蒙版到选区"，便可以看到新的选区蚂蚁线，这就是和蒙版对应的选区。

10.4.3 编辑图层蒙版

蒙版的黑白颜色是可以编辑的,编辑蒙版之前,必须先确定选择的是蒙版而不是基础图层,被选择部分的图标上有明显可见的矩形框,见图 10-21。

选择蒙版以后,可以直接用画笔、渐变工具、填充工具在蒙版上绘制,绘制过程中我们看到的是基础图层显示范围的变化,绘制颜色的亮度代表蒙版黑白灰的程度。图 10-22 为使用颜色 f63b3b 填充蒙版上的"锁"外围区域产生的效果,其蒙版区域变成灰色,图像区域变成半透明显示。

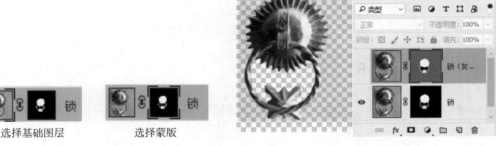

选择基础图层　　　　选择蒙版

图 10-21　蒙版选择　　　　　　　　　　　　图 10-22　编辑蒙版

10.4.4 图层蒙版属性

对于蒙版整体,还可以通过蒙版选项来修改。选择"窗口"→"属性",将弹出如图 10-23 所示的属性面板。

(1)浓度,表示蒙版整体深浅度,浓度为 100% 时蒙版保持不变,浓度下降则蒙版颜色对比度下降,当浓度为 0% 时,蒙版变为全白色。

(2)羽化,用来调整蒙版边缘的羽化程度,羽化像素值越大,边缘越柔和。

(3)反相,单击"反相"按钮将使蒙版颜色反相,黑白交换。

(4)颜色范围,单击它将弹出"色彩范围"面板,和前期学习选区时,单击"选择"→"色彩范围"得到的面板一样,其选择和设置方式也一样,确定以后产生的效果直接在蒙版上显示。

(5)选择并遮住,单击它将弹出"调整蒙版"面板,其内容与对修改选区的"选择并遮住"一样,调整后的结果直接在蒙版上显示。

图 10-23　蒙版属性面板

(6) ⬚ 按钮,用蒙版添加选区。

(7) ⬎ 按钮,应用后蒙版消失,保留蒙版遮盖效果。

10.4.5 矢量蒙版

路径和形状这样的矢量工具可以使绘图更容易修改和缩放,因此矢量蒙版给我们更多机会精细选择。添加矢量蒙版的基础图层只能是"像素"图层。可以通过路径工具对矢量进行修改,修改结果将直接反映在矢量蒙版上。

添加矢量蒙版的过程如下。

1. 添加矢量蒙版

选择基础图层,单击"图层"→"矢量蒙版"→"隐藏全部",将得到一个灰色的矢量蒙版,见图 10-24。

矢量蒙版只有两种颜色,灰色表示不显示,白色表示显示。白色部分需要用矢量绘制工具完成。

2. 矢量绘制

单击矢量蒙版图标,使其外围有矩形框,此时矢量蒙版处于选中状态。使用矢量工具绘制,比如用自定图形"叶形装饰 3"形状工具在图像上绘制路径,将得到如图 10-25 所示的效果。

图 10-24　矢量蒙版

3. 调整矢量蒙版

双击图层面板上的矢量蒙版,将弹出图 10-26 所示的属性面板,单击面板右上角的矢量蒙版选项 ◻。

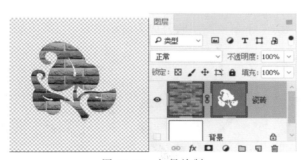

图 10-25　矢量绘制

图 10-26　矢量蒙版的属性面板

(1) 浓度,表示遮盖程度,浓度为 100% 时,不显示区域完全透明;浓度下降,遮盖减弱,矢量图形以外的区域半透明显示出来;当浓度达到 0% 时,所有区域完全显示。

(2) 羽化,矢量图形边缘羽化程度。图 10-27 为不同参数的矢量蒙版产生的效果。

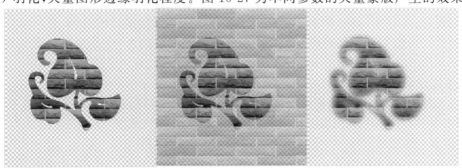

浓度100%　羽化0像素　　　浓度50%　羽化0像素　　　浓度100%　羽化8像素

图 10-27　矢量蒙版效果

第10章

图层基础知识

10.5 剪贴蒙版

剪贴蒙版是两层及以上的图层联合行动产生剪切及效果的方法。这里需要一个基底图层，用来决定产生效果的区域，需要一至多个内容图层，用来使基底图层的实色区域产生效果。

1. 基底图层

基底图层确定像素的分布和不透明度，多种类型的图层（如像素图层、矢量图层）皆可作为基底。它需要有明显的实色区域（不透明区）和透明区域，实色区域划定将要显示剪贴蒙版效果的范围；透明区域表示不显效范围；半透明区域表示半显效范围。对基底图层的透明度改变，就是对剪贴蒙版显效范围的改变。

图 10-28　基底图层"连心"

图 10-28 为基底图层，它是两个用实色绘制的连在一起的心形，心形以外是透明区域。

2. 创建剪贴蒙版

图 10-29 为将要用作内容图层的名为"夕阳"的图层，在成为内容图层之前，它是一个普通的实色图层。

按住 Alt 键，将鼠标放于图层"夕阳"和图层"连心"之间的交界线上单击，上层图层图标的左边将产生一个向下的箭头 ⤵，变为内容图层；上下层图层联合成为剪贴蒙版，见图 10-30。

图 10-29　图层"夕阳"

图 10-30　剪贴蒙版

建立剪贴蒙版，也可以在选择好内容图层后，单击"图层"→"创建剪贴蒙版"来实现。

3. 修改基底图层

我们发现，基底图层的"颜色"对剪贴蒙版并不起作用，起作用的是"实色区域"（不透明区域），因此可以使用任意颜色修改基底图层。将基底图层加上"穿心箭头"，并且在"绿心"中间涂上 50% "不透明度"蓝色，可以得到如图 10-31 所示的剪贴蒙版。

4. 多图层联合

基底图层只能有一个，内容图层可以有多个，每个内容图层的下方只能有一个基底图层。图 10-32 为两个剪贴图层配合一个基底图层产生的剪贴蒙版。

5. 释放剪贴蒙版

按住 Alt 键，将鼠标放在内容图层和基底图层之间的交界线上单击，上层图层图标左边的向下的箭头 ⤵ 将消失，上下图层分别回归原位成为普通图层。

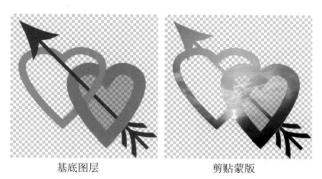

基底图层   剪贴蒙版

图 10-31　修改基底图层

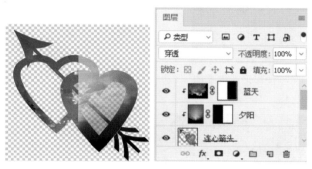

图 10-32　多个剪贴图层产生的剪贴蒙版

也可以在选择好内容图层后,单击"图层"→"释放剪贴蒙版"来实现对剪贴蒙版的释放。

10.6　调整图层

第 6 章学习过图像色彩调整,图像色彩调整让图像色彩丰富并携带奇妙的情绪。但是那种调整对于原始图像不具有保护性,且调整数据无法保存。调整图层既可以实现图像调整,又可以保存数据,还可以保护原始图像不被破坏。

10.6.1　创建调整图层

在图层面板的下部有  图标,表示"创建新的填充或调整图层",单击它将弹出如图 10-33 所示的选项列表。

从图 10-33 中可以看到我们学习过的熟悉的图像调整名称,下面以图 10-34 为例来创建调整图层。

1. 全部调整

单击图层面板按钮 ,从调整图层选项中选择"色相/饱和度",将弹出如图 10-35 所示的"属性"面板,可以通过调整其中的参数,实现对所有下层图像的调整效果。

设置参数:色相－83、饱和度＋58、明度－8,然后关闭该属性面板,得到调整后的效果和调整图层见图 10-36。

图 10-33　调整图层选项列表

图层基础知识

图 10-34　应用调整图层之前的原图

图 10-35　"色相/饱和度"属性

图 10-36　应用"色相/饱和度"调整图层的效果

　　图层面板中的调整图层有两部分，表示调整选项 和蒙版，这里的蒙版表示调整参数的显效范围，全白表示全部显效。

　　为了验证调整图层是否会破坏原有图层，单击"色相/饱和度 1"图层前的眼睛图标 使之关闭，将看到原有图层"雨伞"本身并没有被改变。

　　2. 局部调整

　　选择"雨伞"图层上的 6 把雨伞作为选区，单击图层面板按钮 ，从调整图层选项中选择"色相/饱和度"，设置和图 10-35 属性一样的参数，可以看到仅有雨伞选区有调整效果，见图 10-37。

图 10-37　局部调整

10.6.2 修改调整图层

1. 修改调整属性

调整图层的调整部分和蒙版部分都能够被修改，打开"属性"面板后，要修改调整属性，单击面板 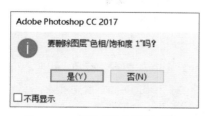 上的调整图标 ，此时直接修改其中的参数和选项就可以了。

2. 修改蒙版属性

要修改蒙版属性，单击面板上的蒙版图标 ，面板将变为蒙版属性，可以直接做对应修改。

和前期学过的图层蒙版一样，对蒙版的操作包括解除链接、隐藏、删除、修改、图层间移动等。

3. 复位调整属性

对已经改变的调整参数不满意，可以单击属性面板下部的"复位到调整默认值"图标 ，调整参数将自动回位到初始状态。

10.6.3 删除调整图层

选择某个调整图层，单击图层面板的"删除图层"图标，将弹出如图 10-38 所示的提醒框，如果选择"是"，则删除"调整图层"。

10.6.4 调整图层参与剪贴蒙版

如果只想将调整图层应用于其紧挨的下层图层的不透明区域，可以单击调整图层和下层图层的交界线，使之产生向下的箭头 ，这时的调整图层仅对其基底图层有效，即利用剪贴蒙版的思路建立专属调整图层。还是以"雨伞"图片为例，我们分别对伞、人、草地利用剪贴蒙版创建专属的调整图层（伞：色相/饱和度调整使之艳丽。人：照片滤镜调整使之有老照片效果。草地：色彩平衡调整使之多一点沧桑），见图 10-39。

图 10-38　删除"调整图层"提醒

图 10-39　调整图层＋剪贴蒙版

第10章

图层基础知识

由于使用剪贴蒙版限制了调整范围,从效果图上可以看见不同区域有不同的调整效果,见图 10-40。

10.6.5　调整面板

Photoshop 还提供了调整面板供快捷使用(见图 10-41),使用调整面板同样也会产生调整图层。

图 10-40　调整图层＋剪贴蒙版的效果

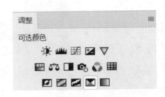

图 10-41　调整面板

10.7　填充图层

填充图层用来为画面增加遮盖效果,填充图层分为纯色填充、渐变填充和图案填充。使用填充图层和使用调整图层的方式是一样的,直接单击图层面板的"创建填充及调整图层"图标 ◑。以图像"白虎"为例来说明填充图层,见图 10-42。

10.7.1　纯色填充

纯色填充将生成一个自定颜色的填充图层,单击 ◑ 按钮后选择"纯色",将弹出"拾色器"面板,确定颜色后将得到一个填充图层。我们将上部两只白虎作为选区,选择黄色 fbc901 作为填充色,确定后可见带蒙版的填充图层,见图 10-43。为了使填充区域不被完全遮盖,调整填充图层的不透明度为 37％。

图 10-42　图像"白虎"

图 10-43　填充图层

填充图层的颜色和蒙版都可以被改变,单击颜色填充 ▢ 按钮将再次弹出拾色器,单击蒙版则可以直接修改蒙版,双击蒙版可以调整蒙版边缘参数。

10.7.2 渐变填充

渐变填充将生成一个自定渐变的填充图层,单击 ⬤ 图标,将弹出"渐变填充"面板,见图 10-44。

(1)渐变,为渐变选择器,初始渐变为自动生成的"前景色"和"背景色"之间的半透明渐变,可以通过单击渐变图标进一步选择渐变形式。

(2)样式,单击样式的下拉列表,可以选择"线性""径向""角度""对称的""菱形"等样式。

(3)角度,为渐变填充的方向,拖动角度转盘或者直接填充角度,可以修改填充角度。

(4)缩放,为渐变图案放大与缩小。

(5)反向,将渐变图案的颜色与顺序颠倒。

我们选择左下角的白虎区域作为蒙版,设置图 10-44 所示的渐变参数,对白虎加上渐变颜色。以右下角白虎区域为蒙版,进一步使用杂色渐变"日出",调整其粗糙度为 100%,填充设置如图 10-45 所示的渐变参数。

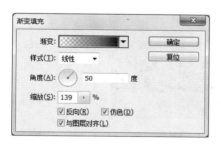

图 10-44 渐变填充面板

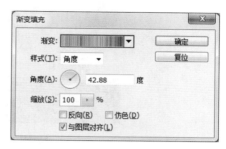

图 10-45 进一步渐变填充

10.7.3 图案填充

在调整图层选项中选择"图案",弹出"图案填充"对话框(见图 10-46),在面板上单击图标,选择需要的图案,再调整图案缩放比例,最后单击"确定"按钮。

以图像下部中间的白虎为蒙版区域,进一步选择图案 2 中的"斑马"图案,设置缩放比例为 120%;再以图像白色边框为蒙版区域,用"岩石"图案填充装饰边框;再对"虎"使用调整图层及剪贴蒙版进行装饰。最后得到的效果图如图 10-47 所示。

图 10-46 图案填充

图 10-47 "白虎"填充以后的效果

10.8 综合实例

下面我们利用调整功能来实现一幅"时间"图像。需要使用的素材如图 10-48 所示。我们要将这些图片中的标志性建筑环绕地球一周,根据太阳和月亮的照射,调整建筑色

图 10-48　综合实例素材图片

彩属性,产生一天时间转动的效果。步骤如下。

10.8.1　拼图

利用前期所学的蒙版和图像变换知识,完成抠图与拼接,得到图 10-49。为了清楚地说明步骤,我们将建筑标号。

10.8.2　调整

分步调整每一个建筑图层,接近太阳的明亮温暖,接近月亮的清冷阴暗,黄昏附加暖色调,黎明附加淡淡的绿色。

1. ①号建筑

①号建筑接近太阳,我们将其调整为正午的亮度,创建"亮度/对比度"图层,对比度+86;创建"色彩平衡"图层,将"中间调"的"黄色蓝色"向左移动-60,使之偏黄,勾选"保留明度";按住 Alt 键,同时单击和①号建筑之间的缝隙,使两个调整图层和①号建筑形成剪贴蒙版。

图 10-49　抠图与拼图

2. ②号建筑

创建"亮度/对比度"图层,"亮度"+123,"对比度"+28;调整图层和②号建筑形成剪贴蒙版。

3. ③号建筑

③号建筑接近黄昏,调整其色阶,创建"色阶"图层,将"中间调"调整为 0.60,使之变暗;创建"色彩平衡"图层,"青红色"＋67,"洋红绿色"－24,"黄蓝色"－26,不勾选"保留明度";调整图层和③号建筑形成剪贴蒙版。

4. ④号建筑

④号建筑进入深夜,创建"色阶"图层,将"中间调"调整为 0.69;创建"亮度/对比度"图层,"亮度"－48,"对比度"－10;调整图层和④号建筑形成剪贴蒙版。

5. ⑤号建筑

⑤号建筑进入黎明前的黑暗,创建"色相/饱和度"图层,将"色相"＋34,"饱和度"＋74,"明度"－80;为了让该建筑有点生气,点亮了几个小窗,在指定灯光选区后,创建"纯色"填充图层,颜色为黄色 fbfaa5;调整图层和⑤号建筑形成剪贴蒙版。

6. ⑥号建筑

⑥号建筑进入黎明,不是很亮,创建"色阶"图层,将"中间调"调整为 0.56;创建"曲线"图层,直接使用预设中的"反冲";调整图层和⑥号建筑形成剪贴蒙版。

7. ⑦号建筑

⑦号建筑代表早上,创建"曝光度"图层,将"曝光度"－0.44;创建"色彩平衡"图层,"洋红绿色"＋51,勾选"保留明度";调整图层和⑦号建筑形成剪贴蒙版。

8. 地球

对于地球图层,为了使之更清晰,创建"自然饱和度"图层,将"自然饱和度"＋81;创建"亮度/对比度"图层,"亮度"增加为 29;调整图层和地球图层形成剪贴蒙版。

9. 太阳

将太阳变得更明亮,创建"亮度/对比度","亮度"＋76;创建"色相/饱和度","色相"－26,"饱和度"＋8;调整图层和太阳图层形成剪贴蒙版。

10.8.3　背景

在所有图层最下方创建"渐变填充"图层,使用"渐变填充"工具,自定义一个蓝黑渐变(蓝色 0565f6),用"角度渐变"填充,多尝试几次找到最佳位置(此图角度为 125°),使白天的天空有明亮的蓝,夜晚的天空呈暗色。至此,图像制作完成,见图 10-50。

图 10-50　完成的效果图"时间"

10.9　实验要求

为自己的校园拍照,充分利用图层蒙版、剪贴蒙版、调整及填充图层,构造一幅幻境。要求无损原始图像,保留所有剪切及调整信息。

图层基础知识

第 11 章　图层高级操作

本章我们要学习更多的图层知识,包括图层混合模式、样式和智能对象。

11.1　图层的混合模式

混合模式是一种合成图像、创建特殊效果的重要手段,通过混合两个或两个以上的图像来创建合成效果,对图像没有任何损坏。混合模式确定了当前图层如何吸纳下方图层的色彩元素,创建各种特殊效果。

11.1.1　初识混合模式

1. 混合模式的原理

图层混合模式控制当前图层与下方图层的融合效果,两个图层产生交集的部分才会有融合,因此下方没有内容的图层部分是不会产生色彩融合效果的。

混合是一个像素和其他像素通过运算混合成新像素色彩的现象,以产生新的颜色外观。混合三要素如下。

(1)基础色,下方图层的颜色称为基础色,它参与运算,但不改变自己。

(2)混合色,上方图层混合前的颜色称为混合色,它参与运算,但运算后不再显效。

(3)结果色,结果色是混合后的上方图层效果颜色。

混合模式的过程,就是设定混合色与基础色的运算方式,得到结果色。混合模式只在上方图层设置,不在下方图层设置。

结果色是基础色与混合色进行各种计算后产生的,在上方图层显效。

除背景图层外的所有图层都支持混合模式。

2. 使用混合模式

混合模式可以直接在图层面板中选择,先选择图层或图层组,然后在上方的混合模式列表中选择,见图 11-1。

3. 混合模式分组

混合模式分为 6 组,共 27 种,见图 11-2。每一组的混合模式都有相似的特点,但显示效果却似而不同。

11.1.2　组合模式组

组合模式组是唯一不需要基础色参与运算的一组混合模式,包含正常和溶解两种模式。

1. 正常

"正常"模式直接呈现上层图层的色彩,是一直以来我们使用的默认混合模式。当图层

组合模式组	正常 溶解
加深模式组	变暗 正片叠底 颜色加深 线性加深 深色
减淡模式组	变亮 滤色 颜色减淡 线性减淡（添加） 浅色
对比模式组	叠加 柔光 强光 亮光 线性光 点光 实色混合
比较模式组	差值 排除 减去 划分
色彩模式组	色相 饱和度 颜色 明度

图 11-1　在图层面板中选择混合模式　　　　图 11-2　混合模式分组

的不透明度为 100％时，完全遮盖住下层的图像。降低不透明度，可以让图层呈现半透明状态，下层图层隐约显示。

2. 溶解

"溶解"模式对半透明图像区域起作用，将作用区域改变成溶解状的颗粒，颗粒疏密程度和透明程度相关，透明度越高颗粒越稀疏，反之越密；不透明区域溶解不起作用。图 11-3(a)为正常模式下的半透明圆形，在设置模式为"溶解"后，变成如图 11-3(b)所示的效果。

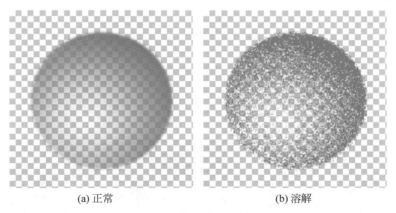

(a) 正常　　　　　　　　　　　　(b) 溶解

图 11-3　正常与溶解

11.1.3　加深模式组

加深模式组使混合后的图像对比度增强，图像的亮度整体变暗。以图 11-4 中的两幅图像为例，来了解这一组混合模式的特点。

图层高级操作

(a) 混合色(上层)　　　　　　　　　　(b) 基础色(下层)

图 11-4　原图

1. 变暗

"变暗"模式对两个图层进行比较,当前图层中较亮的像素会被底层较暗的像素替换,亮度比底层暗的像素保持不变,效果见图 11-5(a)。

2. 正片叠底

"正片叠底"模式是加深型混合模式中最常用的混合模式,通常用于对亮色背景过滤,凸显图像中的黑色部分,如头发等。任何颜色和黑色混合产生黑色,而和白色混合颜色保持不变(无视白色,谁黑听谁的),效果见图 11-5(b)。

(a) 变暗　　　　　　　　　　　　　(b) 正片叠底

图 11-5　变暗和正片叠底

3. 颜色加深

"颜色加深"模式通过增加图像的对比度来加强深色区域,底层图层的白色保持不变,效果见图 11-6(a)。

4. 线性加深

"线性加深"模式通过降低亮度来使像素变暗,与"正片叠底"模式的效果相似,但可以保留下面图层更多的颜色信息,效果见图 11-6(b)。

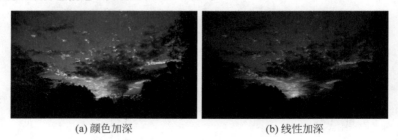

(a) 颜色加深　　　　　　　　　　　(b) 线性加深

图 11-6　颜色加深和线性加深

5. 深色

"深色"模式比较两个图层中的所有通道值的总和,并显示值较小的颜色,效果见图 11-7。

图 11-7　深色

11.1.4　减淡模式组

减淡模式组和加深模式组的运算正好相反,混合后图像对比度减弱,图像的亮度整体变亮。以图 11-8(a)和(b)两幅原图为例,来了解这一组混合模式的特点。

(a) 混合色(上层)　　　　　　　　　(b) 基础色(下层)

图 11-8　原图

1. 变亮

"变亮"模式与"变暗"模式相反,比较两个图层的像素的亮度,选择其中较亮的像素保留下来,产生变亮的效果,效果见图 11-9(a)。

2. 滤色

"滤色"模式与"正片叠底"模式的效果相反,可以使图像产生漂白的效果,用黑色过滤时颜色保持不变,和白色混合后产生白色。此效果类似于多个摄影幻灯片在彼此之上的投影,效果见图 11-9(b)。

(a) 变亮　　　　　　　　　　　　(b) 滤色

图 11-9　变亮和滤色

3. 颜色减淡

"颜色减淡"模式与"颜色加深"模式的效果相反,通过减小图像的对比度来加亮底层的图像,见图 11-10(a)。

4. 线性减淡

"线性减淡"模式与"线性加深"模式的效果相反,通过增加亮度来使底层颜色变亮,亮化

效果比"滤色"和"颜色减淡"模式都强烈,见图 11-10(b)。

　　　　(a) 颜色减淡　　　　　　　　　　　　(b) 线性减淡

图 11-10　颜色减淡和线性减淡

5. 浅色

"浅色"模式比较两个图层中的所有通道值的总
和,并显示值较大的颜色,不会生成第三种颜色,见
图 11-11。

图 11-11　浅色

11.1.5　对比模式组

对比模式组综合了加深型混合模式和减淡型混
合模式的特点。以图 11-12 的(a)和(b)两幅原图为
例,来了解这一组混合模式的特点。

　　　　(a) 混合色(上层)　　　　　　　　(b) 基础色(下层)

图 11-12　原图

1. 叠加

"叠加"模式可增强图像的颜色,并保持底层图像的高光和暗调,可看作正片叠底与滤色
两种模式的组合体,能较好地反映出两个图层的内容,是常用的混合模式之一,效果见
图 11-13(a)。

2. 柔光

"柔光"模式是对比模式组中混合效果最为柔和的。当前图层中的颜色决定了变暗或者
变亮,如果当前图层中的像素比 50% 灰色亮,则图像变亮;如果像素比 50% 灰色暗,则图像
变暗。产生的效果与发散的聚光灯照在图像上相似,效果见图 11-13(b)。

(a) 叠加 (b) 柔光

图 11-13 叠加和柔光

3. 强光

"强光"模式下,当前图层比 50％灰色亮的像素会使图像变亮;比 50％灰色暗的像素会使图像变暗。其加亮或变暗的程度较柔光模式更深。产生的效果与耀眼的聚光灯照在图像上的效果相似,这可以很好地在图像中添加高光,效果见图 11-14(a)。

4. 亮光

"亮光"模式下,如果当前图层中的像素比 50％灰色亮,通过减小对比度使图像变亮;如果当前图层中的像素比 50％灰色暗,则增大对比度使图像变暗,效果见图 11-14(b)。

(a) 强光 (b) 亮光

图 11-14 强光和亮光

5. 线性光

"线性光"模式下,如果当前图层中的像素比 50％灰色亮,通过增加亮度使图像变亮;如果当前图层中的像素比 50％灰色暗,则降低亮度使图像变暗,效果见图 11-15(a)。

6. 点光

"点光"模式下,如果当前图层中的像素比 50％灰色亮,则替换暗的像素;如果当前图层中的像素比 50％灰色暗,则替换亮的像素。一般用来添加特殊效果,效果见图 11-15(b)。

(a)线性光 (b)点光

图 11-15 线性光和点光

第11章

图层高级操作

7. 实色混合

"实色混合"模式通常使图像产生色调分离效果。效果见图 11-16。

图 11-16 实色混合

11.1.6 比较模式组

比较模式组比较当前图像与底层图像,在结果色中将相同的图像区域显示为黑色,不同的图像区域则以灰度或者彩色图像显示,产生反差效果。以图 11-17(a)和(b)两幅原图为例,来了解这一组混合模式的特点。

(a) 混合色(上层)　　　　　　　　(b) 基础色(下层)

图 11-17　原图

1. 差值

"差值"模式下,混合色中的白色区域会使图像产生反相的效果,而黑色区域则会越接近底层图像,与白色混合将反转基色值,产生反相效果;与黑色混合则不产生变化,效果见图 11-18(a)。

2. 排除

"排除"模式与"差值"模式的基本原理相同,但混合效果的对比度更低,结果色显得比较柔和,效果见图 11-18(b)。

(a) 差值　　　　　　　　　　　(b) 排除

图 11-18　差值和排除

3. 减去

"减去"模式将基色的数值减去混合色,与差值模式类似,如果混合色与基色相同,那么结果色为黑色;如混合色为黑色,则结果色为基色不变,效果见图 11-19(a)。

4. 划分

"划分"模式用基色分割混合色,颜色对比度较强,如果混合色与基色相同,则结果色为白色;如混合色为白色,则结果色为基色不变;如混合色为黑色,则结果色为白色,效果见图 11-19(b)。

(a) 减去   (b) 划分

图 11-19   减去和划分

11.1.7   色彩模式组

色彩模式组将色彩分为三要素——色相、饱和度、亮度,将其中的一种或两种要素应用在混合后的图像中。以图 11-20 的(a)和(b)两幅原图为例,来了解这一组混合模式的特点。

(a) 混合色   (b) 基础色

图 11-20   原图

1. 色相

在"色相"模式下,混合色的色相加基础色的亮度、饱和度,共同构成结果色,效果见图 11-21(a)。

2. 饱和度

"饱和度"模式下,混合色的饱和度加基础色的亮度、色相,效果见图 11-21(b)。

(a) 色相   (b) 饱和度

图 11-21   色相和饱和度

3. 颜色

"颜色"模式下,混合色的色相和饱和度(即颜色)加基础色的亮度,共同构成结果色,适用于给单色图像上色和给彩色图像着色,效果见图 11-22(a)。

第 11 章

图层高级操作

4. 明度

"明度"模式下,混合色的亮度加基础色的色相、饱和度,共同构成结果色,该模式创建与"颜色"模式相反的效果,效果见图 11-22(b)。

(a) 颜色   (b) 明度

图 11-22 颜色和明度

11.1.8 应用

下面以图 11-23 为例来组合一幅图像,我们的目的是让鸽子站在屋檐上,灯笼挂在屋檐下。

图 11-23 应用原图

1. 图像放置

将三幅图按如图 11-24(a)所示的顺序放置,根据摆放需求进行大小变换、旋转及位移,得到图 11-24(b)。

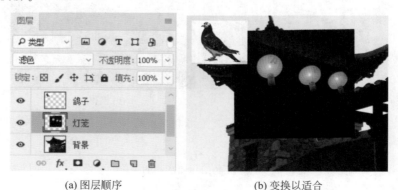

(a) 图层顺序   (b) 变换以适合

图 11-24 图像放置

2. 图层混合

"灯笼"图层应用"滤色",以此突出更亮的颜色(灯笼);"鸽子"图层应用"深色",使深色(鸽子)得以显示,并过滤掉鸽子图层的白色背景,效果见图11-25。

图 11-25 混合模式应用效果图

11.2 图 层 样 式

图层样式是 Photoshop 提供的对实色对象(在本节对象表示实色区域)制作特殊效果的功能组,它可以对图层中的对象产生立体、光影、雕刻和修饰等特殊效果,图层样式应用灵活,可以随时修改、隐藏或删除。图层中的实色对象(即非透明区域)都可应用样式,我们可以将样式分为作用于边缘的样式和作用于平面的样式。

11.2.1 图层样式使用步骤

图层样式可以应用于一个图层或图层组,但不能用于"背景"图层,可以双击背景图层,将其转换成普通图层,然后为其添加效果。添加样式一般经过如下过程。

1. 指定图层或图层组

可以指定一个图层或图层组为当前操作对象,指定后单击"图层面板"下方的"添加图层样式"按钮 **fx**,便可以选择样式。

2. 选择样式

样式选择的下拉列表如图 11-26 所示,这些选项从字面上可以猜出一个大概,其中多数选项作用于图层中实色与透明区域交界的边缘,少数选项作用于实色平面。

3. 设置图层样式参数

当选择了具体的图层样式以后,将弹出"图层样式"面板(见图 11-27),我们可以通过参数设置来实现想达到的效果。面板的左侧为样式选项,右侧为参数设置部分。

多种样式可以通过勾选复选框 ☑ 叠加使用,要进入对应的样式参数设置部分,必须在具体的样式名称上单击。

4. 效果记录

当设置好所有的样式参数以后,单击"确定"按钮,图层上将添加样式效果列表,见图11-28,图像上也会有直观的样式效果。

图 11-26 图层样式列表

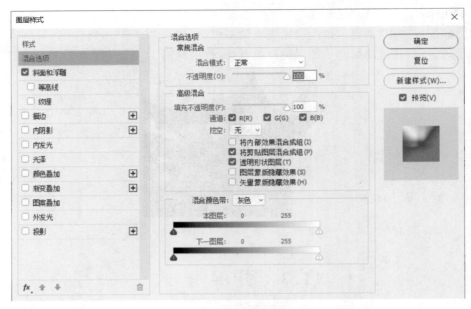

图 11-27　图层样式面板

11.2.2　作用于边缘的样式

作用于边缘的样式主要对对象边缘起作用。下面以图 11-29 为例来说明各种图层样式对像素和矢量对象的作用。

图 11-28　效果列表

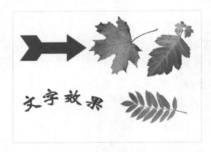

图 11-29　处理前的各种对象

1. 斜面和浮雕

"斜面和浮雕"样式可以对图层中的对象边缘添加高光与阴影的各种组合，使图层内容呈现立体的浮雕效果。

（1）基本参数。

斜面和浮雕参数见图 11-30。

① 样式，决定斜面创建的位置。"外斜面"在外侧边缘创建斜面；"内斜面"在内测斜面创建边缘；"浮雕效果"使图层呈现出浮雕状；"枕状浮雕"使图层边缘有压入的效果。"描边浮雕"应用于图层描边效果的边界，要和"描边"联合使用。

② 方法，控制斜面的平滑程度。

③ 深度,用来控制斜面高光和阴影之间的对比度,值越高,斜面看起来越陡。

④ 方向,"上"使图层凸起,"下"使图层下陷。

⑤ 大小,用来控制斜面的宽度。

⑥ 软化,设置斜面的柔和程度。

⑦ 角度,控制高光与阴影的光照方向。

⑧ 高度,控制光源与图层对象表面的距离。

⑨ 光泽等高线,用于控制应用该图层样式的对象表面的发光程度。

⑩ 高光模式,用来设置高光的混合模式、颜色和不透明度。

⑪ 阴影模式,用来设置阴影的混合模式、颜色和不透明度。

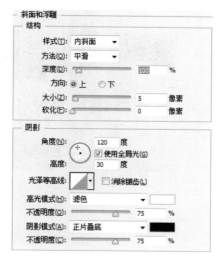

图 11-30 "斜面和浮雕"参数

（2）等高线和纹理。

在"斜面与浮雕"样式内又包含"等高线"和"纹理"两个子样式,勾选后可以进一步设置更加丰富的立体效果。

① 等高线。

选择"等高线"选项,可切换到相应的选项面板(见图 11-31)。等高线可以改变浮雕部分的形态,其原理是将凹凸效果视为灰度图像,然后通过曲线来处理图像中的灰度分布,从而改变凹凸感。

② 纹理。

选择"纹理"选项,可切换到相应的选项面板(见图 11-32)。纹理是利用图案产生凹凸的纹路感,缩放和深度可以控制凹凸的程度。

图 11-31 等高线选项

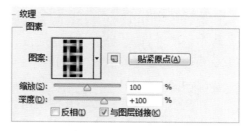

图 11-32 纹理选项

（3）斜面和浮雕效果。

图 11-33 为分别应用了不同的"斜面与浮雕""等高线""纹理"等参数以后的样式效果。

2. 描边

"描边"是使用颜色、渐变或图案描画对象的轮廓,它对于硬边形状(如文字)特别有用。描边参数见图 11-34。

结构选项组有四个选项：大小、位置、混合模式、不透明度,用它们来设置描边的参数。填充类型的下拉列表中包含三种填充类型,分别是颜色、渐变和图案。描边效果见图 11-35。

图层高级操作

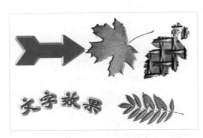

图 11-33　斜面与浮雕应用效果

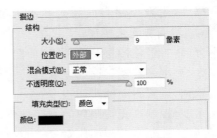

图 11-34　描边参数

3. 投影与内阴影

"投影"与"内阴影"都是创造阴影效果，不同的是"投影"产生的阴影在对象以外，"内阴影"的阴影在对象边缘以内。

（1）投影。

"投影"样式主要用于为对象添加阴影，从而产生立体化的效果。投影参数面板见图 11-36。

图 11-35　描边应用效果

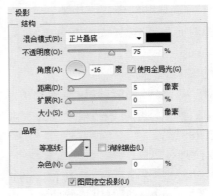

图 11-36　投影参数

① 混合模式，用来设置投影与下面图层的混合方式。

② 不透明度，调整投影的不透明度，默认值为 75％，值越大，投影颜色越深。

③ 角度，设置投影的方向，圆圈中的指针指向光源的方向，相反的方向是阴影方向。

④ 使用全局光，可保持所有光照的角度一致。

⑤ 距离，用来设置投影偏移图层内容的距离，值越大，投影越远。

⑥ 大小，用来设置投影的模糊范围，值越大，模糊范围越广，值越小，投影越清晰。

⑦ 扩展，用来设置投影的扩展范围。

⑧ 等高线，可以控制投影的形状。

⑨ 消除锯齿，可消除投影上的锯齿，使边缘更加平滑。

⑩ 杂色，可在投影中增加杂色。该值较高时，投影会变成点状。

⑪ 图层挖空投影，用来控制半透明图层中的投影可见性。当该图层的填充不透明度小于 100％时，半透明图层中的投影不可见。

图 11-37 显示了应用不同投影参数产生的投影效果。

（2）内阴影。

"内阴影"样式是紧靠在图层内容的边缘添加阴影。该样式设置与"投影"的设置方式基本相同,唯一不同的参数是"阻塞"(对应于投影的"扩展"),它表示"向内"伸展。内阴影应用效果见图11-38。

图 11-37　投影应用效果

图 11-38　内阴影应用效果

4. 内发光与外发光

发光效果分为外发光与内发光两种样式,分别表示从对象边缘"向内"或者"向外"发出光泽。由于其参数前面已经讲过,因此不再赘述。图11-39为两种发光样式产生的效果。

图 11-39　内发光与外发光应用效果

11.2.3　作用于平面的样式

1. 光泽

"光泽"样式可为对象添加反光感,创建出金属的光泽外观。效果见图11-40(a)。

2. 颜色叠加

该样式的作用是为对象叠加指定的颜色,可以调整混合模式和透明度。效果见图11-40(b)。

3. 渐变叠加

该样式的作用是为对象叠加渐变颜色。效果见图11-40(c)。

4. 图案叠加

该样式的作用是为对象叠加指定的图案。效果见图11-40(d)。

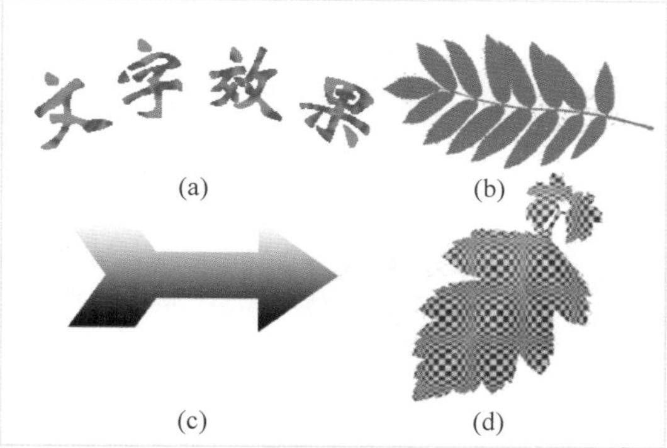

(a)　　(b)

(c)　　(d)

图 11-40　作用于平面的样式应用效果

11.2.4　编辑图层样式

如果对已经设置的样式不满意,可以对图层样式进行编辑,从而自由地控制图层样式。

1. 事后编辑

在图层面板上对应图层的名称右边的空白区双击,或者在"效果"及其样式名称上双击,将弹出"图层样式"对话框,我们看到已经设置的样式依然保留在这里,可以直接对已有设置进行修改。

2. 隐藏与显示图层样式

在图层面板中,图层样式前的 👁 图标可以控制样式是否起作用。如果要隐藏单个样式,直接单击对应样式前的"可见"(眼睛)图标使之消失;如果要隐藏当前图层的所有样式效果,单击图层面板中该图层下方"效果"左侧的 👁 图标即可(见图 11-41)。要让样式重新起作用,在原"眼睛"图标处单击。

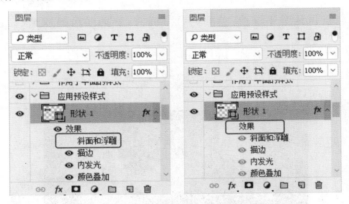

图 11-41　隐藏单个样式和整个图层样式

3. 清除图层样式

如果要清除某一个样式,在图层面板的样式效果列表中,将它拖动到面板底部的 🗑 按钮上即可。如果要清除某个图层所有的样式,将效果图标 *fx* 拖动到 🗑 按钮上即可。

4. 复制并粘贴图层样式

可以将某图层的图层样式复制并粘贴到新图层中。右击应用了图层样式的"源"图层,在快捷菜单中选择"拷贝图层样式"命令;然后再右击要粘贴图层样式的"目标"图层,在弹出的菜单中选择"粘贴图层样式"命令。

也可以用快捷键实现图层样式复制,按住 Alt 键,同时将"效果"图标从"源"图层拖动到"目标"图层,即可将所有样式复制到新图层中;按住 Alt 键的同时只拖动"效果"栏下方的某一个图层样式,则只复制该图层样式到新图层。

11.2.5　预设样式

Photoshop 提供了很多已经设计好的样式,我们可以直接应用。

1. 应用预设样式

在"图层样式"对话框中,左上方有"样式"选项,单击后将展开预设样式,见图 11-42。

可以单击预设的任意一个样式来直接应用,将光标停留在对应样式上,可以通过出现的样式名称来了解其效果。

要进一步选择不同类型的样式,单击右上角的 ⚙. 图标将展开样式列表,见图 11-43(a)。我们选取了几个样式方案分别应用,得到图 11-43(b)的效果。

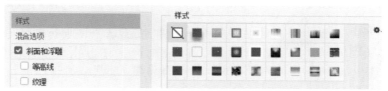

图 11-42　预设的样式

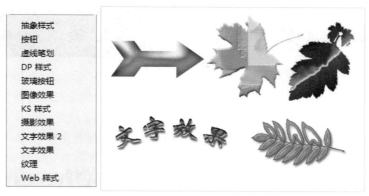

(a) 预设的样式　　　　　　　　(b) 直接应用预设的样式

图 11-43　更多样式列表

2. 创建样式

如果对自己设置的样式很满意，打算存储为预设样式供后期应用，可以单击"图层样式"对话框的"新建样式"按钮，并在弹出的对话框中输入样式名称，新的预设样式将出现在"预设样式"面板中。图 11-44 展现了我们创建"五色斑斓"样式的过程。

3. 样式面板

应用预设样式或者创建新样式，还可以通过"样式"面板来实现，单击菜单上的"窗口"并勾选"样式"，将出现样式面板，见图 11-45。

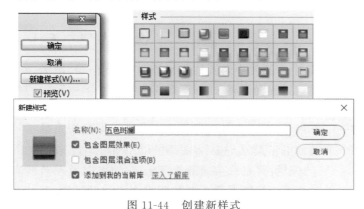

图 11-44　创建新样式

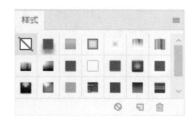

图 11-45　"样式"面板

样式面板上的 ⊘ 表示清除样式，⬛ 表示创建新样式，🗑 表示删除样式，▤ 将引出更多样式以供选择。

11.2.6　应用实例

人们喜欢将图层样式用于产生特效文字和创建按钮。下面我们来制作金属特效字。

1. 创建文字图层

创建文字"Chocolate"，字体为"Cooper Black"，见图 11-46。

2. 创建背景图层

创建新图层，使用渐变工具填充深红色径向渐变，效果见图 11-47。

图 11-46　文字图层内容　　　　　　　　　　　　图 11-47　背景图层

3. 添加图层样式

（1）斜面和浮雕。

添加"斜面和浮雕"效果，样式"内斜面"、方法"平滑"、深度 100%、方向"上"、大小"5 像素"、阴影角度 120°、高度 30°、光泽等高线"环形-双"、高光模式白色"滤色"、阴影模式黑色"正片叠底"，确定后的效果见图 11-48。

（2）渐变叠加。

图 11-48　斜面和浮雕效果

添加渐变叠加效果，混合模式"正常"、渐变"彩条"、样式"线性"、角度－176°、缩放 100%，确定后效果见图 11-49。

（3）外发光。

添加外发光效果，混合模式"滤色"、光色"黄"、图素方法"柔和"，确定后效果见图 11-50。

图 11-49　渐变叠加效果

图 11-50　特效字

11.3　智　能　对　象

在处理图像时我们常常遇到如下问题：多次重复复制的图像被发现漏掉了最基础的部分，前期的复制与改变都白做了；对图像进行多次变换以后，后悔操作却找不到原图了；矢量图层转换（栅格化）为像素图层以后，发现需要回到从前；处理多次后图像被损失得不再清晰；想在多个图像文档中共用相同的原文件。以上这些问题都可以用智能对象来解决。

智能对象是将图层限定为一种特殊的矢量图层，使其能够保留图像的源内容及其所有原始特性，从而能够对图层执行非破坏性编辑。智能对象可以装载多个图层的图像，并且是以一个特殊图层的形式来装载这些图层的。

11.3.1　创建智能对象

创建智能对象可以有几种方式。

1. 直接打开为智能对象

单击"文件"→"打开为智能对象",可以选择一个文件作为智能对象打开,在图层面板中,智能对象的图层图标右下角会显示智能对象的标记▨,有了这个标记,该图层就成为矢量图层,任何像素化的工具如画笔、填充、橡皮擦等都不再起作用。

2. 在文档中置入智能对象

打开一个文档,单击"文件"→"置入",在"置入"面板中选择另一个文件,该文件将作为智能对象导入到打开的文档中。

3. 将图层转换为智能对象

选择一个图层,单击"图层"→"智能对象"→"转换为智能对象",选定的图层将转换为智能对象。

4. 多个图层绑定到一个智能对象中

选择多个图层,单击"图层"→"智能对象"→"转换为智能对象",这些图层将被绑定到一个智能对象中。

11.3.2 复制和使用智能对象

复制智能对象又分为有"链接关系"的和没有"链接关系"的对象。

1. 有链接关系的智能对象

将智能对象图层直接拖向图层面板底部的新建图层按钮 ▢ 上,可以复制出智能对象副本,称为智能对象的链接实例,实例跟原始智能对象是链接关系,编辑其中任意一个智能对象的源文件,其他相关的智能对象都会发生相应的变化。我们正是利用这一特点来实现相似图层的联动和无损操作的。

2. 无链接关系的智能对象

如果要复制出非链接的智能对象,先选择智能对象图层,单击菜单"图层"→"智能对象"→"通过拷贝新建智能对象",复制出的智能对象与原始智能对象各自独立,互相不影响。

11.3.3 编辑智能对象

1. 对智能对象图层进行编辑

智能对象对外表现为一个图层,而在它的内部可包含多个图层。智能对象图层为矢量图层,像文字和形状图层一样,都不能使用像素图层的工具,如绘图工具、填充、橡皮擦等。可以执行下列操作。

(1)变换:可以跟普通对象一样进行缩放、旋转、变形、透视等变换操作。

(2)图层属性设置:可以设置混合模式、不透明度、填充不透明度以及添加图层样式和蒙版等。

(3)调色:可以利用调整图层对智能对象调色。

(4)蒙版:可以为智能对象添加图层蒙版。

以一个普通的像素图层"原图"为例来说明对智能对象图层的编辑,见图 11-51(a)。

(1)复制。

先将"原图"图层转换为"智能对象",然后通过复制再创建 3 个链接实例并命名为"链接实例1""链接实例2""链接实例3",见图 11-51(b)。

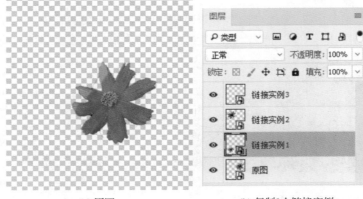

(a) 原图　　　　　　　　　(b) 复制3个链接实例

图 11-51　复制智能对象

（2）变换及移动。

分别对三个链接实例图层进行变换及移动,选择对应图层,单击"编辑"→"变换",选择其中的一种,我们发现被变换内容的控制框中间有两条交叉线(见图 11-52),这正是表示该对象为智能对象。其他变换和前期学过的内容完全一样。

分别对四个图层进行放大、缩小、透视、变形等变换和移动操作以后,显示的图像效果见图 11-53。

图 11-52　对智能对象的变换　　　　　图 11-53　变换和移动

（3）属性设置及调色。

选择"链接实例 2"图层,调整其"不透明度";选择"链接实例 1"图层,单击"图像"→"调整"→"色相/饱和度",进行参数调整。处理后得到如图 11-54 所示的效果。

2. 对智能对象源文件编辑

如果我们一定要用像素工具来改变智能对象,只能对其源文件进行编辑。选择任意一个"链接实例"图层,在其图层图标上双击,将看到一个扩展名为.psb 的文件(见图 11-55),这就是嵌入智能对象中的"源文档"。

可直接使用各种工具对此源文件进行编辑,该文件可以包含多个图层。在花朵上叠加一个"蝴蝶"图层,显示效果见图 11-56。

图 11-54　属性设置及调色　　　　　　　　图 11-55　源文档

　　编辑完成后,单击"文件"→"存储",并将其关闭后返回原图像文件,可看到修改的结果(见图 11-57)反映到了所有的链接智能对象中。

图 11-56　对源文档进行编辑　　　　　　　图 11-57　链接实例中的效果

11.3.4　将智能对象转换为普通图层

　　不再需要编辑智能对象时,可以将智能对象转换为普通图层。方法是:选择智能对象图层,单击"图层"→"智能对象"→"栅格化",该智能图层就被转换为普通像素图层,图层图标上的智能对象标记会消失。

11.4　综合实例

　　本节我们将制作一张有民族特色的版画,描绘牛郎织女鹊桥相遇的场面。

11.4.1　原图

　　用到的素材见图 11-58。

(a) 皮影人物   (b) 喜鹊   (c) 云朵

图 11-58 素材

11.4.2 拼合图像

（1）新建文件，选择渐变工具，见图 11-59，在背景图层上绘制蓝色渐变效果。

（2）将人物从素材文件直接抠取并复制过来；利用通道和蒙版将白云从素材中复制过来；将它们放到合适的位置，并调整大小。

（3）复制"喜鹊"图层，蒙版抠图，将其转换为智能对象。复制智能对象，产生多个副本，新建"鹊桥"组，将这些智能对象都放在组里，并调整大小和位置。拼合效果见图 11-60。

图 11-59 蓝色渐变   图 11-60 拼合图像

11.4.3 添加"图层样式"效果

（1）对"鹊桥"组整体添加"斜面和浮雕"→"枕状浮雕"和"纹理"，效果见图 11-61(a)。

（2）对"人物"组添加"斜面和浮雕"→"内斜面"和"外发光"，并降低其亮度，效果见图 11-61(b)。

（3）对白云添加"斜面和浮雕"→"纹理"和"内阴影"，效果见图 11-61(c)。

（4）对背景图层添加"斜面和浮雕"→"内斜面"和"投影"。

(a) 鹊桥   (b) 人物   (c) 背景上的白云

图 11-61 添加效果后的图像

11.4.4　绘制月亮和星星

（1）在工具箱里单击"自定形状工具"，选择"新月"形状，拖动绘制出月牙形状的月亮；单击"多边形工具"，设置边数为4、星形，拖动绘制多个星星，效果如图11-62所示。

（2）为了让月亮的光辉呈现出颗粒状的效果，为月亮添加"外发光"图层样式（结构→杂色：23。图素→大小：90），为星星添加"斜面和浮雕"→"浮雕效果""光泽""投影"图层样式，效果见图11-63。

图 11-62　月亮和星星

图 11-63　添加效果后的月亮和星星

11.4.5　结果

最终效果见图11-64。

图 11-64　牛郎织女鹊桥相会

11.5　实验要求

充分利用形状和文字工具及各种人物、动物、景物素材，利用混合模式和图层样式的叠加、图层蒙版无损抠图，在不破坏原图的基础上，设计情节精彩的版画。

第 12 章　　通　　道

前期我们在编辑图像时,针对的都是颜色的整体属性,本章我们将针对不同的颜色来操作图像。本章学习通道知识,内容包括各种通道和利用通道进行局部及全局色彩处理,以及将通道应用于蒙版和选区。

12.1　通道基础

通道是对图像中单一类型信息的记录,比如彩色图像(RGB、CMYK 或 Lab 图像)的每种颜色的分色信息通道、记录蒙版信息的 Alpha 通道、用于印刷的专色通道以及用户自建的某种复合通道。一个图像最多可有 56 个通道。所有的新通道都具有与原图像相同的尺寸和像素数目。

12.1.1　通道分类

Photoshop 提供的通道可以分为以下几类:复合通道、颜色通道、Alpha 通道和专色通道。

(1) 复合通道,用来同时预览并编辑所有颜色通道。

(2) 颜色通道,用来保存图像颜色的信息。

(3) Alpha 通道,用来保存选区。

(4) 专色通道,用于印刷时保存专色油墨,它是一种特殊的颜色通道。

12.1.2　通道面板

在图层面板所在的面板组中单击"通道"便可打开通道面板,通道面板里列出了图像所有的通道。打开一个 RGB 图像文件,可以看到通道面板中会自动生成四个通道:RGB 复合通道以及红、绿、蓝的颜色通道,通过创建,又可以生成 Alpha 通道和专色通道,见图 12-1。

1. 面板按钮

通道面板的下方有四个按钮 ，分别代表"将通道作为选区载入" 、"将选区存储为通道" 、"创建新通道" 和"删除当前通道" 。

2. 更多操作选项

单击通道面板右上角的 标记将拉开更多通道操作选项(见图 12-2),所有这些按钮和选项我们将在不同的主题学习中加以了解。

3. 显示或隐藏通道

每个通道左边有表示通道是否显示的眼睛,单击眼睛可显示或隐藏该通道。我们可以通过不同通道的显示组合来查看图像的各个侧面信息。

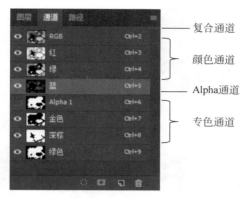
图 12-1　通道面板

图 12-2　更多通道操作

4. 快速选择通道

可以通过通道面板实现各个通道的出现与消失,在这之前需要先选择通道。

按 Ctrl＋数字键可以快速选择通道。在 RGB 图像中,按 Ctrl＋2 回到复合通道;按 Ctrl＋3 选择红通道;按 Ctrl＋4 选择绿通道;按 Ctrl＋5 选择蓝通道;如果蓝通道下面还有 Alpha 通道,按 Ctrl＋6 选择该 Alpha 通道;如果 Alpha 通道不止一个,将数字 6 依次递增,与 Ctrl 组成快捷键进行选择。

5. 复制通道

复合通道不能被复制,其他通道都能够被复制。将一个通道拖动到面板底部的新建按钮  上,可以复制该通道。

6. 删除通道

将一个通道拖动到面板底部的删除按钮 🗑 上,可以删除该通道。复合通道不能被复制,也不能删除,颜色通道也不能随意删除,如果颜色通道被删除了,图像就会自动转换为多通道模式。

12.1.3　编辑通道内容

编辑通道之前需要先单击选择一个通道,对指定通道内容的编辑可以参见前期所学的针对像素操作的知识,凡是能够操作图像的功能在对通道的编辑中都可以应用。

12.2　颜 色 通 道

颜色通道是在打开新图像时自动创建的,保存了图像颜色的基本信息。图像的颜色模式决定了所创建的颜色通道的数目。RGB 图像的每种颜色(红色、绿色和蓝色)都有独立的通道,并且还有一个用于编辑图像的复合通道。CMYK 图像显示青色、洋红、黄色、黑色和一个复合通道。Lab 图像包含明度、a、b 和一个复合通道。

计算机屏幕上的所有颜色,都由红色、绿色和蓝色三种颜色按照不同的比例混合而成。下面以一幅绿色背景下红色花朵的 RGB 图像(见图 12-3)为例,来仔细观察每个通道。

12.2.1　分色通道

分别单击红、绿和蓝色通道,在图像区域将看到三幅不同的图片,见图 12-4(a)、(b)和(c)。

图 12-3　绿色背景下的红色花朵

(a) 红色通道　　　　　　(b) 绿色通道　　　　　　(c) 蓝色通道

图 12-4　颜色通道

12.2.2　颜色通道的灰度含义

每个颜色通道都表现为一幅灰度图,就是该颜色的分布情况图。灰度图中的黑白对应着该色光的明暗,纯白的区域中该色光最强,纯黑的区域中没有该色光。

1. 红色通道

红通道的图像中间的花朵部分接近纯白,说明这里红光很强,看原图也正好对应了大红的花朵。

2. 绿色通道

绿通道的花朵部分较黑,花朵以外(背景)是比较亮的灰色,说明背景部分绿光较强,花朵基本不含绿色。

3. 蓝色通道

最后观察蓝通道,整体靠近黑色,说明整幅图片蓝光很弱,或者说蓝色成分很低。

12.2.3　直方图显示通道中的颜色分布

要查看每个通道的颜色在图像中的分布,可以使用直方图面板,单击"窗口"→"直方图",并选择其中的"通道"为"颜色"视图,将看到用颜色显示的三个颜色通道的分布,见图 12-5。

12.2.4　操作颜色通道

我们可以应用前期所学所有的知识来对单一通道进行操作,以达到分色处理的效果。例如对图 12-4(b)应用"图像"→"调整"→"色阶"操作,见图 12-6(a),将得到

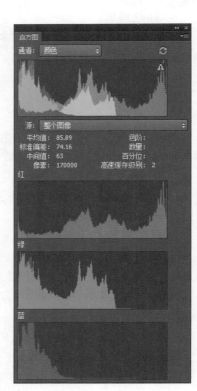

图 12-5　颜色通道直方图

图 12-6(b)的效果,我们得到了具有更纯粹绿色的背景。

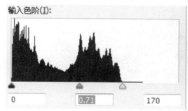 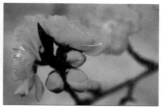

(a) 调整"绿通道"的"色阶"   (b) 修改后的图像

图 12-6   操作颜色通道

12.2.5   混合颜色通道

每个颜色通道在复合图像中所占的比例,可以通过"通道混合器"来调整。在图层面板中选择要调整的图层,且在通道面板中选择"复合通道",单击"图像"→"调整"→"通道混合器",将弹出如图 12-7 所示的"通道混合器"面板。

我们可以分别调整各个颜色分量在整体中所占的比例。下面我们调整红色通道,将红色由+100%降低到+50%,绿色中的红色由 0%增加到+100%,蓝色中的红色由 0%增加到+50%,得到黄色背景(绿+红)的低调(红色降低)图像,见图 12-8。

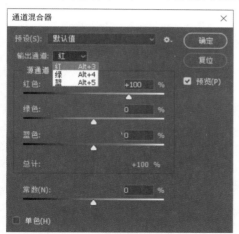   

图 12-7   通道混合器   图 12-8   改变图像基调

12.3   专 色 通 道

专色是用户自行调色的预混油墨,用于替代或补充印刷色油墨,如金色、银色油墨或荧光油墨,以得到特别的印刷效果。专色通道是一种特殊的颜色通道,它可以使用除了青色、洋红、黄色、黑色以外的颜色来绘制图像。

下面我们通过实例来认识专色通道。

12.3.1   创建专色通道

新建一个空白图像后,切换到通道面板,单击右上角的 ▤ 标记,选择"新建专色通道",

弹出如图 12-9 所示的对话框。

图 12-9　新建专色通道

（1）名称，用户为某个颜色取的名字，一般情况下名称要和颜色对应。

（2）油墨特性，包含两个分量：颜色为印刷时的油墨色，可通过单击色标在弹出的拾色器中选取；密度代表油墨的浓度，达到 100％时油墨将完全不透明覆盖，降低密度可以使油墨有一定透明度。

12.3.2　编辑专色通道内容

"金色"通道刚创建时是一片空白，表示目前还没有添加油墨，我们试着添加一点内容：选择文字工具 **T** 写几个字，再选择形状工具画一个太阳，得到如图 12-10 所示的效果。

图 12-10　编辑后的专色通道

在通道面板中，专色通道的图标表现为黑白灰，绘制时"前/背景"色也只能够表现为灰度色系，表示每一个专色通道只有该专色一种颜色。黑色代表该专色的油墨区域，白色代表没有油墨（透明），灰色代表比较淡的油墨。

重复上面的方法，再创建"绿色"和"紫色"两个专色通道，见图 12-11。

图 12-11　三个专色通道

12.3.3　专色通道叠加

在油墨压印时上层专色先被印刷，下层专色通道后被印刷，因此显示时下层通道将覆盖上层通道。要改变通道顺序，直接拖动对应的通道到指定位置。图 12-12 为调整顺序以后的效果。

图 12-12　专色通道叠加

12.3.4 修改专色通道参数

如果对专色通道的油墨颜色和密度不满意，可以再次修改。选择通道后，单击右上角的  标记，在弹出的选项中选择"通道选项"可以再次修改其属性。我们重新调整油墨颜色并重命名为"橘红"（见图 12-13），得到如图 12-14 所示的效果。

图 12-13　重新调整专色通道属性

图 12-14　改变油墨颜色后的效果

需要注意的是，改变通道的名称并不能直接改变该通道的油墨颜色，要改变颜色必须单击颜色图标并用拾色器选取。所以当我们看到一个名叫"金色"的"橘红"专色通道时，就不会奇怪了。

12.3.5 合并专色通道

如果需要将专色通道内容转换为标准的 RGB 或 CMYK 颜色模式，可以将它们合并到标准颜色通道中。选择"通道"面板中的一个或者多个专色通道，单击右上角的 标记，在弹出的选项中选择"合并专色通道"，被选择的专色通道将被删除，取而代之的是标准的颜色通道。图 12-15 中我们选择了"绿色"通道合并，合并后 RGB 的标准通道上显示了专色通道的内容。

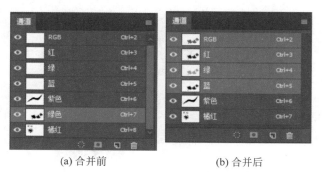

(a) 合并前　　　　　　　　(b) 合并后

图 12-15　合并专色通道

12.4　Alpha 通道

Alpha 通道是用来记录图像透明度信息的通道，它用 256 级灰度来记录图像中的透明度信息，用白色表示不透明区域，黑色表示透明区域，灰色表示半透明区域。正是 Alpha 通道的这个特点，我们很容易将 Alpha 通道和选区及蒙版联系到一起。

12.4.1 创建 Alpha 通道

以图 12-16 为例来说明 Alpha 通道。

1. 创建新通道

切换到"通道面板",单击其下方的"创建新通道"按钮  就可以直接创建一个名为"Alpha n"的通道,该通道显示为全黑,表示完全透明。

2. 编辑通道内容

关闭所有颜色通道,选择刚刚建立的 Alpha 通道,试着在新建的通道上画点什么,见图 12-17。

图 12-16　打开的图像

图 12-17　一个 Alpha 通道

3. 显示通道效果

显示所有颜色通道,同时显示"Alpha1"通道,效果见图 12-18。

图 12-18　Alpha 通道的遮盖作用

我们看到 Alpha 通道并不会在图像上显示黑白灰颜色,它的作用只是遮盖,黑色区域被遮上了红色表示遮盖,白色区域表示不遮盖。

12.4.2 Alpha 通道创建选区

选定 Alpha 通道,单击通道面板下方的"将通道作为选区载入"按钮 ,得到该通道所对应的选区,见图 12-19(a),让该通道不显示(关闭眼睛),便可以操作选区了,此时我们用选区蒙版抠图,见图 12-19(b)。

前期学过的路径也可以变为选区,看起来似乎与通道变为选区的差别不大,其实它们有根本的区别:路径存储的是边缘,Alpha 通道存储的是区域透明度,因此 Alpha 通道是无损存储选区。图 12-19(b)中,Alpha 通道上浅灰色的鱼形图案,对应了抠图得到的半透明区域。

(a) 创建选区　　　　　　　　　　(b) 选区抠图

图 12-19　将通道作为选区载入

12.4.3　将选区存储为通道

如果我们已经创建了某些特定选区,见图 12-20(a),想保存下来,只要切换到通道面板,单击"将选区存储为通道"按钮 ▣,通道面板上将存储一个新的 Alpha 通道,见图 12-20(b)中的 Alpha2。

(a) 创建选区　　　　　　　　　(b) 选区存储为通道

图 12-20　将选区存储为通道

12.4.4　蒙版与 Alpha 蒙版通道

为了不破坏原图,我们应用选区抠图时都直接采用蒙版抠图。

1. Alpha 蒙版通道

切换到图层面板,在图 12-20(a)已有的选区上应用蒙版(单击图层面板的 ▣ 按钮),图层面板上有对应的蒙版区域(图层 0),通道面板上自动生成和该图层相关的 Alpha 蒙版通道(图层 0 蒙版),见图 12-21。

图 12-21　蒙版与 Alpha 通道

既然蒙版就是存储于通道面板的一个 Alpha 通道,而修改通道内容又易如反掌,因此修改蒙版内容就变得很容易了。

2. 新选区存储到 Alpha 通道

如果要将新的选区加入 Alpha 通道,可以在绘制好选区以后单击"选择"→"存储选区",弹出"存储选区"面板,见图 12-22。

(1)文档,为要载入选区的图像名称。

(2)通道,下拉可以看见该图像所存储的每个 Alpha 通道(蒙版也属于 Alpha 通道)。

(3)操作,表示新选区与 Alpha 通道上显示区域的关系,"新建通道"表示生成一个新的 Alpha 通道,其他选项(添加到选区、从选区中减去和与选区交叉)表示直接在已有的 Alpha 通道上修改。

图 12-23 表示新建的一个选区,通过"存储选区"将新选区存入通道"图层 0 蒙版"并应用"添加到通道"操作以后,得到的蒙版效果。

图 12-22 存储选区面板   图 12-23 存储选区效果

3. Alpha 通道载入到选区

对于已有选区,如果想将某个 Alpha 通道上的区域加入,单击"选择"→"载入选区",弹出"载入选区"面板,我们可以将指定图像上的指定 Alpha 通道中的内容和当前选区叠加操作。

12.4.5 将颜色通道复制为 Alpha 通道

选择一个颜色通道,在通道面板上将其直接拖动到"创建新通道"按钮 上,将得到该颜色的副本通道(如"蓝 副本"),这个副本通道其实就是一个 Alpha 通道,我们可以利用这一特点实现各种不规则抠图。以图 12-24(a)为例来进一步说明。

1. 复制颜色通道

我们想保存三个选区:红花区域、花梗区域和背景区域。复制绿通道得到"绿 副本",见图 12-24(b);复制红通道得到"红 副本",见图 12-24(c),两个副本通道都是 Alpha 通道。

2. 修改 Alpha 通道

选择通道"绿 副本",应用"减淡工具组"来"减淡"高光且"加深"阴影,直到得到黑色花朵的图像,见图 12-25(a);选择"红 副本",突出花梗区域,见图 12-25(b);复制"绿 副本"得到"绿 副本 2",单击"图像"→"调整"→"反相",得到黑色背景图,见图 12-25(c)。

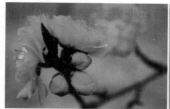
(a) 原图

(b) 绿 副本

(c) 红 副本

图 12-24　将颜色通道复制为 Alpha 通道

(a) 突出花朵(绿 副本1)

(b) 突出花梗(红 副本)

(c) 突出背景(绿 副本2)

图 12-25　修改 Alpha 通道

12.4.6　将 Alpha 通道转换为专色通道

可以直接将 Alpha 通道转换为专色通道,选定一个 Alpha 通道后,单击通道面板右上角的 ▤ 按钮,选择"通道选项"后,在弹出的面板(见图 12-26)中的"色彩指示"项选择"专色",并指定专色油墨及其密度,原有的 Alpha 通道消失,一个对应的专色通道产生。

将图 12-25(a)(绿 副本)转换为"金色"专色通道(颜色 ffc000、密度 100%),图 12-25(b)(红副本)转换为"深棕"专色通道(颜色 392402、密度 80%),图 12-25(c)(绿 副本 2)转换为"绿色"专色通道(颜色 035f09、密度 80%)。关闭所有颜色通道后,只显示三个专色通道的效果见图 12-27。

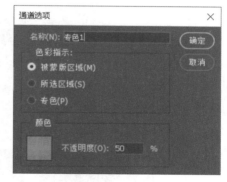
图 12-26　将 Alpha 通道转换为专色通道

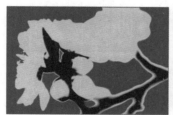

图 12-27　专色通道效果

12.4.7　Alpha 通道应用

Alpha 通道的亮度代表图像的透明度,利用通道亮度的反差进行抠图,这就是所谓的通道抠图。

1. 通道抠图之毛发

对于边缘整齐、色彩对比强烈的图片，可以使用快速选择工具或路径等工具进行抠图处理，可对于边缘不整齐的头发或动物的碎毛，用这些工具抠图的效果就不尽如人意了。这时，我们可以采用通道抠图。

抠图原理是利用通道的黑白原理，白色对应选择区域，黑色对应非选择区域。我们可以使用绘图工具或调色命令对通道进行编辑，使不需要的部分为黑色，要选取的部分为白色。再把编辑好的通道载入选区即可。

下面以一个实例(见图 12-28)来介绍详细过程，结果是将小狗从原图中抠出来放到背景中去。

(a) 小狗　　　　　　　　　　　(b) 背景

图 12-28　原图和背景

(1) 基础准备。

打开素材文件，为了不破坏原始图像，先复制背景图层，生成一个图层副本，见图 12-29(a)；再切换到通道面板，观察红绿蓝三个通道，看哪个通道的黑白反差大，毛发的细节保留得最好；比较发现蓝色通道的反差最大，将蓝色通道复制，得到该通道的副本，见图 12-29(b)。

(a) 复制图层副本　　　　　　　(b) 复制得到Alpha通道

图 12-29　基础准备(复制图层＋复制蓝通道)

这里特别要注意的是，必须先通过复制得到蓝色通道的副本，而不能直接在蓝色通道上操作，否则会改变图像的颜色。

(2) 利用"色阶"调整加强黑白对比度。

在通道面板中选中"蓝 副本"，单击"图像"→"调整"→"色阶"，打开色阶对话框，见图 12-30(a)。我们一般直接拖动滑块或用黑白场调整图像的对比度，使背景最亮，碎毛发最清晰(黑的更黑,白的更白)。用黑场吸取最黑的部分,再用白场吸取背景的灰白处,使毛发的细节保留得更好一些。调整后的通道效果见图12-30(b)。

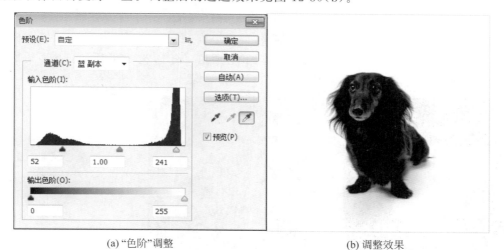

(a)"色阶"调整　　　　　　　　(b)调整效果

图12-30　调整色阶及效果

(3)白黑区域强化。

因为要显示小狗,因此小狗区域需要变成白色,还是在"蓝副本"通道,单击"图像"→"调整"→"反相"(或按快捷键 Ctrl+I),使图像颜色反相显示,见图12-31(a)。

(a)反相　　　　　　　(b)加深阴影　　　　　　　(c)填充白色

图12-31　强化黑白区域

此时狗的主体变白了,而背景部分变黑了,发现背景的右下方还有其他地方不够黑,需要用黑色画笔进行涂抹。涂抹要随时调整笔刷的大小,一定要耐心细致。狗的肚子的边缘是主体和背景的交界处,选择用"加深工具"来加深"阴影"。用加深工具的好处是,对暗部进行加深时对亮的部分没有什么影响,这样就不会涂抹到狗的身体上。用加深工具也要细致地涂抹多次才能达到效果,见图12-31(b)。

小狗主体部分依然有不全白的部分,需要填充白色。选中小狗的碎毛发以外的主体部分涂抹白色。或者将主体部分用套索选中,填充白色,见图12-31(c)。

(4)将碎发和边缘提亮润色。

我们发现狗的身体边缘和毛发边缘处是灰色,而灰色对应半透明的图像,因此需要调整这些灰色的部分,让它们尽量接近白色。选择"减淡工具"来减淡"高光",笔尖要柔和地涂抹小狗的身体边缘和毛发边缘。减淡工具的好处是，对亮部进行提亮时对暗的部分没有什么影响，这样就不会影响黑色的背景。最终的结果见图 12-32。

（5）载入选区。

单击通道面板下方的载入选区按钮 ▢，得到小狗（白色）选区。接着在通道面板中单击 RGB 切换到 RGB 复合通道，然后隐藏"蓝副本"通道，如图 12-33（a）所示。接着返回到图层面板，产生的选区如图 12-33（b）所示。

(a) 载入选区后回到RGB复合通道　　　　(b) 选中的小狗

图 12-32　通道最终效果　　　　　　　　　　图 12-33　载入选区

（6）合成图像。

在图层面板中，单击图层面板下方的添加图层蒙版按钮 ▢，用蒙版遮盖背景。将另一个背景文件打开，把带蒙版的小狗图层拖动复制到背景图像中，并让它处于背景图层的上方。大功告成，见图 12-34。

图 12-34　通道抠图之最终效果

2. 通道抠图之半透明纱

在通道里，黑色代表不能被载入选区，即透明，把背景涂成黑色，背景就是透明的；白色代表被载入选区，即不透明，如果我们想将图中的某部分内容抠下来，就在通道里将这一部分描成白色；灰色表示半透明，半透明的地方保持原来的灰度不变就可以了。编辑通道时让白的更白，黑的更黑，灰度保留，就可以选择带有半透明效果的图像。

下面以一个实例来介绍详细过程。原图的背景比较单调，我们想把人物从图像里抠出来换个背景，如果直接用快速选择工具或钢笔等工具抠图，人物头纱的绿色背景也会被选择并带入新图像，这是我们不想看到的。我们可以利用 Alpha 通道来抠取半透明效果的图像，例如头纱、水等。

下面以一个实例(见图 12-35)来介绍详细过程,结果是将人物从原图中抠出来放到背景中去。

(1) 基础准备。

打开素材文件,复制背景图层,生成图层副本,见图 12-36(a);切换到通道面板,观察红绿蓝三个通道,看哪个通道的婚纱与背景的反差大,婚纱的细节保留得最好。红色通道的反差最大,复制红通道产生副本,见图 12-36(b)。我们后面的操作都是针对"红 副本"通道的。

(a) 新娘　　　　(b) 背景

图 12-35　原图和背景

(a) 复制图层副本　　　　(b) 复制得到Alpha通道

图 12-36　基础准备(复制图层＋复制红通道)

(2) 填充背景。

观察通道,发现婚纱和背景的界限很分明,图像的上半部分背景要填充为全黑。我们利用钢笔工具或套索工具先创建选区再直接涂黑。用钢笔工具沿着人物边缘绘制路径,这里一定要耐心细致,边缘处尽量往里面靠一点;路径绘制成功后,将路径转换为选区,选中人物;然后单击"选择"→"反相"选中背景;按快捷键 Alt＋Delete,填充背景色到选区,见图 12-37。

(a) 沿人物边缘绘制路径　　　　(b) 用黑色填充背景选区

图 12-37　背景填充

(3) 填充主体。

因为白色是不透明,所以要将图像中不透明的地方涂成白色。在背景选区的基础上,单击"选择"→"反相"命令,将修改范围限制在主体上;然后将画笔调成柔性白色,沿着人体不透明的地方涂抹,边缘处应用较小的笔尖涂抹,剩余不透明的部分用较大笔尖全部涂成白色,透明的头纱部分一定不能涂抹,要保持半透明的灰色,效果见图 12-38。

（4）调整头纱透明度。

图 12-38 的"红 副本"通道中，头纱部分的颜色偏白，意味着不太透明，如果想让头纱的透明度更高，可以利用色阶（见图 12-39）修改头纱部分的灰度。将中间的灰色滑块往右边移，头纱部分的颜色变深，表示它的透明度增加。

图 12-38　主体涂抹白色后的"红 副本"通道　　　　图 12-39　"色阶"调整头纱的透明度

（5）载入选区。

单击通道面板下方的载入选区按钮 ▦ 得到人物选区，切换到 RGB 复合通道显示彩色人物，隐藏"红 副本"通道；切换到图层面板，产生的选区见图 12-40(a)；单击图层面板下方的"添加图层蒙版"按钮 ▣ ，这样人物就抠出来了，见图 12-40(b)。

(a) 人物选区　　　　　　　　　　(b) 蒙版抠图

图 12-40　用通道得到的选区

（6）合成图像。

将另一个背景文件打开，把带蒙版的人物图层用移动工具拖到这个文件中，并让它处于背景图层的上方,调整好背景大小和位置,结果图像是一位戴着透明头纱的处于新背景中的新娘(见图12-41)。

图 12-41 新背景中的头纱新娘

12.5 对通道的其他操作

接下来我们要了解关于通道的更多功能。

12.5.1 在同样大小的文档之间复制通道

通道的复制不仅局限于复制副本,在具有相同长宽像素的图像之间,可以通过"复制通道"对话框来实现通道的复制。在通道面板中先选择源图像的指定通道,右击该通道的名称,选择"复制通道",将弹出如图12-42所示的对话框。

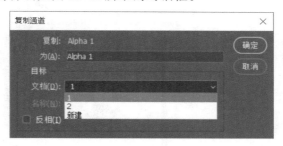

图 12-42 复制通道

(1)名称,"复制为"右边的对话栏中可以输入新的通道名称。

(2)目标文档,用来选择新通道的目的地,下拉列表列出了和"源文档"像素长宽一致的可选择文件,如果选择"新建"则表示复制而来的新通道被保存到一个新文档中。

(3)反相,勾选"反相"得到的新通道和源通道黑白相反。

12.5.2 在不同大小的文档之间复制通道

要在不同大小的文档之间复制通道,可以采用拖动通道的办法。以图12-43为例,我们要将文档"1.psd(300 * 400 像素)"中的"Alpha1"通道复制到文档"2.psd(400 * 300 像素)"中,在两个文档独立窗口显示的状态下,先切换到源文档"1.psd"的通道面板,单击拖动

"Alpha1"通道到目标文档"2.psd"的窗口。

释放鼠标后在目标文档中将得到图 12-44 所示的同名通道。但是我们发现,由于两个文档大小不一致,新的通道被自动切割成目标文档的大小。

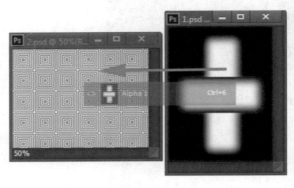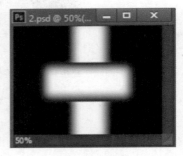

图 12-43　拖动通道实现跨文档复制　　　　　图 12-44　目标文档中的新通道

12.5.3　将通道分离为单独的图像

分离通道的目的是得到独立的通道图像,以图 12-45 所示的具有三个颜色通道(R、G、B)和两个专色通道(紫色、橘红)的图像为例来说明。

在通道面板上单击右上角的 ■ 标记,在弹出的选项中选择"分离通道",将得到带有通道名称的独立灰度图像,见图 12-46。

图 12-45　原图像具有 5 个通道　　　　　　　图 12-46　分离通道

12.5.4　合并通道

单独的灰度图像可以被合并到一个多通道文件中,创建为彩色图像。参与合并的灰度图像必须处于打开状态,并且具有相同的高度、宽度和分辨率。以图 12-47 中的 3 个不同灰度图为例来说明。

1. 合并通道

同时打开图 12-47 所示的三幅图,切换到其中任意一幅灰度图像的通道面板,单击面板右上角的 ■ 图标,在下拉列表中选择"合并通道",将弹出如图 12-48 所示的"合并通道"对话框。

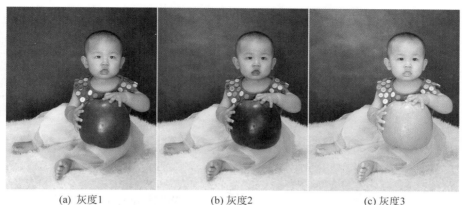

(a) 灰度1　　　　　　　(b) 灰度2　　　　　　　(c) 灰度3

图 12-47　三幅灰度图

（1）模式，用来决定合并的图像的颜色模式，RGB 模式需要三幅相同大小的灰度图，CMYK 模式需要 4 幅相同大小的灰度图，其他以此类推。

（2）通道，为模式所对应的通道数。

在"合并通道"对话框中单击"确定"按钮，将进入指定模式下的颜色对位。

2. 合并 RGB 通道

选择了"RGB"模式以后，将弹出图 12-49 所示的对话框。此时我们要指定每个通道所对应的灰度图。

图 12-48　"合并通道"对话框

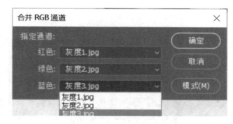

图 12-49　"合并 RGB 通道"对话框

指定灰度图时要注意灰度图所代表的颜色，指定不恰当将导致图像颜色偏差。图 12-50（a）

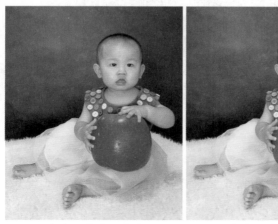

(a) 灰度1、灰度2、灰度3　　　　　(b) 灰度3、灰度2、灰度1

图 12-50　合并 RGB 通道的效果

中的"灰度 1.jpg"对应红色通道、"灰度 2.jpg"对应绿色通道、"灰度 3.jpg"对应蓝色通道；图 12-50(b)中的"灰度 3.jpg"对应红色通道、"灰度 2.jpg"对应绿色通道、"灰度 1.jpg"对应蓝色通道。显然第二种情况的颜色通道对应更合理。

12.6 综合实例

本例将背景单一的婚纱照合成为一幅出水芙蓉的图像。原图有人物、荷花和蝴蝶(见图 12-51)，以及水面和荷叶背景(见图 12-52)。

图 12-51 人物、荷花和蝴蝶

图 12-52 水面和荷叶背景

我们要将这些素材整合在一起，达到荷花环绕、蝴蝶飞舞的佳人出水的效果。

12.6.1 通道抠图

1. 抠人物

(1) 复制得到 Alpha 通道"绿 副本"。

打开人物图片，切换到通道面板，对比 RGB 三个通道，感觉绿通道和背景对比较强，复制绿通道为 Alpha 通道"绿 副本"，见图 12-53。

(2) 头发区域。

在"绿 副本"通道中，先用套索将黑色头发大致选中，见图 12-54(a)；接着单击"选择"→"色彩范围"，在弹出的对话框中，用吸管选择头发颜色，见图 12-54(b)。这样一来，我们就得到头发的大致选区了。

(3) 填充头发区域。

进一步应用选择工具，将整个头发区域不断加选直到全部选中，选择油漆桶工具 ⬛，填

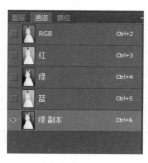

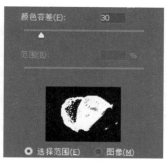

图 12-53　复制得到 Alpha 通道"绿 副本"

(a) 粗选头发区域　　　　(b) "色彩范围"选择头发区域

图 12-54　选择头发区域

充白色,见图 12-55(a);再用白色的"柔边缘"画笔涂抹头发和人物脸部交界处,见图 12-55(b),使之融合。

（4）加强黑白反差。

单击"图像"→"调整"→"色阶",在对话框中进行调整,见图 12-56。

(a) 填充白色　　　　　　(b) 交界区域融合

图 12-55　填充头发区域

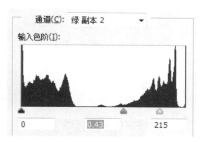

图 12-56　色阶调整

色阶调整后人物背景变成黑色,人物主体变成白色,见图 12-57(a);再用"画笔工具"和

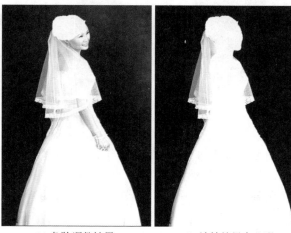

(a) 色阶调整结果　　　　　　(b) 涂抹使黑白分明

图 12-57　背景和主体颜色调整

"减淡加深"工具进一步将人物实体部分涂抹成全白,背景涂抹成全黑,见图 12-57(b)。注意不要涂抹头纱的部分,让它保持原有灰度效果。

（5）载入选区。

单击通道面板下方的载入选区按钮 ⬚ ，在图像中载入"绿 副本"通道的选区；显示 RGB 复合通道，同时隐藏"绿 副本"通道；切换到图层面板，在面板下方单击"添加图层蒙版"按钮 ▣ ，这样人物就抠出来了，见图 12-58。

2. 抠荷花、蝴蝶等

抠荷花和蝴蝶的方法与抠人物的方法类似，图 12-59 为抠出的荷花和蝴蝶。

图 12-58　抠出人物

图 12-59　抠出荷花和蝴蝶

3. 部分显示水面

将水面图层置于人物上方，创建蒙版并用灰度渐变填充，以显示半透明渐变水面，见图 12-60。

4. 拼接

调整图层顺序并移动各个图层对象，让各个对象处于合理的位置上，见图 12-61。

图 12-60　半透明渐变水面

图 12-61　拼接

12.6.2　调色与修饰

1. 人物调色

选择人物图层，单击图层面板下方的样式 *fx* 按钮创建"曲线"调整图层，在曲线属性对话框中选择"蓝"通道，然后调整曲线，见图 12-62(a)；将当前调整图层与下方的人物图层创建成一个剪贴蒙版组，使调整图层只影响人物图层，见图 12-62(b)。

2. 背景调色

选择荷叶"背景"图层，创建"色彩平衡"调整图层，对属性中的"中间调"色调加强青色、绿色和蓝色，效果见图 12-63。

(a) 曲线调整   (b) 剪贴蒙版

图 12-62   人物调色

图 12-63   背景调色

12.6.3 点缀修饰

　　最后给画面添加星光的效果。在所有图层最上方创建新图层,选择画笔工具的笔尖为"星形",在笔尖面板中勾选"形状动态""散布""平滑",使笔尖有散漫的效果,在画面中随意涂抹,添加闪闪的星光,最后的效果见图 12-64。

图 12-64   最后效果图

12.7 实 验 要 求

　　准备一些单独的动物、纱巾、花卉和风景照片,要求充分运用所学的通道知识,创作一幅"动物的婚礼"图像。

第 13 章 　　　　　　　　　滤　　镜

本章要学习滤镜的基础知识,并使用滤镜进行创作,产生特殊效果。

13.1　滤镜概述

滤镜的概念源于摄影领域安装在照相机前的滤光镜,这种镜头可以改变照片的拍摄方式,产生特殊的拍摄效果。

Photoshop 中的滤镜是可自由添加的外部插件,通过设计的像素运算改变图像像素位置和颜色来模仿滤镜片产生的效果。滤镜使用简单,能够生成绚丽的特效,是 Photoshop 中很有吸引力的功能之一。

13.1.1　基本概念

滤镜分为内置滤镜和外挂滤镜两大类。内置滤镜是 Photoshop 自身提供的各种滤镜,外挂滤镜是从外部载入的插件模块。

Photoshop 的滤镜家族中有一百多个成员,都在"滤镜"菜单里,如图 13-1 所示。其中,"滤镜库""液化""消失点"等是大型滤镜被单独列出,而其他大部分滤镜依据主要功能放在不同类别的滤镜组里。

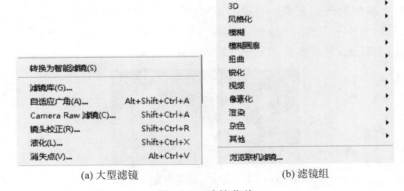

(a) 大型滤镜　　　　　　　　　　　　　　　(b) 滤镜组

图 13-1　滤镜菜单

13.1.2　使用滤镜

使用滤镜时,要注意以下几个规则。

(1) 滤镜只能作用于当前图层,不能同时处理多个图层,必须保证当前图层是可见的。

(2) 滤镜是对像素进行处理,故矢量图层(例如文字图层、形状图层等)不能直接应用滤镜,需要栅格化图层后再应用滤镜。

如果在图层中创建了选区,滤镜只作用于选区内的图像。如果未创建选区,则滤镜处理当前图层中的全部区域。

可以对图层蒙版和通道使用滤镜。

13.2　滤　镜　库

滤镜库集中了多种简单滤镜,这些滤镜既可以单独应用,也可以叠加应用。

13.2.1　滤镜库概览

打开一个图像后,选择当前图层,单击"滤镜"→"滤镜库",可以打开滤镜库对话框(见图 13-2)。在滤镜库对话框中,我们可以直观地查看滤镜效果,还可以重新排列滤镜并更改设置。

图 13-2　滤镜库对话框

1. 面板选项

(1) 预览区,在滤镜库对话框左侧,用来预览滤镜效果。

(2) 滤镜选择区,在滤镜库对话框中间包含可供选择的 6 组滤镜,单击其中一个即可应用该滤镜。

(3) 参数设置选项,在滤镜库对话框右上部,可以在这里调整滤镜参数以改变细节。

(4) 滤镜效果图层,在滤镜库对话框右下部,是滤镜库的一大亮点,正是有了它,用户才可以应用多个滤镜产生累积效果,并调整滤镜应用的顺序。

2. 堆叠应用

在滤镜库中选择一种滤镜后,该滤镜效果会出现在右下角的效果图层列表中(见图 13-3)。

(1) 新建效果图层按钮 ,单击后可以添加一个滤镜效果图层。默认添加的是跟前一次相同的滤镜效果,可以在滤镜组中单击要应用的新的滤镜名称,当前选中的滤镜被修

图 13-3　滤镜效果图层列表

改为新滤镜。

（2）删除效果图层按钮 ，单击后可以删除当前的滤镜效果图层，从而删除已应用的滤镜。

（3）重新排序，滤镜效果图层列表中的滤镜顺序不同，最终的效果也不同。在效果图层列表里上下拖动滤镜效果图层，可以调整滤镜堆叠的顺序。

13.2.2　风格化

"风格化"滤镜组唯一的滤镜为"照亮边缘"，它可以突出图像的边缘，并向其添加类似霓虹灯的光亮，效果见图 13-4。

原图　　　　　　　　　　　效果图

图 13-4　照亮边缘

"照亮边缘"有"边缘宽度""边缘亮度""平滑度"三个参数可供设置。

（1）边缘宽度，用来设置发光轮廓线的宽度。值越大，发光边缘的宽度就越大。

（2）边缘亮度，用来设置发光轮廓线的发光强度。值越大，发光边缘的亮度就越大。

（3）平滑度，用来设置发光轮廓线的柔和程度。值越大，边缘越柔和。

13.2.3　画笔描边

滤镜库中的"画笔描边"滤镜组的作用是使用不同的画笔和油墨进行图像边缘的勾勒，从而表现出绘画效果的外观。画笔描边滤镜组中包括 8 种滤镜，可以添加绘画、颗粒、边缘细节等效果。单击"滤镜"→"滤镜库"，打开"画笔描边"滤镜组，见图 13-5。

下面以图 13-6 为例，观察各种滤镜效果。

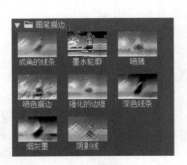

图 13-5　画笔描边滤镜组

图 13-6　原图

1. 成角的线条

"成角的线条"使用对角描边重新绘制图像，用相反方向的线条来绘制亮部区域和暗部区域。图 13-7 为其参数选项和应用效果。

图 13-7　"成角的线条"参数选项

（1）方向平衡，设置两个方向对角线所占的比例。

（2）描边长度，设置对角线的长度。

（3）锐化程度，设置对角线条的清晰程度。

2．墨水轮廓

"墨水轮廓"以钢笔画的风格，用纤细的线条在图像上描绘图像边缘线区域。图 13-8 为其参数选项和应用效果。

图 13-8　墨水轮廓

（1）描边长度，设置图像中生成的线条的长度。

（2）深色强度，设置线条阴影强度，数值越高，图像越暗。

（3）光照强度，设置线条高光强度，数值越高，图像越亮。

3．喷溅

"喷溅"让不同颜色溶解扩张穿插，模拟喷枪绘图。图 13-9 为其参数选项和应用效果。

图 13-9　喷溅

（1）喷色半径，不同颜色的扩张区域，数值越高颜色越分散。

（2）平滑度，确定喷射效果的平滑程度。

4. 喷色描边

"喷色描边"使用图像的主色,用成角的、喷溅的颜色线条来绘制图像边缘。图 13-10 为其参数选项和应用效果。

图 13-10　喷色描边

(1) 描边长度,设置笔触的长度。

(2) 喷色半径,控制喷洒的范围。

(3) 描边方向,设置线条的方向。

5. 强化的边缘

"强化的边缘"将图像边缘进行强化处理,设置较高的边缘亮度时,将增大边界的亮度,强化效果类似白色粉笔;设置较低的边缘亮度时,将降低边界的亮度,强化效果类似黑色油墨。图 13-11 为其参数选项和应用效果。

图 13-11　强化的边缘

(1) 边缘宽度,设置边缘绘制线的宽度。

(2) 边缘亮度,设置边缘绘制线的亮度。

(3) 平滑度,设置边缘的平滑程度。

6. 深色线条

"深色线条"使用短的、紧密的深色线条绘制暗部区域,使用长的白色线条绘制亮部区域。参数选项及应用效果见图 13-12。

(1) 平衡,设置线条的方向。当值为 0 时,线条从左上方向右下方倾斜绘制;当值为 10 时,线条方向从右上方向左下方倾斜绘制;当值为 5 时,两个方向的线条数量相等。

(2) 黑色强度,设置图像中黑色线条的颜色显示强度。值越大,绘制暗色区的线条颜色越黑。

(3) 白色强度,设置图像中白色线条的颜色显示强度。值越大,绘制浅色区的线条颜色越白。

图 13-12　深色线条

7. 烟灰墨

"烟灰墨"滤镜模拟用蘸满黑色油墨的湿画笔在宣纸上绘画，从而产生柔和的模糊边缘的效果。参数选项及应用效果如图 13-13 所示。

图 13-13　烟灰墨

（1）描边宽度，设置笔画的宽度。值越小，线条越细，图像越清晰。

（2）描边压力，设置画笔在绘画时的压力。值越大，图像中产生的黑色就越多。

（3）对比度，设置图像中亮区与暗区之间的对比度。值越大，图像的对比度越强烈。

8. 阴影线

"阴影线"使用模拟的铅笔阴影线添加纹理，保留原始图像的细节和特征，并使彩色区域的边缘变粗糙。参数选项及应用效果如图 13-14 所示。

图 13-14　阴影线

（1）描边长度，设置图像中描边线条的长度。值越大，描边线条就越长。

（2）锐化程度，设置描边线条的清晰程度。值越大，描边线条越清晰。

（3）强度，设置生成阴影线的数量。值越大，阴影线的数量也越多。

13.2.4　扭曲

"扭曲"滤镜组的功能是对图像的像素进行移动和缩放，从而使图像产生各种扭曲变形。

"扭曲"滤镜组见图 13-15。我们以图 13-16 中的窗口区域(选区)来了解扭曲的应用。

图 13-15　扭曲组

图 13-16　原图

1．玻璃

"玻璃"产生细小的波纹,使图像就像是隔着玻璃看一样。参数"纹理"包括块状、画布、磨砂、小镜头 4 种,分别设置相应的扭曲,从而产生对应的效果。参数选项和应用效果见图 13-17。

图 13-17　玻璃

2．海洋波纹

"海洋波纹"产生的波纹细小,边缘有较多抖动,使图像看起来就像是在海水下面。可以调整参数"波纹大小"和"波纹幅度"控制波纹的大小和幅度。参数选项和应用效果如图 13-18 所示。

图 13-18　海洋波纹

3．扩散亮光

"扩散亮光"可以在图像中添加白色杂色,并从图像中心向外渐隐亮光,使其产生一种光芒漫射的效果。参数选项和应用效果如图 13-19 所示。

图 13-19　扩散亮光

13.2.5　素描

"素描"滤镜组常用来模拟素描等艺术效果或手绘外观。几乎所有的素描滤镜都使用前景色和背景色重绘图像。"素描"滤镜组见图 13-20。

把前景色设置为白色,背景色设置为黑色,下面对图 13-21 分别应用这些滤镜。

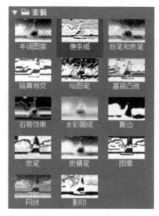

图 13-20　素描组

图 13-21　原图

1. 半调图案

"半调图案"模拟半调网屏的效果,且保持连续的色调范围。使用前景色和背景色将图像处理为带有圆形、网点或直线形状的效果。"图案类型"参数包括三种图案类型:圆形、网点和直线。参数选项和应用效果见图 13-22。

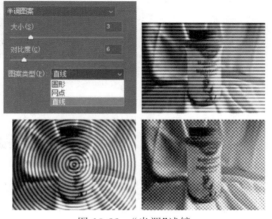

图 13-22　"半调"滤镜

2. 便条纸

"便条纸"可以使图像产生类似浮雕的凹陷压印效果,创建类似用手工制作的纸张图像,参数选项和应用效果如图 13-23 所示。

图 13-23　便条纸

3. 粉笔和炭笔

使用"粉笔和炭笔"重新绘制高光和中间调,并使用粗糙粉笔绘制纯中间调的灰色背景;阴影区域用黑色对角炭笔线条替换,炭笔用前景色绘制,粉笔用背景色绘制,参数选项和应用效果如图 13-24 所示。

图 13-24　粉笔和炭笔

4. 绘图笔

"绘图笔"使用细的、具有方向的线状油墨描边来捕捉原图像中的细节,前景色作为油墨,背景色作为纸张,以替换原图像中的颜色。参数选项和应用效果如图 13-25 所示。

图 13-25　绘图笔

5. 基底凸现

"基底凸现"可以变换图像,使之呈现浮雕的雕刻状和突出光照下变化各异的表面;图像的暗区将呈现前景色,而浅色使用背景色。参数选项和应用效果如图 13-26 所示。

6. 石膏效果

"石膏效果"使用前景色和背景色为结果图像着色,让亮区凹陷,暗区凸出,从而形成三维的石膏效果。参数选项和应用效果如图 13-27 所示。

图 13-26　基底凸现

图 13-27　石膏效果

7. 水彩画纸

"水彩画纸"是素描滤镜组中唯一能够保留原图像颜色的滤镜,产生类似在纸上涂抹的效果。参数选项和应用效果如图 13-28 所示。

图 13-28　水彩画纸

8. 撕边

"撕边"是用前景色和背景色重绘图像,并用粗糙的颜色边缘模拟碎纸片的毛边效果。参数选项和应用效果如图 13-29 所示。

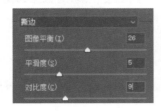

图 13-29　撕边

9. 炭笔

"炭笔"产生色调分离的涂抹效果,图像的主要边缘以粗线条绘制,而中间色调用对角描边进行素描,炭笔是前景色,背景色是纸张颜色。参数选项和应用效果如图 13-30 所示。

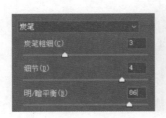

图 13-30　炭笔

10. 炭精笔

"炭精笔"在图像上模拟浓黑和纯白的炭精笔纹理,暗区使用前景色,亮区使用背景色。参数选项和应用效果如图 13-31 所示。

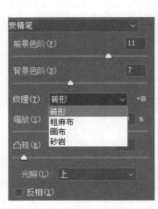

图 13-31　炭精笔

11. 图章

"图章"可以简化图像,使之看起来就像是用橡皮或木质图章创建的一样。图章边缘部分使用前景色,其他部分使用背景色,参数选项和应用效果如图 13-32 所示。

图 13-32　图章

12. 网状

"网状"模拟胶片乳胶的可控收缩和扭曲来创建图像,阴影部分呈结块状,高光呈轻微颗粒化。使用前景色替代暗区部分,背景色替代亮区部分。参数选项和应用效果如图 13-33 所示。

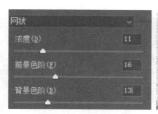

图 13-33　网状

13. 影印

"影印"模拟影印图像的效果,大的暗区趋向于只拷贝边缘四周,而中间色调要么纯黑色,要么纯白色。使用前景色勾画主要轮廓,其余部分使用背景色。参数选项和应用效果如图 13-34 所示。

图 13-34　影印

14. 铬黄渐变

"铬黄渐变"创建如擦亮的铬黄表面般的金属效果,亮部为高反射点,暗部为低反射点。铬黄渐变应用于黑色背景图片,可以产生特殊的玻璃效果。图 13-35 显示了制作玻璃方框的过程,先创建一幅透明图层,然后用黑白渐变菱形填充,见图 13-35(a);再对图 13-35(a)应用铬黄渐变(细节 3、平滑度 3),得到图 13-35(b);再复制图 13-35(b)并应用通道蒙版抠图,应用图像调整的"色彩平衡"将中间调加色,移动摆放后得到图 13-35(c)。

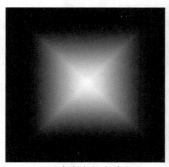

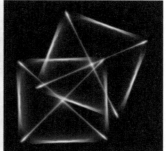

(a)黑白渐变径向填充　　　　　(b)铬黄渐变　　　　　(c)色彩平衡加色

图 13-35　铬黄渐变应用

13.2.6　纹理

"纹理"滤镜组的功能是给图像添加各种纹理效果,包含的滤镜如图 13-36(a)所示。以图 13-36(b)为例来查看纹理组的应用效果。

1. 龟裂缝

"龟裂缝"将图像制作出类似乌龟壳裂纹的效果,见图 13-37(a)。

(a) 纹理组   (b) 应用前原图

图 13-36 纹理组

(a) 龟裂纹   (b) 颗粒

(c) 马赛克拼贴   (d) 拼缀图

(e) 染色玻璃   (f) 纹理化

图 13-37 纹理应用

2. 颗粒

"颗粒"使用常规、软化、喷洒、结块、斑点等不同种类的颗粒在图像中添加纹理,见图 13-37(b)。

3. 马赛克拼贴

"马赛克拼贴"使图像分割成若干不规则的小块,从而产生马赛克拼贴效果,见图 13-37(c)。

4．拼缀图

"拼缀图"将图像分成规则排列的正方形块，每一个方块使用该区域的主色填充，见图 13-37(d)。

5．染色玻璃

"染色玻璃"将图像重新绘制为单色的相邻单元格，色块之间的缝隙用前景色填充，使图像看起来像是彩色玻璃，见图 13-37(e)。

6．纹理化

"纹理化"给图像添加纹理质感，见图 13-37(f)，"纹理"参数包括砖形、粗麻布、画布和砂岩 4 种效果。

13.2.7　艺术效果

"艺术效果"滤镜组的功能是模仿传统介质产生的效果，使图像呈现具有艺术特色的绘画效果。"艺术效果"滤镜组如图 13-38 所示，我们用图 13-39 为原图来观察该滤镜组的效果。

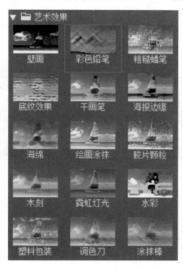

图 13-38　艺术效果组

图 13-39　"艺术效果"应用前的原图

1．壁画

"壁画"模拟使用小块的颜料绘制风格粗犷的图像，使图像产生壁画的效果。应用效果如图 13-40(a)所示。

2．彩色铅笔

"彩色铅笔"模拟彩色铅笔在背景上绘图的效果。应用效果如图 13-40(b)所示。

3．粗糙蜡笔

"粗糙蜡笔"在带纹理的背景上应用粉笔描边，在亮色区域，粉笔看上去很厚，几乎看不见纹理；在深色区域，粉笔似乎被擦去了，纹理就会显露出来。应用效果如图 13-40(c)所示。

4．底纹效果

"底纹效果"在带纹理的底纹上绘制图像的变化区域，模糊图像的平滑区域。效果如图 13-41(a)所示。

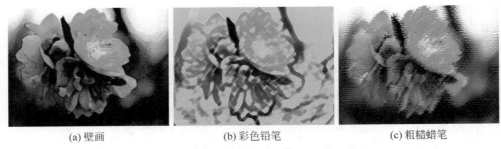

| (a) 壁画 | (b) 彩色铅笔 | (c) 粗糙蜡笔 |

图 13-40　"壁画""彩色铅笔"和"粗糙蜡笔"

5. 干画笔

"干画笔"模拟干毛刷技术,通过减少图像的颜色来简化图像的细节,使图像产生一种不饱和、不湿润的效果。干画笔效果介于油画和水彩画之间。应用效果如图 13-41(b)所示。

6. 海报边缘

"海报边缘"勾画出图像的边缘,并减少图像中的颜色数量、添加黑色阴影,使图像产生一种海报的边缘效果。应用效果如图 13-41(c)所示。

| (a) 底纹效果 | (b) 干画笔 | (c) 海报边缘 |

图 13-41　"底纹效果""干画笔""海报边缘"

7. 海绵

"海绵"创建对比颜色较强的纹理图像,使图像看上去好像用海绵绘制的一样。应用效果如图 13-42(a)所示。

8. 绘画涂抹

"绘画涂抹"使用简单、未处理光照、暗光、宽锐化、宽模糊和火花等不同类型的画笔创建绘画效果。应用效果如图 13-42(b)所示。

9. 胶片颗粒

"胶片颗粒"模拟图像的胶片颗粒效果。应用效果如图 13-42(c)所示。

| (a) 海绵 | (b) 绘画涂抹 | (c) 胶片颗粒 |

图 13-42　"海绵""绘画涂抹""胶片颗粒"

10. 木刻

"木刻"使图像看上去像是由雕刻木板配以彩色油墨拓印的,应用效果如图 13-43(a)所示。

11. 霓虹灯光

"霓虹灯光"在柔化图像外观时给图像一种光照颜色,在图像中产生彩色氛气灯照射效果,应用效果如图 13-43(b)所示。

12. 水彩

"水彩"是以模拟水彩的风格绘制图像,应用效果如图 13-43(c)所示。

(a) 木刻   (b) 霓虹灯光   (c) 水彩

图 13-43 "木刻""霓虹灯光""水彩"

13. 塑料包装

"塑料包装"能给图像表面增加强光效果,就像涂上一层光亮的塑料,以强调表面细节,应用效果如图 13-44(a)所示。

14. 调色刀

"调色刀"通过减少图像的细节以生成描绘得很淡的画布效果,并显示出下面的纹理,应用效果如图 13-44(b)所示。

15. 涂抹棒

"涂抹棒"通过使用较短的对角线条涂抹图像中的暗部区域,从而柔化图像,亮部区域会因变亮而丢失细节,使整个图像显示出涂抹扩散的效果,应用效果如图 13-44(c)所示。

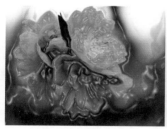 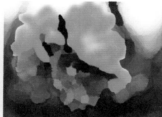 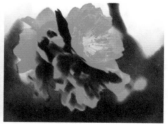

(a) 塑料包装   (b) 调色刀   (c) 涂抹棒

图 13-44 "塑料包装""调色刀""涂抹棒"

13.3 特 殊 滤 镜

特殊滤镜包括"消失点""自适应广角""镜头校正""液化"等滤镜。

13.3.1 消失点滤镜

"消失点"滤镜可以对包含透视平面的图像进行透视校正。利用消失点滤镜可以使物体在透视平面中与其他对象的透视保持一致,产生自然的立体效果。

打开素材文件,单击"滤镜"→"消失点",弹出的消失点对话框如图 13-45 所示。左边是工具栏,右边是预览图形的工作区。使用创建平面工具在图像上单击,定义平面的 4 个角点,进而得到一个蓝色的矩形网格图形,它就是透视平面。

图 13-45 "消失点"对话框

要想让"消失点"滤镜发挥正确作用,关键是创建正确的透视平面,之后的复制、修复等操作才能按照正确的透视方式发生扭曲。Photoshop 会给创建的透视平面网格赋予蓝色、黄色和红色,以示提醒。蓝色是有效透视平面,黄色和红色皆为无效透视平面。当网格颜色变为黄色或红色时,应该移动角点,使网格变为蓝色,再进行后续操作。

一般情况下,透视平面应该将编辑的图像涵盖,有时要将网格拉到画面外才能完全覆盖图像,这时就得先将窗口的比例调小,画布外的区域得到扩展后再操作。

1. 消失点工具

消失点对话框左边是工具栏,功能如下。

编辑平面工具 ▶:创建完平面后,工具会自动切换到编辑平面工具,可以利用它选择、编辑和移动平面。

创建平面工具 ⊞:应用消失点滤镜时,先要绘制透视网格,单击对象的四个角点,可以创建透视平面,还可以拖出新的平面。按 Backspace 键可以删除透视网格和不正确的平面角点。

选框工具 ▭:使用该工具可以在透视网格内绘制选区。

图章工具 ▣:在透视平面内,按住 Alt 键在平面上单击设置仿制源,然后在需要的地方涂抹仿制。

画笔工具 ：可以在透视网格内应用画笔。

变换工具 ：可以使用此工具对图像进行自由变换,如处于指定平面,变换遵循透视规则。

吸管工具 ：可以拾取图像中的颜色作为画笔工具的绘画颜色。

测量工具 ：可以在透视平面中测量项目的距离和角度。

缩放工具 /抓手工具 ：缩放工具用于缩放窗口的显示比例;抓手工具用于移动画面。

2. 实例

下面通过一个实例介绍消失点滤镜的使用方法。图 13-46 是一幅跨海大桥的图片,不足的是桥的栏杆出现了缺口,我们要用消失点滤镜来修补瑕疵。

（1）打开素材文件,在"跨海大桥"的图层上方复制创建新图层"跨海大桥 副本"。单击"滤镜"→"消失点",打开消失点对话框;在对话框左侧选择创建平面工具 ,绘制栏杆平面,见图 13-46。

图 13-46　创建平面

（2）在栏杆平面内使用选框工具 选择栏杆部分,应用快捷键 Ctrl+C 复制,Ctrl+V 粘贴选区并移至缺口位置,或者直接按住 Alt 键的同时用鼠标单击并拖曳选区内的图像,也可以完成复制选区内图像并粘贴的操作,见图 13-47。最后得到修复完成的图 13-48。

(a) 选择完整区域复制

(b) 粘贴并移至缺口位置

图 13-47　修复过程

13.3.2　自适应广角滤镜

对于摄影爱好者来说,拍摄时经常会用到广角镜头。广角镜头在拍摄照片时,在照片的边角位置会出现弯曲变形,即镜头畸变。自适应广角滤镜能够拉直全景图或使用广角和鱼眼镜头拍摄的照片中的弯曲线条。

图 13-48　修复完成

打开素材图片后，单击"滤镜"→"自适应广角"，打开"自适应广角"对话框，见图 13-49。

图 13-49 "自适应广角"对话框

1. 校正工具

对话框的左上角为工具栏，提供支线和平面校正。

（1）直线约束工具 ，用来将弧线段校正为直线。单击图像可以添加约束端点，形成约束线。按住 Shift 键单击可添加水平/垂直约束线；按住 Alt 键并把鼠标放在约束上，当出现一个剪刀的图标后可删除约束。

（2）多边形约束工具 ，用来将曲面校正为平面。单击图像绘制多边形的约束，单击起点完成约束。

（3）移动工具 ，用来在画布上移动图像。

抓手 和缩放 工具我们原本就熟悉，此处不再赘述。

2. 校正模式

校正模式有"鱼眼""透视""自动""完整球面"，用来直接对应引起畸变的原因，单击选择后系统将自动大致去除该种类型的畸变，用户再利用校正工具和参数进行微调。

3. 相机型号和镜头型号

若照片中包含完整的相机和镜头信息，可以选择校正模式为"自动"，此时系统将针对相机与镜头的缺陷直接自动校正。

4. 实例

下面以图 13-50 为例来说明，原图可以看到镜头不当引起的畸变，我们需要将其校正过来。

选择校正模式为"鱼眼"，照片立即自动去除部分鱼眼畸变，再单击左侧工具栏的约束工具 ，然后在画中有畸变的位置（楼梯边缘）画一条直线（约束线），这条线会自动沿着变形曲面计算广角畸变并纠正,图 13-51 中绘制了 4 条约束线后,畸变基本被校正。

图 13-50　原图

图 13-51　使用自适应广角纠正照片畸变

13.3.3　镜头校正滤镜

镜头校正滤镜可以修复照片中出现的扭曲、色差以及倾斜问题。单击"滤镜"→"镜头校正",弹出的镜头校正对话框见图 13-52。

图 13-52　"镜头校正"对话框

276

1. 扭曲校正工具

对话框的左侧是工具栏，我们需要熟悉的功能如下。

（1）移去扭曲工具 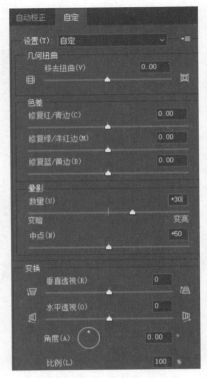，用来修正桶形失真和枕形失真。单击一个点向中心或脱离中心拖动以校正失真。

（2）拉直工具 ，通过绘制一条直线的方式重新确定横轴或纵轴。

（3）移动网格工具 ：用来移动对齐网格。

2. 颜色校正选项

对话框的右部为颜色校正区，选择"自动校正"便只能听从系统检测来校正；选择"自定"可以自己调整细节，见图 13-53。

3. 校正实例

下面以图 13-52 为例来了解校正效果。原图有两个问题，宝塔照斜了，照片外围有晕影。在原图上应用拉直工具 ，在宝塔下面的围墙上绘制一条直线，以确定水平基准，见图 13-54。

然后在"自定"中调整晕影，晕影数量朝"变亮"方向＋30，去除照片外围的暗色晕影。最后按"确定"按钮，得到校正后的效果见图 13-55。

图 13-53　"自定"校正

图 13-54　重新定义水平线

图 13-55　"镜头校正"效果

13.3.4　液化滤镜

液化滤镜可以对图像进行推拉、扭曲、旋转、收缩等变形操作，经常用在图像的修饰上，是修图的一个常用工具。

打开素材文件，单击"滤镜"→"液化"，弹出如图 13-56 所示的"液化"对话框。

1. 液化工具

左侧是工具栏，包括向前变形工具、重建工具、平滑工具、顺时针旋转扭曲工具、褶皱工具、膨胀工具、左推工具、冻结蒙版工具、解冻蒙版工具、脸部工具、抓手工具和缩放工具。

（1）向前变形工具 ，用来沿鼠标拖曳方向移动图像中的像素，得到变形的效果。

（2）重建工具 ，用来恢复图像，在变形区域拖动，可以将变形的区域恢复原貌。

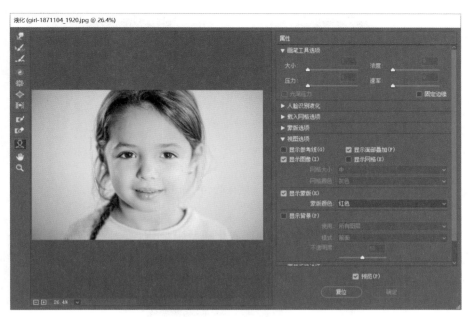

图 13-56　"液化"对话框

（3）平滑工具 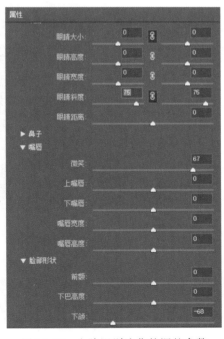，可以对扭曲效果进行平滑处理。

（4）顺时针旋转扭曲工具 ，可顺时针扭转像素，按 Alt 键操作可逆时针旋转。

（5）褶皱工具 ，使像素向画笔区域的中心移动，产生收缩效果。

（6）膨胀工具 ，和褶皱工具相反，使像素向中心以外的方向移动，产生膨胀效果。

（7）左推工具 ，可以使图像产生挤压变形的效果。

（8）冻结蒙版工具 和解冻蒙版工具 ，冻结蒙版工具涂抹的区域会被冻结，进行变形处理时，此区域会被保护起来不被修改。解冻蒙版工具解除冻结，使图像可以被编辑。

（9）脸部工具 ，自动识别照片中的人脸，显示相应的调整控件，对人像的五官进行调整，该工具的变形能力非常强。

右侧包括各类工具选项和人脸识别液化的控件，可以按需调整。

2．应用 1

打开女孩图片，单击"滤镜"→"液化"，在液化面板上选择脸部工具 ，系统自动识别出小女孩的脸，显示调整控件。调整"眼睛斜度"参数，调整嘴唇的"微笑"参数，调整脸部形状的"下颌"参数，最终，人脸识别液化的参数如图 13-57 所示。调整以后，女孩的眼睛形状更好看了，笑得更灿烂了，对比如图 13-58 所示。

图 13-57　人脸识别液化的调整参数

原图　　　　　　　　　　　　液化处理后

图 13-58　液化前后对比图

3. 应用 2

打开小猫图片，单击"滤镜"→"液化"，在液化面板上应用向前变形工具 推动小猫的嘴角使其有笑容，见图 13-59；然后应用褶皱工具 在小猫的眼睛上快速拖动，让其眼睛向斜上方收缩拉长，最后得到具有魅惑笑容的结果，对比见图 13-60。

图 13-59　向前变形工具推动小猫的嘴角

(a) 原图　　　　　　　　　　　(b) 液化处理后

图 13-60　液化前后对比图

13.4　风格化滤镜组

风格化滤镜组通过对图片边缘或者平滑区域的处理，产生夸张趣味的视觉效果。单击"滤镜"→"风格化"，将弹出如图 13-61 所示的菜单。

13.4.1 查找边缘

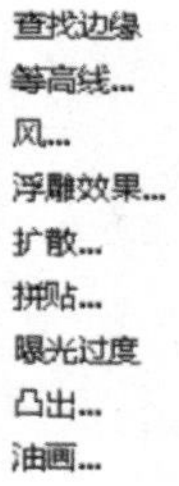

查找边缘
等高线
风...
浮雕效果...
扩散...
拼贴...
曝光过度
凸出...
油画...

"查找边缘"用黑色线条勾勒图像的色块边缘,用白色填充图像颜色均匀的区域。该滤镜不设参数,我们可以结合 Photoshop 的其他功能产生更多效果。图 13-62 左图为瓦罐原图,我们对其查找边缘以后,使用"图像"→"色阶"改变中间调为 0.33,便得到边缘更清晰的图片,再使用"图像"→"反相"可以获得黑底白边,再使用"图像"→"曝光度"改变曝光度为 +1.06 和灰度系数校正 0.13,最后得到瓦罐的清晰线条。

图 13-61　风格化

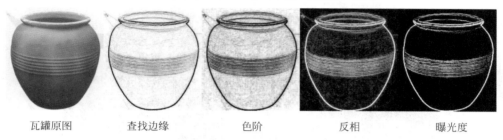

瓦罐原图　　　查找边缘　　　色阶　　　反相　　　曝光度

图 13-62　查找边缘

查找边缘获得的边缘是平面的,它无法刻画图像中颜色的深浅,于是我们需要使用等高线。

13.4.2 等高线

"等高线"用来刻画图像中颜色亮度的转变,亮度转变位置被线条记录,线条的颜色同时代表其所处的亮度。在等高线面板中,色阶为分界线,选择项"较低"表示线条将要在指定色阶以下的颜色范围产生;"较高"表示线条只在高于指定色阶的范围产生。使用这些选项时,需要反复试验,找出能够在图像中获得最佳细节的数值。比如图 13-63 中左边的花菜,用等高线处理,将色阶(此时色阶越大图像细节越多)设为177,选择"较高"将获得如图 13-63 右边所示的效果。

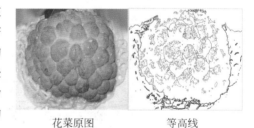

花菜原图　　　　　等高线

图 13-63　等高线

图 13-63 中,我们看到绿色部分的线条为蓝色和紫色,白色部分的线条为黄色和黑色,表示其颜色亮度不在相同高度水平。

13.4.3 风

"风"将图像中的彩色拉成细小的水平线,在使用风滤镜时,风的大小("风""大风""飓风")和方向("从右"和"从左")可以改变。

1. 风的效果

图 13-64 为"从左"吹的各种风,其中"飓风"表示其威力大,从原来的线条位置水平移到新的位置。

2. 风的应用

"风"除了字面意义的应用以外,还可以用来制作特殊效果,比如图 13-65 中的瓦罐线

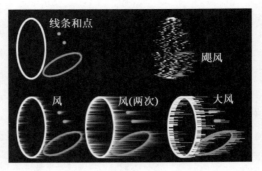

图 13-64　风

条,我们将其逆时针 90°旋转以后左右吹风,再顺时针旋转 90°复原,然后再左右吹风,得到边缘线条辉光效果。

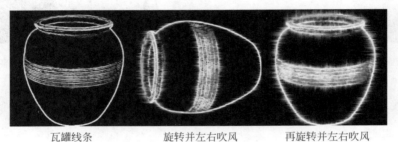

瓦罐线条　　　　　旋转并左右吹风　　　　再旋转并左右吹风

图 13-65　用"风"实现线条的辉光

13.4.4　浮雕效果

单击"浮雕效果"以后,在弹出的面板中设置角度(-360°～+360°)、高度和数量,使边缘产生高度所指定的位移,表现出凸起或者凹陷的效果,其余没有边缘的平面区域转换为灰色。图 13-66 为线条原图在角度-26°、高度 5 像素和数量 95％时的浮雕效果。

图 13-66　浮雕效果

13.4.5　扩散

"扩散"将不同颜色相互穿插,穿插模式有以下四种。

(1) 正常,不同颜色在边缘呈散粒状扩散。

(2) 变暗优先,暗色向亮色扩散。

(3) 变亮优先,亮色向暗色扩散。

（4）各向异性，两种颜色交界处渐变模糊。

图 13-67 为各种扩散模式的效果。

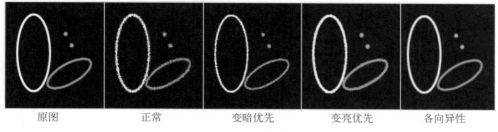

| 原图 | 正常 | 变暗优先 | 变亮优先 | 各向异性 |

图 13-67　扩散

13.4.6　拼贴

"拼贴"是将画面纵横分割成一系列正方形（方片），然后位移这些正方形，使图像看起来像是由方片拼贴起来的。拼贴面板见图 13-68。

（1）拼贴数，为纵向或者横向分割数，该数字代表短的边长上分割的数量。

（2）最大位移，表示方片移动距离。

图 13-68　"拼贴"面板

（3）填充空白区域，表示方片位移后留下的空白区域的填充内容，有"背景色""前景颜色""反相图像"，还有"未改变的图像"用来表示保留位移前的内容不留白。填充效果见图 13-69。

| 原图 | 背景色 | 前景颜色 | 反相图像 | 未改变的图像 |

图 13-69　拼贴效果

13.4.7　曝光过度

曝光过度可以使图像看起来像过度曝光的底片，颜色被混合上底片色并被加深。

13.4.8　凸出

"凸出"使平面变成立体，将图像变成凸出的方块或者金字塔形状，其面板如图 13-70 所示。

（1）类型，决定凸出形状，有正面方形的"块"和正面尖形底面方形的"金字塔"两种。

（2）大小，方形或者金字塔底边的长度。

（3）深度，形状凸起的高度，"随机"表示每个凸起高度在深度范围内随机，"基于色阶"

图 13-70　"凸出"面板

则凸起高度由颜色亮度决定，颜色越亮凸起越高。

（4）立方体正面，不勾选"立方体正面"保留原图正面，勾选则立方体正面取该块的平均色。

（5）蒙版不完整块，可以隐藏所有延伸出选区的对象。

图 13-71 为苦瓜图，从左至右分别为（a）原图、（b）块＋大小 50 像素＋深度 60＋随机、（c）块 50×60 随机正方体立面、（d）块 50×60 色阶正方体立面、（e）金字塔 80×80 随机和（f）金字塔 80×80 色阶。

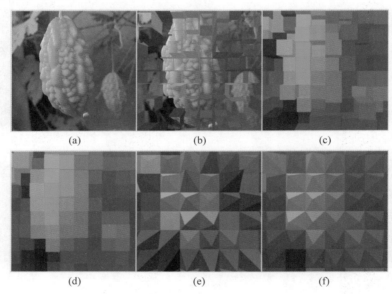

图 13-71　"凸出"应用

13.4.9　照亮边缘

"照亮边缘"在前面的"滤镜库"中已经学习过，下面对使用"凸出"滤镜后的苦瓜图片"e"应用照亮边缘，得到效果图 13-72。

13.4.10　油画

"油画"滤镜操作简单，可以快速让图像呈现油画效果。打开素材图片，单击"滤镜"→"风格

图 13-72　照亮边缘效果图

化"→"油画",弹出如图 13-73 所示的对话框。

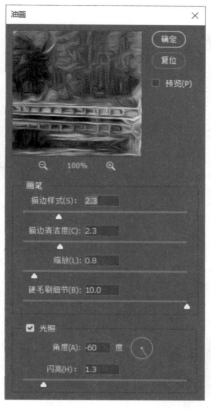

图 13-73　油画滤镜

(1) 描边样式,调整笔触的样式,样式化的数值在 0.1 至 10,数值越大,画笔描边的效果越明显。

(2) 描边清洁度,设置纹理的柔和程度。

(3) 缩放,设置画笔描边的比例。

(4) 硬毛刷细节,设置硬毛刷细节的数量,值越大,毛刷纹理越清晰。

(5) 角度,控制光照的方向。

(6) 闪亮,控制光照的强度,数值越大,光照效果越强,立体感也越强。

13.5　模糊滤镜组

模糊滤镜用来降低图像或图像区域的对比度,使图像看起来更加朦胧。我们可以利用该类滤镜来虚化次要区域,或者柔化过于锐利的区域。模糊滤镜存在于"模糊"和"模糊画廊"两个菜单项里,见图 13-74。

13.5.1　场景模糊、光圈模糊和移轴模糊

场景模糊、光圈模糊和移轴模糊可以用来设置模糊位置、模糊范围及模糊方向,并针对具体的位置参数来精准设置模糊量,使原本平淡的照片产生高级相机才有的景深调整、光圈

调整效果。

我们以图 13-75 为例来实现这几种模糊。

图 13-74　模糊滤镜　　　　　　　　　　　　图 13-75　红梅原图

单击"滤镜"→"模糊画廊"→"场景模糊"后会弹出设置面板,如图 13-76 所示,其左边还有预览窗口(此处未显示)。面板的上部为模糊选择,下部为模糊效果调整。

1. 场景模糊

场景模糊的效果类似于调整景深来聚焦和虚化,我们可以让焦点所在位置更清晰,让其他部分虚化。在模糊面板上勾选"场景模糊"复选框,用来对每个具体场景设置模糊量,场景由称为"钉子"的控制点指定,模糊程度用像素值来确定,预览窗口见图 13-77。

图 13-76　"场景模糊""光圈模糊""移轴模糊"面板　　　　图 13-77　"场景模糊"预览窗口

（1）钉子。

① 新建钉子，将鼠标移动到需要设置的位置单击，就会建立一个钉子。钉子有"当前钉子"和一般钉子，当前钉子是正在被操作的钉子。钉子可以设置多个，在没有钉子的地方单击将产生新的钉子，在有钉子的地方单击将使该钉子成为当前钉子。

② 移动钉子，只需要先使之成为当前钉子，再拖动它到正确的位置。

③ 删除钉子，要取消某个钉子，先选择该钉子，再按 Delete 键删除它。

（2）模糊程度。

选中当前钉子后，就可以调整场景模糊下方的模糊滑块，该滑块对应的像素值代表模糊的程度，像素值越大，模糊越重，当像素值为 0 时，完全不模糊。图 13-77 中我们将要清晰显示的红梅花部分上面的 4 个钉子模糊像素设置为 0，将其他部位模糊像素设置为 20，于是梅花以外的区域被虚化。

（3）完成模糊。

设置好每一个钉子的模糊之后，单击面板上方的"确定"按钮，本次场景模糊完成。

2. 光圈模糊

光圈模糊模仿调整镜头光圈（进光量）得出效果。单击"滤镜"→"模糊画廊"→"光圈模糊"以后，光圈模糊被勾选，我们依然可以通过设置钉子（控制点）的形式来确定模糊参数。预览窗口见图 13-78。

（1）钉子。

在需要设置参数的位置单击，将产生一个带有光圈的钉子，单击多次便有多个钉子。带有光圈的钉子为"当前钉子"，该钉子可以被移动或者删除。

图 13-78 "光圈模糊"预览窗口

（2）光圈。

光圈是圆形或椭圆形环，环内清晰环外模糊，光圈上的四个小点可以被拖动，以此来改变光圈的大小，一个菱形被用来调整椭圆弧度。

（3）模糊渐变。

光圈内的四个圆点为渐变端点，表示光圈外围模糊渐变到清晰的截止点，如果将圆点拖动到光圈上，则光圈内全部变成清晰。

（4）模糊程度。

模糊滑块对应的像素值代表模糊的程度，像素值越大，光圈外围模糊越重，当像素值为 0 时，外围完全不模糊。图 13-78 中我们设置了两个钉子（即两个光圈），模糊像素值均为 15，我们看到梅花及花苞被清晰显示，光圈外围被虚化。

（5）完成模糊。

设置好每一个光圈的模糊参数以后，单击面板上方的"确定"按钮，本次光圈模糊完成。

3. 移轴模糊

移轴摄影是一种利用移轴镜头拍摄的作品，照片效果就像是微缩模型一样。"移轴模糊"滤镜模仿移轴镜头实现某个倾斜范围内的清晰设定，就像移轴镜头角度转动一样。单击"滤镜"→"模糊画廊"→"移轴模糊"则"倾斜偏移"被勾选，同时其参数设置部分被显示（见图 13-79）。通过设置钉子（控制点）及其参数来设置偏移及模糊，预览窗口见图 13-80。

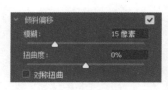 

图 13-79　倾斜偏移　　　　　　　　　图 13-80　倾斜偏移预览窗口

（1）新建钉子，在需要设置参数的位置单击，将产生一个带有四条平行线的钉子，单击多次便有多个钉子。带有平行线的钉子为"当前钉子"，该钉子可以被移动或者删除。

（2）靠外的虚线表示模糊的外边界，边界以外的区域模糊，边界以内的区域渐变清晰。虚线可以被移动。

（3）中间的实线是清晰的边界，靠内的区域清晰，靠外的区域模糊与清晰渐变。

（4）线条上的圆点 可被拖动和旋转，拖动可使其在虚线范围内平行移动，旋转则调整倾斜的角度。

（5）模糊滑块对应的像素值代表模糊的程度，像素值越大，虚线外围模糊越重，当像素值为 0 时，外围完全不模糊。图 13-80 中我们设置了两个钉子（即两个倾斜偏移控制点），模糊像素值均为 15，我们看到沿着树干的区域被清晰显示，实线到虚线之间渐变虚化，虚线外围完全虚化。

（6）设置好每一个倾斜偏移的模糊参数以后，单击面板上方的"确定"按钮，本次倾斜偏移完成。

13.5.2　表面模糊

"表面模糊"用于保留边缘同时模糊平滑区域。单击"滤镜"→"模糊"→"表面模糊"，将弹出其面板，见图 13-81。

1. 参数

（1）半径，代表每一个像素点被模糊改变时参与模糊运算的像素范围，范围越大受周围影响越大，范围越小受周围影响越小，当半径为 100 时，经过模糊整幅图像被蒙上了相似的调子，见图 13-82。

（2）阈值，用来确定参与模糊的色阶范围（及像素亮度差值），像素差在阈值以内的重点参与运算，在阈值以外的被排除。表现在效果上，阈值越小边界越清晰，越大边界越模糊。图 13-83 显示了不同阈值的模糊效果。

2. 应用

利用表面模糊参数，可以对图像的不同位置进行选择性模糊。比如图 13-84 中的原图，人像脸部不够光滑需要模糊处理（磨皮），但是我们又希望人像有清晰的头发，于是调整为小阈值以保护额头上的头发丝，再调整适当的半径，使脸部变光滑。

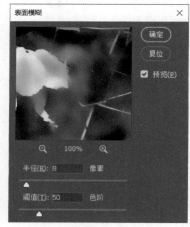

图 13-81　"表面模糊"面板

半径8 阈值50 半径100 阈值50

图 13-82　表面模糊的半径效果

半径8 阈值50 半径8 阈值150

图 13-83　表面模糊的阈值效果

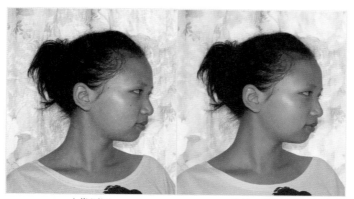

人像原图 半径8 阈值10

图 13-84　表面模糊应用

13.5.3　动感模糊

　　"动感模糊"沿指定方向模糊图像,让图像中的选定区域产生动起来的效果。比如图 13-85 为海边奔跑的男孩,为了显示他跑得快,我们选定男孩作为动感模糊对象。

　　用选区选择男孩作为模糊对象,单击"滤镜"→"模糊"→"动感模糊"后,指定模糊角度为 -7°,模糊距离为 15 像素,确定后将产生图 13-86 所示的效果,男孩在海边跑得像风一样。

图 13-85　动感模糊之前的原图

13.5.4 高斯模糊

"高斯模糊"能够快速将图像按照指定半径模糊,其模糊效果接近真实拍出的模糊照片。我们可以结合选区应用高斯模糊来柔化图像,或者用该模糊产生一些特殊效果。

13.5.5 径向模糊

径向模糊沿着半径方向模糊图像,单击"滤镜"→"模糊"→"径向模糊"将弹出其面板,见图 13-87。

图 13-86 动感模糊效果

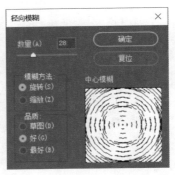

图 13-87 "径向模糊"面板

1. 参数

(1) 模糊方法,有旋转和缩放可选,旋转表示模糊环绕圆心进行,缩放则从圆心向外呈射线状模糊。

(2) 品质,表示模糊的精细程度,草图品质的模糊有颗粒现象但模糊速度快,好品质模糊效果平滑但需要更多的运算时间。

(3) 数量,对应模糊方法强度。

2. 应用

图 13-88(a)为一幅简单的云图,指定模糊方法为"旋转"、数量为 20 且品质为"好",得到图 13-88(b),指定模糊方法为"缩放"、数量为 70 且品质为"好",得到图 13-88(c)。

(a) 原图   (b) 旋转   (c) 缩放

图 13-88 径向模糊应用

13.5.6 镜头模糊

"镜头模糊"模仿相机镜头及镜片对相片的影响。单击"滤镜"→"模糊"→"镜头模糊",

将弹出如图 13-89 所示的面板。

1. 参数

（1）深度映射，有三种源选择，"无"表示对该图层全部模糊，模糊效果和其他模糊一样；"透明度"表示可以调整模糊焦距（即颜色深度值），图片中选中色值范围以外的区域被模糊；"图层蒙版"首先需要已经建立蒙版，表示对蒙版中的白色区域模糊，在清晰区域模糊焦距可使用滑块调整来达到使用颜色深度值再度区分被模糊的范围。

（2）反向，用于将蒙版黑白区域反向。

（3）光圈，用来模仿对镜头的"形状""叶片弯度""旋转"设置，模糊程度由"半径"指定。

（4）镜面高光，用来设置模糊区域的通过"亮度"和亮度分界"阈值"，设置得好将产生镜头光斑。

（5）杂色，向图片中添加杂色，数量可调，当数量为 0 时表示不添加杂色。

（6）分布，添加杂色后指定模糊的运算方式。

2. 应用

图 13-90 为一幅清晰的向日菊图片，为了突出向日菊部分，我们设置蒙版（见图 13-91），蒙版中的白色及灰色区域表示要模糊的区域。

单击"滤镜"→"模糊"→"镜头模糊"后设置参数，深度映射的源选择"图层蒙版"，模糊焦距为 3；光圈形状选"六边形"，半径为 35，叶片弯度 1515，旋转为 63；镜面高光的亮度为 18，阈值为 184；杂色数量为 10 并"平均分布"，单击"确定"后将得到图 13-92 的效果。

图 13-89 "镜头模糊"面板

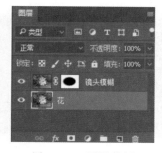

图 13-90 镜头模糊前的原图

图 13-91 图层蒙版

图 13-92 镜头模糊效果

13.5.7 平均

"平均"用所选区域的平均色填充该区域，它将整个区域填充为单一颜色。

13.5.8 模糊和进一步模糊

"模糊"直接柔化图像，"进一步模糊"的效果比"模糊"的效果强三到四倍。

13.5.9 方框模糊

"方框模糊"以像素周围的矩形区域为单位,用其平均值来替代所在像素的值,"半径"代表模糊程度。

13.5.10 形状模糊

"形状模糊"让形状参与模糊运算,模糊效果被打上形状的痕迹,单击"滤镜"→"模糊"→"形状模糊"后,将弹出如图 13-93 所示的面板。

面板中的"半径"表示形状的大小,形状越大模糊程度越高,"形状"可以选择。以葵花原图为例,在半径为 20 像素时,用 □ 形状模糊图像,效果见图 13-94。

图 13-93 "形状模糊"面板

原图 形状模糊

图 13-94 形状模糊效果

13.5.11 特殊模糊

"特殊模糊"可用来精确地模糊图像,它在像素相邻大小范围内模糊颜色差异比较小的区域。通俗地说就是使比较平滑的区域更平滑,同时保留反差大的内容。单击"滤镜"→"模糊"→"特殊模糊"后,可在其面板中按需设置模糊参数。

1. 参数

(1)半径,用来指定检测颜色差异区域的大小,半径越小,检测的区域越小,边缘的影响越小,模糊越彻底。

(2)阈值,指定像素颜色差异范围,差异在阈值内的像素被模糊,在阈值外的像素被看作边缘而不被模糊。

(3)品质,有高、中、低可选,品质越高,模糊运算时间越长。

(4)模式,有正常、仅限边缘和边缘叠加可选,表示是否提取由阈值指定的边缘或者在正常图像上叠加白色边缘。

2. 应用

图 13-95(a)为一个面具原图,图 13-95(b)为正常模式模糊(半径 15、阈值 13、品质高、模式"正常"),模糊后发现其眼眉依然保留固有的反差,但面部被模糊得更加光滑;图 13-95(c)为仅限边缘模糊(半径 2、阈值 13、品质高、模式"仅限边缘"),模糊后高反差区域被白线条绘出,光滑区域变成白色。

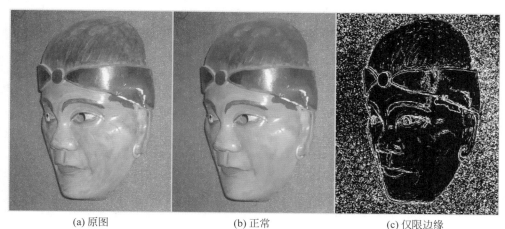

(a) 原图   (b) 正常   (c) 仅限边缘

图 13-95　特殊模糊效果

13.6　扭曲滤镜组

"扭曲"对图像进行各种形式的几何扭曲,如果应用熟练,它产生的效果常常是惊人的。我们要学习的扭曲滤镜见图 13-96。

13.6.1　波浪

"波浪"使波动不大的线条或者区间变成水平和垂直的波浪。单击"滤镜"→"扭曲"→"波浪",将弹出波浪面板。

1. 参数

(1)类型,表示波浪的形状。

(2)生成器数,表示波浪密集度。

波浪...
波纹...
极坐标...
挤压...
切变...
球面化...
水波...
旋转扭曲...
置换...

图 13-96　扭曲滤镜

(3)波长,为两个波峰之间的距离,波浪将在最大波长和最小波长之间变化。

(4)波幅,波浪的振动幅度。

(5)比例,水平振动和垂直振动的含量,只需要水平振动时将垂直振动调至 1%,同理也可以只选垂直振动。

(6)随机化,表示波浪随机产生。

2. 应用

下面以图 13-97(a)为例,应用波浪滤镜。

图 13-97(b)为垂直正弦波浪:类型正弦,生成器数 24,波长 1～134,波幅 5～40,比例水平 1%、垂直 100%。

图 13-97(c)为水平正弦波浪：类型正弦，生成器数 24，波长 1～134，波幅 5～40，比例水平 100%、垂直 1%。

图 13-97(d)为垂直水平正弦波浪：类型正弦，生成器数 5，波长 1～25，波幅 5～13，比例水平 50%、垂直 50%。

图 13-97(e)为垂直水平方形波浪：类型方波，生成器数 5，波长 1～25，波幅 5～13，比例水平 50%、垂直 50%。

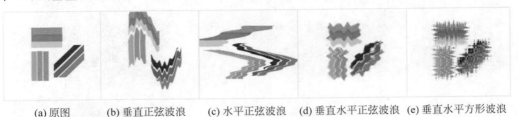

(a) 原图　(b) 垂直正弦波浪　(c) 水平正弦波浪　(d) 垂直水平正弦波浪　(e) 垂直水平方形波浪

图 13-97　"波浪"滤镜应用

13.6.2　波纹

"波纹"在保持线条基本趋势的前提下，让线条在中心线上下抖动，波纹"数量"表示抖动频率，"大小"表示抖动幅度。用中波纹及数量 300% 进行波纹处理，效果见图 13-98。

原图　　　　　中波纹、数量300%

图 13-98　"波纹"滤镜效果

13.6.3　极坐标

"极坐标"是利用平面坐标和极坐标之间的转换来改变图像，它有两个变化选项，"平面坐标到极坐标"和"极坐标到平面坐标"，水平横线通过"平面坐标到极坐标"将变成同心圆环，垂直竖线则变成以圆心为起点的放射线，见图 13-99。

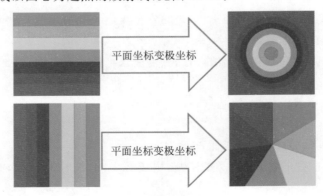

平面坐标变极坐标

平面坐标变极坐标

图 13-99　"极坐标"滤镜

如果将极坐标滤镜应用于照片,将产生广角仰视的效果,见图13-100。

原图　　　　　　　　　　　　极坐标应用

图13-100　极坐标滤镜应用

13.6.4　挤压

"挤压"滤镜将图像沿径向挤压,分成从中点向外和从外向中点挤压。单击"滤镜"→"扭曲"→"挤压"后弹出挤压面板,其主要参数为"数量",数量为负值时从中点向外挤压,数量为正值时从外向中点挤压,数量越大,挤压程度越高。图13-101可见挤压效果。

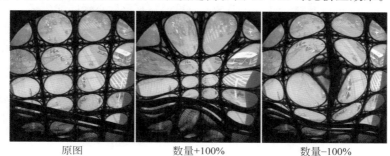

原图　　　　　　　　数量+100%　　　　　　　数量−100%

图13-101　"挤压"滤镜效果

13.6.5　切变

"切变"让图像沿曲线扭曲,可以通过调整该曲线来改变图像扭曲方向。扭曲过程的空白区域可以用"折回"或者"重复边缘像素"来填充。图13-102为切变效果。

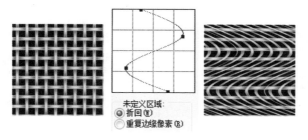

图13-102　"切变"滤镜效果

13.6.6　球面化

"球面化"与"挤压"很相似,单击"滤镜"→"扭曲"→"球面化"将弹出其面板。

（1）数量,表示挤压的方向和程度,数量为正值表示由内向外挤压,数量为负值表示由外向内挤压。

（2）模式,为挤压的形式,"正常"基本上就是"挤压"滤镜,表示径向挤压;"水平优先"

表示横向挤压；"垂直优先"表示纵向挤压。

13.6.7 水波

"水波"滤镜对图像进行起伏扭曲,模仿水波纹。单击"滤镜"→"扭曲"→"水波"后,可以在其面板中设置参数。

1. 参数

(1)样式,有三个选项,"水池波纹""从中心向外""围绕中心",选择其中一个以后,图像将沿图 13-103 所示的线条扭曲。

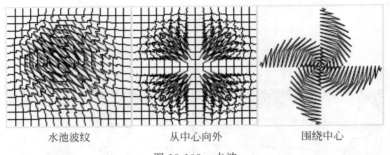

水池波纹　　　　　　从中心向外　　　　　　围绕中心

图 13-103　水波

(2)数量,表示扭曲的程度和起伏或旋转的方向,数量为正值和数量为负值表示的起伏或旋转的方向相反,数量越大扭曲程度越强。

(3)起伏,水波折返的频率。

2. 应用

下面我们来生成一幅石头掉进水里后,水面的波纹慢慢消失的图像,生成步骤如下。

(1)生成渐变区域。

新建一个图层,用黑白渐变填充;用"切变"滤镜处理,选择"重复边缘像素",见图 13-104。

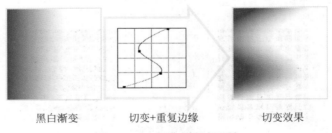

黑白渐变　　　　　　切变+重复边缘　　　　　　切变效果

图 13-104　扭曲的渐变区域

(2)使用水波滤镜产生水波纹。

先用水波滤镜中的"围绕中心"样式扭曲,再用水波滤镜中的"水池波纹"样式扭曲,再用滤镜库中"扭曲"的"海洋波纹"操作,所有参数自己适当调整,可以观察"预览"窗口得到最佳效果,见图 13-105。

(3)产生平面效果。

选择复制"海洋波纹"图层内容,新建"平面图层",单击"滤镜"→"消失点"后构造透视平面,将"海洋波纹"图层内容粘贴到透视平面中,效果见图 13-106。

围绕中心

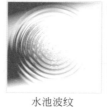
水池波纹

海洋波纹

图 13-105　生成波纹

图 13-106　平面水波

13.6.8　旋转扭曲

"旋转扭曲"让图像沿着螺旋线（见图 13-107）扭曲，单击"滤镜"→"扭曲"→"旋转扭曲"后可设置其参数。"角度"表示螺旋线旋转的程度。应用旋转扭曲可以很轻松地获得各种效果，见图 13-108。

图 13-107　"旋转扭曲"螺旋线

角度渐变　　　　　999°旋转扭曲　　　　两次999°旋转扭曲

图 13-108　旋转扭曲效果

13.6.9　置换

"置换"是用另一幅图像来决定当前图像如何扭曲，这"另一幅"图像称为"置换图"。我们用实例来说明置换过程。

1. 图像准备

图 13-109 为一幅身穿白色衬衣的老先生的图像，我们现在要将他的衣服改为格子衬

图 13-109　不使用置换

衣。按照之前学过的方法,可以先将衬衣作为选区,用格子图案填充该选区,然后调整图层"不透明度"为 50%,得到改过的图像。

仔细看图 13-109 中改的格子衬衣,横平竖直没有变化,没有表现出衣服应该有的褶皱,因此这种变化是不成功的。

我们需要让格子布随着老先生原有的白衬衣的褶皱来变化,于是设置"老先生.psd"图像为置换图。

2. 置换过程

(1)创建新图层"格子布"作为当前图层,调整其不透明度为 50%,见图 13-110。

(2)置换参数。

单击"滤镜"→"扭曲"→"置换",弹出如图 13-111 所示面板。

图 13-110 新建格子图层   图 13-111 "置换"面板

① 比例,表示水平和垂直移动扭曲的幅度,数值越大扭曲越夸张,数值越小扭曲越小,此参数设置通常要考虑图像的精细度,不断尝试最佳值。

② 置换图,表示如何使用置换图的曲面,"伸展以适合"让被置换图柔软贴合置换图;"拼贴"则让被置换图分成小块贴合,产生马赛克效果。

③ 未定义区域,指出当扭曲出现空白区域时填充的内容。

此时我们将水平比例和垂直比例都设为 20,置换图选"伸展以适合",未定义区域选"重复边缘像素",单击确定。

(3)选择置换图并置换。

确定置换以后会弹出文件选择窗口(见图 13-112),我们选择"老先生.psd"为置换图。

图 13-112 选择置换图

(4)剪切。

单击"打开"按钮后将得到已经被扭曲的格子布;然后利用选区选择衬衣区域,再"反向"选择非衬衣区域,按 Delete 键删除非衬衣区域,得到换了格子衣服的老先生图像,见图 13-113。

图 13-113　置换后剪切

13.7　锐化滤镜组

锐化是一种和模糊相反的操作,使用锐化滤镜可以让模糊边缘变得清晰,使色彩变得鲜艳,产生相机聚焦的效果。锐化滤镜菜单见图 13-114。

13.7.1　USM 锐化

USM(Unsharp Mask)锐化用来锐化图像中的边缘。它对高反差位置进一步强调差别,使亮的更亮,暗的更暗,可以快速调整图像边缘细节的对比度,并在边缘的两侧生成一条亮线和一条暗线,使画面整体更加清晰。单击"滤镜"→"锐化"→"USM 锐化"后将弹出其面板,见图 13-115。

USM 锐化...
防抖...
进一步锐化
锐化
锐化边缘
智能锐化...

图 13-114　锐化滤镜　　　　图 13-115　"USM 锐化"面板

1. 参数

(1)数量,用来控制锐化效果的强度。

(2)半径,用来决定当作边缘像素的范围宽度,比如半径值为 2,则边缘两边亮暗各有两个像素点。半径越大,参与亮暗强化的范围越大,图像细节越清晰。但过大的半径会产生过大的锐化光晕,因此半径设置偏小一些为好,为了产生效果可重复几次相同的锐化。

（3）阈值,指相邻像素颜色的差值（色阶）,该设置决定了像素的色调必须与周边区域的像素相差多少才被视为边缘像素,进而使用 USM 滤镜对其进行锐化。阈值以内的差值不被当作边界,阈值以上的差值为边界被锐化。当阈值为 0 时,图像中所有的像素都被当作边界处理,很多噪点都会被锐化,因此阈值的设置既要保护图像平滑的自然色调,又要对变化细节的反差作出强调。阈值设置一般在 2～20 范围内。

2. 应用

图 13-116 左边是树叶的原图,用 USM 锐化（数量 98%、半径 1.2、阈值 4 色阶）两次后,效果图显示树叶的边缘更清晰（右图）。

原图   两次USM锐化后

图 13-116   USM 锐化效果

13.7.2 锐化和进一步锐化

"锐化"滤镜通过简单地增加相邻像素点之间的对比,提高图像的对比度。"进一步锐化"产生比锐化滤镜更强的锐化效果。这两种锐化都不需要设置参数。

13.7.3 锐化边缘

"锐化边缘"滤镜自动选择图像边缘并锐化,非边缘区域不被锐化。如果感觉该锐化程度没有达到要求,可重复锐化 1～2 次,但是要注意,过多地重复锐化可能会产生噪点。

13.7.4 智能锐化

"智能锐化"提供更多选项供用户设置,产生精细微调的锐化效果。单击"滤镜"→"锐化"→"智能锐化"后弹出其面板,参数设置部分见图 13-117。

1. 基本设置

需要设置的基本参数如下。

（1）移去。

锐化是模糊的反向过程,可以说锐化就是"移去"模糊,因此移去何种类型的模糊可以选择,见图 13-118。

其中"动感模糊"因为是有方向角度的,所以还需要设置当初模糊时所采用的角度,以便准确移去模糊。

图 13-117   设置面板

（2）数量和半径。

① 数量，用来控制锐化效果的强度，值越大，像素边缘的对比度越强，看起来更加锐利。

② 半径，用来决定当作边缘像素的范围宽度，半径越大，受影响的边缘就越宽，锐化的效果也就越明显。

2. 高级设置

除了基本锐化以外，还可以分别对"阴影"和"高光"进行保护性设置，在"基本"锐化的范围内控制阴影或高光的调整量，减少局部的过度锐化，见图13-119。

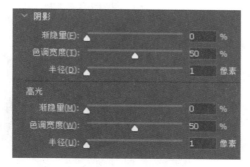

图 13-118　移去模糊　　　　　　　图 13-119　"高级"设置

"阴影"和"高光"的设置参数是一样的，不同的是其针对的范围不一样。

（1）渐隐量，要对阴影（高光）部分锐化的程度。

（2）色调宽度，控制阴影（高光）中间色调的修改范围，色调宽度以内的边缘像素被调整，以外的不被调整，因此宽度值设置得越大，调整范围越小。

（3）半径，控制每个像素周围区域的大小。

3. 应用

以小花原图为例，见图13-120（a），来说明智能锐化效果。

（1）基本锐化。

先做"基本"锐化，设置数量为76％，半径为20像素，移去"镜头模糊"，得到图13-120（b），其中的高光和阴影都做了相同处理。

（2）保护高光区域。

我们希望花瓣（高光）部分不要有太多噪点，因此要调整阴影和高光，阴影设置渐隐量为0％，色调宽度为0％，表示不保护阴影直接采用基本锐化方案；高光设置渐隐量为98％，色调宽度为98％，半径为5像素，得到花瓣更柔和的图13-120（c）。

(a) 原图　　　　　　　(b) 基本锐化　　　　　　(c) 保护高光区域

图 13-120　智能锐化效果

13.8 像素化滤镜组

"像素化"滤镜通过相邻区域的颜色重组来产生效果,包含如图 13-121 所示的内容。

图 13-121 "像素化"滤镜

13.8.1 彩块化

将相邻的颜色相近的像素结成均值像素块,使光滑图像产生斑块效果,看起来像水粉画一样。图 13-122 左边为原图,右边是使用了两次"彩块化"的效果。

原图   "彩块化"两次

图 13-122 彩块化效果

13.8.2 彩色半调

将图像中的颜色穿插区域替换成圆点,圆点的大小与亮度成比例。单击"滤镜"→"像素化"→"彩色半调"后弹出其面板,见图 13-123。

图 13-123 "彩色半调"面板

(1) 半径,表示最大圆点的半径,半径值越大则圆点越大。图 13-124 为不同半径下的滤镜效果。图 13-124(a)为通过渐变径向填充的原图,图 13-124(b)的半径为 20 像素,图 13-124(c)的半径为 5 像素。

(2) 网角,表示不同颜色(通道)圆点所排列的角度,角度范围是 $-360°\sim+360°$。对于 RGB 图像,使用通道 1、2 和 3;对于 CMYK 图像,使用所有 4 个通道。图 13-125 为不同网角下的滤镜效果,不同颜色

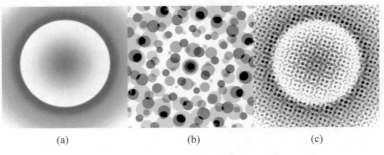

(a)   (b)   (c)

图 13-124 彩色半调之半径

的圆点分布发生了变化,其中图 13-125(a)的半径为 5 像素,通道 1 为 100°,通道 2 为 120°,通道 3 为 80°;图 13-125(b)的半径为 5 像素,通道 1 为 100°,通道 2 为 90°,通道 3 为 0°。

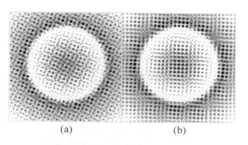

图 13-125　彩色半调之网角

13.8.3　点状化、晶格化和马赛克

"点状化"将图像中的颜色分解为随机分布的网点,如同点状化绘画一样,并使用背景色作为网点之间的画布区域。

单击"滤镜"→"像素化"→"点状化"后弹出其面板,其中点状的大小由"单元格"数值决定。图 13-126(b)为点状化效果,在背景色"黑色"下使用点状化滤镜,单元格设置为 30。

"晶格化"使像素结块,形成像晶体一样的多边形纯色。图 13-126(c)使用晶格化滤镜,单元格设置为 30。

"马赛克"使像素结为方形块。图 13-126(d)使用马赛克滤镜,单元格设置为 15。

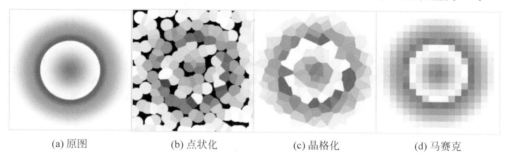

(a) 原图　　　　　(b) 点状化　　　　　(c) 晶格化　　　　　(d) 马赛克

图 13-126　点状化、晶格化和马赛克

13.8.4　碎片

"碎片"创建图像或者选区中像素的 4 个副本,将它们平均,并使其相互偏移。图 13-127 将左边的图进行"碎片"滤镜处理,产生右边的偏移叠加。

13.8.5　铜版雕刻

"铜版雕刻"将图像转换为随机的图案,即点、线或者边,黑白区域转换成黑白图案,彩色图像转换为完全饱和颜色的图案。单击"滤镜"→"像素化"→"铜版雕刻"后将弹出其面板,面板中的"类型"提供了图案选项,见图 13-128。

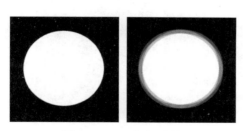

图 13-127　"碎片"滤镜

| 精细点 |
| 中等点 |
| 粒状点 |
| 粗网点 |
| |
| 短直线 |
| 中长直线 |
| 长直线 |
| |
| 短描边 |
| 中长描边 |
| 长描边 |

图 13-128　铜版雕刻的类型选择

图 13-129 中分别对黑、白和彩色图(见该图的左上角)使用了"铜版雕刻"滤镜,黑色原图类型为"中长描边",白色原图类型为粒状点,彩色原图类型为"粗网点"。

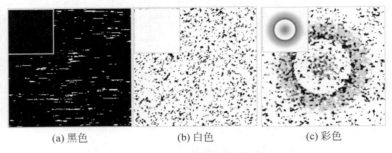

(a) 黑色　　　　　　　(b) 白色　　　　　　　(c) 彩色

图 13-129　铜版雕刻效果

13.9　渲染滤镜组

"渲染"滤镜在图像中模仿现实中的分层云彩、纤维、树、火焰、镜头光晕等效果。渲染的内容见图 13-130。

13.9.1　分层云彩

"分层云彩"使用随机生成的介于前景色与背景色之间的值来生成云彩图案,和现有的像素混合产生类似负片的效果。当反复使用该滤镜时,会创建出色彩斑斓的石头纹理。

图 13-131 为渲染效果,设置前/背景色为"黑/白",然后对黑色图像做"分层云彩"处理,见图 13-131(a);第一次处理产生了云彩效果,见图 13-131(b);连续 11 次处理后,产生了石头斑纹,见图 13-131(c);对于图 13-131(d)

图 13-130　"渲染"滤镜

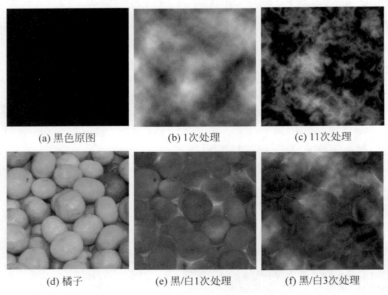

(a) 黑色原图　　　　(b) 1次处理　　　　(c) 11次处理

(d) 橘子　　　　(e) 黑/白1次处理　　　　(f) 黑/白3次处理

图 13-131　"分层云彩"效果

所示的橘子图像,一次处理得到类似于负片且云雾状的效果,见图 13-131(e);三次处理后,图像接近石头斑纹,见图 13-131(f)。

13.9.2 光照效果

"光照效果"滤镜为 3D 滤镜,在图像上设置光源和光照方向。单击"滤镜"→"渲染"→"光照效果"后将弹出其面板。

1. 使用预设

可以直接使用预设的光源及参数,单击面板左上部"预设"右边的 [预设: 向下交叉光] 按钮,将弹出如图 13-132 所示的选项。

2. 自定义光源

如果要自定义光源,面板的右边有参数设置部分,见图 13-133。

面板左下方为预览窗口(见图 13-134),在设置参数时可直接参看效果。

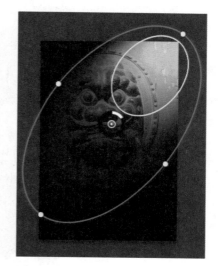

图 13-132　光源预设　　图 13-133　自定义光源设置　　图 13-134　预览窗口

(1) 参数。

① 类型,有"点光""聚光灯""无限光"可选。

② 颜色,光源的颜色,直接单击颜色色块将弹出拾色器供选择。

③ 着色,整体光照的颜色。

④ 曝光度,控制高光和阴影细节。

⑤ 光泽,确定表面反射光照的程度。

⑥ 金属质感,确定哪个反射率更高:光照或光照投射到的对象。

(2) 光源。

在预览窗口中可以看到代表灯光的钉子"控制点"及其上面的椭圆环。

① 钉子,代表一个光源的位置,拖动钉子可以将光源移动到需要的位置。

② 外环,表示光源光照的范围,环上的四个圆点 ⬛ 用来调整大小和方向。

③ 内环,为聚光强度,直接拖动"聚光"滑块会改变内环大小。

(3)添加和删除光源。

① 添加光源,单击面板上部的光照栏 ，上面有"聚光灯""点光""无限光"三种光源可选,选定光源后,将在面板右下部看到已经添加的光源,见图 13-135。

② 删除光源,先选择光源,然后单击光源面板下方的垃圾桶图标。

3. 应用

以图 13-136 中的左边门锁为例,用图 13-133 中的参数再设置光源,得到右边的效果图。

图 13-135 光源

图 13-136 光照效果

13.9.3 镜头光晕

镜头光晕模拟亮光照射到相机镜头所产生的折射。单击"滤镜"→"渲染"→"镜头光晕"将弹出其面板,见图 13-137。图中镜头类型可选,亮度通过滑块调整,光晕位置及方向通过拖动预览窗口的 来实现。图 13-138 为选择"50-300 毫米变焦"镜头且亮度设置为 72% 时产生的光晕效果。

图 13-137 镜头光晕面板

原图　　　　　　　　　　　　镜头光晕

图 13-138　镜头光晕效果

13.9.4　纤维

"纤维"使用前景色和背景色创建编织纤维。其参数如下。

（1）差异，用来控制颜色的变化方式，值越低，纤维越长，颜色变化越小；值越高，纤维越短，颜色变化越大。

（2）强度，用来控制纤维的外观，值越低，纤维越松散；值越高，纤维越聚拢。

13.9.5　云彩

"云彩"滤镜使用介于前景色与背景色之间的随机值，生成柔和的云彩图案。滤镜直接覆盖原有图层的内容，且每一次生成的云彩都是不一样的。

13.10　杂色滤镜组

"杂色"滤镜对照片上的陈旧或干扰像素进行处理，杂色滤镜选项见图 13-139。

13.10.1　减少杂色

"减少杂色"可用来在保留边缘的同时减少杂色。单击"滤镜"→"杂色"→"减少杂色"后弹出其面板。

图 13-139　杂色滤镜

1．参数

面板中的参数设置见图 13-140，其中"基本"选项对所有颜色通道做相同调整，"高级"则可以在不同颜色通道上做进一步限定。

（1）强度，代表要减少的亮度杂色的程度。

（2）保留细节，保留细节的量，值越小，去杂能力越强，但是会使边缘等细节过渡丢失；值越大，保留细节越彻底，但去杂能力变小。

（3）减少杂色，为去除色差杂色的程度。

（4）锐化细节，对边缘等细节锐化的程度。

（5）移去 JPEG 不自然感，勾选则同时弥补照片保留格式所导致的痕迹。

（6）高级，如果选择"高级"，则可以分别对 RGB 颜色通道的杂色处理进行进一步设置。

2．应用

为了去除图 13-141 中左边人像脸部的皮肤油光，调整"去除杂色"参数为：选择"基本"、强度 9、保留细节 10％、减少杂色 43％、锐化细节 75％,得到右边的效果图,人像脸部更干净光滑,眼睛和头发部分更清晰。

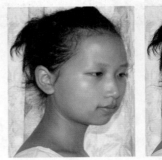 

图 13-140 "减少杂色"参数设置 　　　　图 13-141 "减少杂色"效果

13.10.2　添加杂色

"添加杂色"对图像添加随机杂色,模拟胶片拍摄固有的颗粒感。

(1) 数量,添加杂色的程度,较低的量模拟胶片颗粒,较高的量则产生杂色穿插的材质感。

(2) 分布,有"平均"和"高斯"两种可选。"平均"为均匀抛洒杂色,"高斯"是用高斯公式来计算杂色分布,它更接近胶片杂色的真实状态。

(3) 单色,若勾选,表示杂色颜色和图像本色一致,但亮度和饱和度却随机改变。

13.10.3　去斑

去斑是一种模糊操作,但它保留图像颜色差异明显(边缘)的区域,模糊非边缘区域,产生移除杂色而保留细节的目的。

13.10.4　蒙尘与划痕

"蒙尘与划痕"用来消除瑕疵,即模糊差异大的像素来减少杂色,在其面板中有"半径"和"阈值"可调。

(1) 半径,确定像素相邻区域的大小,在半径范围内检测差异。

(2) 阈值,为颜色色阶值,低于该值的差异被保留,高于该值的差异被模糊,因此阈值越大被模糊区域越小,阈值越小,被模糊区域越大。

13.10.5　中间值

"中间值"直接取像素相邻范围内的平均值来替代该像素,达到模糊的目的。由"半径"决定像素相邻区域(邻域),半径越大模糊越彻底,当半径达到最大时,整个图像被均值替代。

13.11　智　能　滤　镜

智能滤镜是一种不破坏图像原图但生成滤镜效果的方法,选择一个要使用滤镜的图层后,单击"滤镜"→"转换为智能滤镜",将弹出提示信息(见图 13-142),单击"确定"以后该图层图标变为 ,出现了智能滤镜标记。

除"液化"和"消失点"等少量滤镜之外,智能滤镜可用于任意 Photoshop 滤镜。下面用图 13-143 为例来进行讲解,我们想让地球飞起来。

图 13-142　智能滤镜提示信息

图 13-143　地球

复制地球图层得到"地球副本",单击"滤镜"→"转换为智能滤镜",并在弹出的提示框中单击"确定",得到智能滤镜。此时我们应用滤镜:从左的"风"四次→波纹(数量 100%、大小"中")→动感模糊(角度 0°、距离 5 像素),得到图 13-144。

再来看图层面板,我们注意到面板上记录了滤镜的信息,见图 13-145。

图 13-144　应用了智能滤镜的"地球"

图 13-145　智能滤镜图层

应用智能滤镜之后,可以对其进行调整、重新排序或删除。

1. 调整智能滤镜

对于应用过的滤镜,如果需要调整其参数,在对应滤镜图标上双击,就会弹出该滤镜的面板,对面板中参数的设置和修改,将会直接重新应用到该图层上。

2. 隐藏智能滤镜

要隐藏单个智能滤镜,在图层面板中单击该智能滤镜旁边的眼睛图标使之关闭,要显示该滤镜需要再次单击。要隐藏全部智能滤镜,单击"智能滤镜"旁边的眼睛图标。

3. 重新排序

将对应智能滤镜在列表中上下拖动,可改变智能滤镜的应用顺序。

4. 复制和删除智能滤镜

按住 Alt 键并将智能滤镜拖动到新位置,则在新的地方复制了相同的智能滤镜。

5. 删除智能滤镜

将对应滤镜拖动到图层面板底部的垃圾桶图标上,则删除该滤镜。

6. 更多操作

还可以在智能滤镜上使用蒙版,这种应用的方法和"调整图层"对蒙版的应用是一样的。

图 13-146　更多智能滤镜操作

更多的智能滤镜操作可单击"图层"→"智能滤镜"后选择子菜单,见图 13-146。

13.12　综合实例

单个滤镜的应用看起来没有什么特别,但是一旦综合应用,却可以制作出很多特效。

13.12.1　装饰房间墙面

下面我们要将图 13-147(a)所示的画挂到床头图 13-147(b)所示的墙上。

(a) 风景画　　　　　　　　　　(b) 室内画

图 13-147　素材

1. 制作带框油画

打开"风景画"文件,单击"滤镜"→"风格化"→"油画",使照片呈现出油画效果;按快捷键 Ctrl+A 将图像全选,再创建"边框图层",单击"编辑"→"描边"(见图 13-148),为油画绘制边框。

选择边框图层,单击"滤镜"→"滤镜库"→"纹理"→"龟裂缝",为边框添加纹理。将优化及边框组织成新的组"油画及边框"以便后期利用。最后得到带边框的油画,见图 13-149。

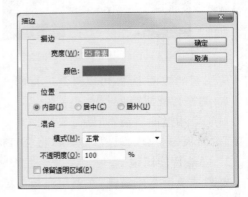

图 13-148　描边

2. 创建透视平面

打开"室内画",单击"滤镜"→"消失点",弹出消失点对话框,使用创建平面工具在墙壁上单击添加节点,创建透视平面,拉出透视网格,见图 13-150。

图 13-149 油画及边框

图 13-150 透视网格

3. 挂上油画

(1)将制作好的"油画及边框"组直接拖动到"室内画"文件中,复制"油画及边框"组,右击该组空白处,在弹出的列表中选择"合并组",得到"油画及边框"图层;选择该图层所有不透明区域,复制。

(2)创建新图层,单击"滤镜→消失点",弹出消失点对话框,按快捷键 Ctrl+V(粘贴),将油画粘贴在消失点对话框里。

(3)应用变换工具 ▓▓ 将壁画调整到合适大小,拖入透视网格内,得到的图层命名为"透视平面的油画",见图 13-151。

选择"透视平面的油画"图层,添加图层样式来产生立体效果,应用斜面和浮雕、投影,最终效果见图 13-152。

图 13-151 拖入透视网格

图 13-152 最终效果

13.12.2 星星和云

我们要构造的效果见图 13-153,图中包含几个元素,分别是星星、云彩、星云和光晕。

1. 星星

星星的要素是随机分布和十字辉光,制作步骤如下。

(1)随机粒状点:创建新图层,黑色填充,铜板雕刻(粒状点)。

(2)控制粒状点:高斯模糊(半径3像素),阈值(色阶75)。

(3)上下左右拉丝:左、右风,变换旋转 $90°$,左右风。结果见图 13-154。

图 13-153 星云

图 13-154 星星

2. 云

云的制作很简单，步骤如下。

（1）天空背景：创建新图层，天蓝色填充。

（2）浓云：创建新图层，黑色填充，分层云彩，图层模式设为"滤色"，以便让黑色区域透明。

（3）淡云：复制浓云图层，再一次分层云彩，高斯模糊（半径 3 像素），图层模式设为"滤色"。结果见图 13-155。

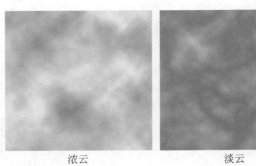
浓云   淡云
图 13-155 云彩

3. 星云

星云是要构造旋转的云团，然后将其分布在不同的平面上，并设置颜色。步骤如下。

图 13-156 星云团

（1）云团构造：复制淡云图层，将其设置为智能滤镜，旋转扭曲（角度 999°），添加正圆形蒙版，羽化设为 170 像素。

（2）云团布置：创建新图层，利用通道中的圆形蒙版将云团复制到剪切板，消失点滤镜设置立体平面，粘贴云团，确定，然后适当移动云团，用橡皮擦修正云团边缘。此处我们放置了两个不同平面的云团。

（3）云团上色：分别对两个云团应用色彩平衡（高光＋调色），适当调整图层不透明度，结果见图 13-156。

4. 光晕

创建新图层,填充黑色,镜头光晕,该图层设置为滤色模式,得到星云图像。

13.12.3 雪花和雾

我们可以给一幅图像添加雪花和雾,让其看起来风雪交加。图 13-157 左边为原图,右边为效果图。

原图　　　　　　　　　　　　　　效果图

图 13-157　雪花和雾

1. 雪花覆盖

雪花覆盖是为了表现建筑物的上面被白色包裹,步骤如下。

(1) 提取边缘:照亮边缘,反向,形成黑底衬彩色边缘。

(2) 白化边缘:亮度/对比度调整(亮度＋86),去色调整,该图层设为滤色模式,效果见图 13-158。

2. 雾

雾的制作和云彩是一样的,步骤如下。

创建新图层,填充黑色,选择"云彩"滤镜,亮度/对比度调整(亮度－100),该图层设为滤色模式。

3. 雪花

(1) 随机粒状点:创建新图层,黑色填充,铜版雕刻(粒状点)。

(2) 控制粒状点:高斯模糊(半径 4 像素),阈值(色阶 54)。

(3) 雪花飞舞:高斯模糊(半径 3 像素),动感模糊(角度－38°、距离 15 像素),该图层设为滤色模式,结果见图 13-159。

图 13-158　白化边缘

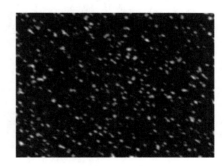

图 13-159　雪花

13.12.4　焰火

构造焰火图像,让其看起来礼花四散。焰火效果见图 13-160。

焰火要素是产生丝状彩色辐射条,制作步骤如下。

1. 基本辐射图

(1) 随机粒状点:创建新图层,黑色填充,铜板雕刻(粒状点)。

(2) 控制粒状点:高斯模糊(半径 3 像素),阈值(色阶 77)。

(3) 粒状点变长圆点:极坐标到平面,擦掉横向点,保留竖状点。

(4) 拉丝:变换(顺时针旋转 90°),风(从左)4 次。

(5) 辐射:变换(逆时针旋转 90°),平面到极坐标,擦掉少量不协调的外围部分,焰火基本形成,见图 13-161。

图 13-160　焰火

2. 提取辐射图并上色

(1) 选区:进入通道面板,复制蓝色为"蓝 副本",单击面板下面的 ▦ 按钮,将通道作为选区载入。

(2) 选区填色:回到 RGB 通道,返回图层面板,创建新图层,渐变填充(蓝红黄渐变、线性填充),形成彩色焰火。注意,每一个新的焰火都在新图层上创建。

(3) 变形焰火:单击要变形的焰火图层,再次使用平面到极坐标,得到向上弯曲的焰火,变换(垂直翻转)(见图 13-162);焰火大小位置调整可以直接使用"编辑"之"变换"。

图 13-161　辐射效果

图 13-162　弯曲的焰火

13.12.5　做旧

我们可以把图片中全新的物品做成陈旧的样子,图 13-163 左边为雕塑原图,右边为做旧效果。

做旧的要素是为边缘添加不平整和杂乱的旧色,制作步骤如下。

1. 提取边缘

复制原图,照亮边缘,反向,形成黑底衬彩色边缘,对不是边缘的地方用黑色画笔涂抹去

原图 效果图

图 13-163　做旧

除，见图 13-164。

2. 边缘处理

（1）风处理：变换（逆时针 90°），风（从左）3 次。

（2）波纹：波纹（100%），变换（顺时针 90°）。处理效果见图 13-165。

图 13-164　提取边缘

图 13-165　边缘处理

3. 叠加

将"做旧图层"的模式设置为"差值"，和原图同时呈现，得到做旧效果。

13.13　实　验　要　求

（1）准备一些空白房间和风景照片，要求充分运用所学的滤镜知识，在空白的墙面和台面上加上各种装饰效果的物品，创作一幅"室内软装"图像。

（2）使用本章所学内容，自己创作绘制一幅特效场景图。可以按照自己的喜好决定风格。

第 14 章　Photoshop 动作、3D 及自动化处理

除了平面设计的基本技法,Photoshop 还提供设计的立体化和自动化功能,本章就来简单介绍一下 3D 处理、动作应用与设计和自动化处理。

14.1　3D 处理

我们可以创建或利用已有 3D 模型加以渲染,得到具有特定纹理光照的 3D 图像。

14.1.1　创建 3D 对象

要创建 3D 对象,需要先弹出 3D 面板,单击“窗口”→“3D”,将看到图 14-1 所示的面板,我们可以从面板中选择要创建的对象的各个选项。

1. 源

要创建 3D 对象,先要选择“源”,即对象来源,单击“源”右边的按钮,将弹出 4 种选择,分别是“选中的图层”“工作路径”“当前选区”“文件”,选中一个选项后,可以进一步设置其他选项,不同源所对应的选项是有限制的。

（1）当前选区。

选择“当前选区”作为源,可以以选区内容创建一个凸出立体。要求先有图层及在该图层上的选区,再在 3D 面板中选择唯一可选项“3D 模型”  ,然后单击“创建”,便可使该图层变为 3D 图层。例如图 14-2(a)所示的图案为平面图层,将白色图案选择为“当前选区”后,创建的 3D 图像为图 14-2(b)。创建成功后,我们可以在图层面板中看到对应的图层,见图 14-2(c)。

图 14-1　3D 面板

　　(a)白色为选区　　　　　　(b)3D 图像　　　　　　　(c)图层显示

图 14-2　用“当前选区”创建 3D 图像

（2）工作路径。

选择"工作路径"作为源，可以以当前路径为框架创建一个凸出立体。需要先创建一个当前路径，在3D面板中选择唯一可选项"3D模型"，然后单击"创建"，便可创建一个路径形状的3D图层，见图14-3，左边为路径，右边为创建的3D图像。

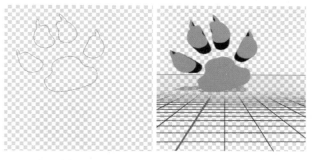

图14-3　用"工作路径"创建3D图像

（3）文件。

选择"文件"作为源，则需要有已经存在的三维格式的文件，那将涉及其他三维软件，本书不深入讨论。

（4）选中的图层。

选择"选中的图层"作为源，可以指定当前2D图层，创建各种立体。以图14-4为例来看看各种立体的表现。

2. 3D明信片

指定好2D图层后，选择"选中的图层"作为源，选择"3D明信片"作为创建对象，单击"创建"，2D图层内容将出现在明信片的两面，见图14-5。

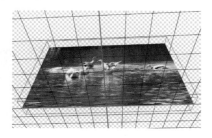

图14-4　原图　　　　　　　　　　　　　图14-5　3D明信片

3. 3D模型

选择"3D模型"作为创建对象，单击"创建"，2D图层内容将显示物体上下两面，凸出效果见图14-6。

4. 从预设创建网格

选择"从预设创建网格"，将会看到2D图层转变为一个预设立体，立体形状由其下方的列表选项来决定（见图14-7）。选择"锥形"将看到图14-8（a），原本的2D图层覆盖在锥体锥面上；选择"圆柱体"将看到图14-8（b），柱面上为原来的2D图层内容。

5. 从深度映射创建网格

选择"从深度映射创建网格"，可以以2D图层像素颜色亮度为高度来形成一个3D立体，

315

Photoshop 动作、3D及自动化处理

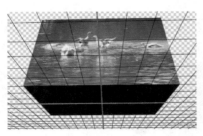

图 14-6　3D 凸出

图 14-7　预设网格

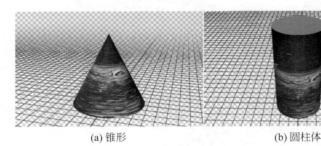

(a) 锥形　　　　　　　　　(b) 圆柱体

图 14-8　从预设创建网格

立体表现由其下方单击弹出的列表决定(有平面、双面平面、圆柱体和球体可选)。

(1) 平面,将深度映射数据应用于平面表面。

(2) 双面平面,创建两个沿中心轴对称的平面,并将深度映射数据应用于两个平面。

(3) 圆柱体,从垂直轴中心向外应用深度映射数据。

(4) 球体,从中心点向外呈放射状地应用深度映射数据。

例如,选择"平面",将得到一个从平面长出的高度随亮度改变的立体,见图 14-9(a);选择"球体",将得到一个从球体圆心长出的高度随亮度改变的立体,见图 14-9(b)。

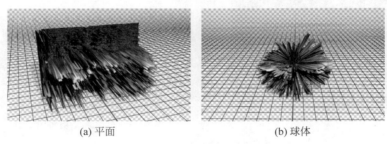

(a) 平面　　　　　　　　　(b) 球体

图 14-9　从深度映射创建网格

14.1.2　观察 3D 对象

创建了 3D 立体对象之后,我们需要全方位观察该立体。下面以"酒瓶"为例(见图 14-10)说明各种观察工具。

1. 显示

选中一个 3D 对象后,就可以查看其 3D 形态,为了更有立体感,通常是地面、光源和选区同时出现,若要按自己的要求选择其中一部分,单击"视图"→"显示"后可以在弹出的子菜单中勾选,见图 14-11。

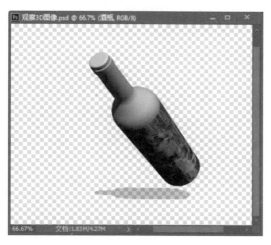

3D 副视图(3)
✓ 3D 地面
✓ 3D 光源
✓ 3D 选区

图 14-10　酒瓶　　　　　　　　图 14-11　3D 显示勾选

2. 3D 轴

将光标移动到 3D 实体位置酒瓶处单击,酒瓶将被加框并出现坐标轴,见图 14-12。

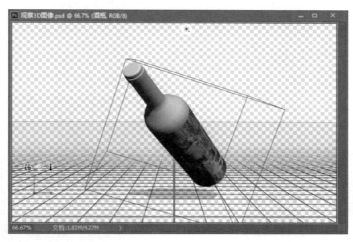

图 14-12　3D 轴

3D 轴显示 3D 空间中模型、相机、光源和网格的当前 X(红色)、Y(绿色)和 Z(蓝色)轴的方向。将光标靠近坐标轴的各个点线位置,光标在不同位置将变成不同的标记,代表对坐标轴的调整。要注意的是,调整坐标轴的显示,不改变项目和坐标轴的关系,只改变观察的角度。

(1)箭头,坐标轴移动。

(2)弧形块,坐标轴旋转。

(3)小矩形快,坐标轴压缩或拉长。

(4)中间大矩形,坐标轴大小调整。

(5)隐藏或显示坐标轴,在项目位置单击,可以实现坐标轴显示/隐藏的切换。

3. 3D 对象工具

在图层上选择一个 3D 图层(图层图标上有 ▦ 记号),再单击 3D 面板,在工作区上部的

317

Photoshop 动作、3D 及自动化处理

选项栏将看到 3D 模式 中的 3D 工具,使用 3D 对象工具可更改 3D 模型的位置或大小。

旋转 3D 对象,上下拖动可将模型围绕其 X 轴旋转;两侧拖动可将模型围绕其 Y 轴旋转。

滚动 3D 对象,两侧拖动可使模型绕 Z 轴旋转。

拖动 3D 对象,两侧拖动可沿水平方向移动模型;上下拖动可沿垂直方向移动模型。

滑动 3D 对象,两侧拖动可沿水平方向移动模型;上下拖动可将模型移近或移远。

缩放 3D 对象,上下拖动可将模型放大或缩小。

14.1.3 编辑 3D 对象

创建的 3D 对象并不能完全如我们所愿,因此需要对已经存在的对象进行编辑和调整。

1. 3D 面板

在图层面板上选择对应的 3D 图层,然后单击 3D 面板,得到图 14-13。

面板的最上面一行图标表示观察 3D 对象的侧重面,即整个场景、网格、材质和光源,我们选择观察侧重面,是为了更好地调整 3D 对象的各个属性。我们选择场景来讨论其下的各个部分,见图 14-13。

2. 环境

"环境"是背景及其各种光在 3D 对象上的反射。单击 3D 面板中的"环境",将看到如图 14-14 所示的"属性"面板。

图 14-13　3D 面板

图 14-14　"环境"之"属性"面板

（1）全局环境色。

"全局环境色"设置在反射表面上可见的全局环境光的颜色,该颜色与用于特定材质的环境色相互作用。

（2）IBL。

IBL 为勾选项,勾选则表示为场景启用基于图像的光照,即使用一幅图片作为光源。单击右边的文件夹图标,将弹出纹理选择项（见图 14-15）,这里既可以添加新的图片（纹理）,

也可以去除原有图片,我们单击"载入纹理"后选择"红花"图作为 IBL 环境光源。

(3)背景。

面板下部的"背景"处也提供了纹理选项,表示对 3D 对象设置背景图像,此时我们选择"地板"图像,见图 14-16。

图 14-15　添加环境光图片

图 14-16　添加背景

(4)其他。

环境属性面板中的其他设置可以直接理解字面含义,就不再过多解释,我们的设置见图 14-17,设置后将见到图 14-18 所示的效果。

图 14-17　为"酒瓶"对象所做的环境设置

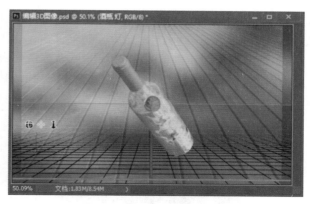

图 14-18　设置环境以后的效果

3. 场景

"场景"用来渲染对象,单击 3D 面板的"场景"后,属性面板如图 14-19 所示。

(1)预设。

"预设"提供了许多渲染方案,单击其图标将拉开图 14-20 所示的选项,我们可以试一试这些渲染方案。

如果选择"自定",则可以自己设置场景。

(2)横截面。

选择该选项可创建与所选角度与模型相交的平面横截面。这样可以切入模型内部,查看里面的内容。勾选"横截面"以后将展开更多设置细节,我们不再深入讨论。

(3)表面。

"表面"提供了 3D 对象的处理样式,单击样式可以选择,见图 14-21。

Photoshop 动作、3D 及自动化处理

图 14-19　"场景"之"属性"面板

图 14-20　预设的场景

图 14-21　表面样式

（4）其他。

另外还有点、线条和线性化颜色等设置，可以自己尝试。

4. 当前视图

"当前视图"用来设置照相机，单击 3D 面板的"当前视图"后，属性面板变为图 14-22。

（1）视图。

"视图"表示照相机拍照角度，单击其右边的列表按钮将弹出图 14-23 所示的选项，选择左、右、前、后、仰、俯等任一项，可以看见不同角度拍摄的效果。选择"自定视图"则可以进一步设置相机参数。

图 14-22　"当前视图"之"属性"面板

图 14-23　视图选择

（2）相机设置。

"镜头""视角""景深"都是相机参数，我们可以在了解相机调整的基础上自己设置。

5. 材质

"材质"表示 3D 对象各个局部的材质，比如酒瓶对象，它的局部为"标签"→"玻璃"和"木塞"，不同的对象局部，其数量和材质都是不同的。单击酒瓶下的"玻璃材质"图标后，将看到其属性面板（见图 14-24）。

（1）材质选取器。

属性面板右边的材质选择器可展开图 14-25 所示的若干球状体，其表面网格代表了表面的纹理结构，此处我们选择"趣味纹理"。

图 14-24　"材质"之"属性"面板

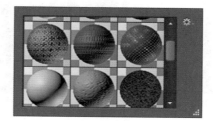

图 14-25　材质选取器

（2）漫射。

"漫射"表示材质的颜色。漫射映射可以是实色或任意 2D 图像内容。此时我们单击其右边的文件夹图标弹出选项"载入纹理"，使用"大理石"图片来漫射到玻璃部分。

（3）镜像。

为高光部分设置要显示的颜色或者 2D 图像内容。

（4）环境。

"环境"设置在反射表面上可见的环境光的颜色，该颜色与用于整个场景的全局环境色相互作用。

（5）发光。

"发光"决定材质中的光泽度，可选择颜色或者 2D 图像。黑色区域创建完全的光泽度，白色区域移去所有光泽度，而中间值减少高光大小。

（6）闪亮。

"闪亮"决定"发光"所产生的反射光的散射。

（7）凹凸。

"凹凸"在材质表面创建凹凸，其中较亮的值创建突出的表面区域，较暗的值创建平坦的表面区域。

（8）不透明度。

"不透明度"增加或减少材质的不透明度。如果使用纹理映射控制不透明度，则白色表示最大不透明度，而黑色表示完全透明。

（9）其他。

其他内容我们可以注意尝试来观察效果，然后进一步设置木塞和标签材质，得到如图 14-26 的效果。

6. 光源

"光源"从不同角度照亮 3D 对象，从而添加逼真的深度和阴影。单击"光源"后属性面板如图 14-27 所示。

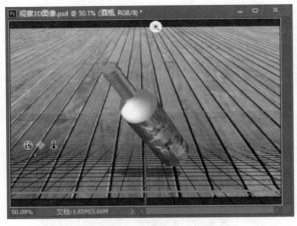

图 14-26 材质设置

图 14-27 "光源"之"属性"面板

（1）预设。

可以直接通过预设选择已经设置好的光源效果，图 14-28 为直接选择"狂欢节"的效果。

（2）自定光源。

如果不使用预设，则可以自己定义光源，选择"自定"。

自定需要先确定光源类型（点光、无限光或者聚光灯），再指定光的"颜色""强度""阴影"及"柔和度"等。

（3）光源方向。

光源在图像预览面板上可见，在图 14-29 中我们看见三个光源，分别是 ▧、▨ 和 ▣。其中 ▣ 光源外围白色环绕，代表当前光源，我们可以直接拖动图中的光源操作柄，旋转以确定光源位置。

图 14-28 "光源"之"狂欢节"

图 14-29 调整光源方向及位置

14.1.4　转换与合并

为了将 2D 图层的功能应用于 3D 图层,可以将 3D 对象像素转换为 2D 图层,也可以合并两种类型的图层。

1. 像素化 3D 图层

已经设计好的 3D 图层,如果不需要再编辑,可以转换为 2D 图层。要注意,这种转换在保存退出后将不可逆转。

选择指定的 3D 图层,右击该图层会弹出列表选项,选择"栅格化 3D"会将该图层转换为 2D 图层,原有的 3D 图层不再存在。

2. 合并图层

可以将 3D 图层与一个或多个 2D 图层合并,以创建复合效果。先选择已经栅格化的"酒瓶"图层,再选择由文字创建的凸出 3D 图层,右击 2D 图层,在展开的菜单里选择"合并图层",将得到图 14-30 所示的新的 2D 图层效果。

3. 将 3D 图层转换为智能对象

将 3D 图层转换为智能对象,可保留包含在 3D 图层中的 3D 信息。转换后,可以将变换或智能滤镜等其他调整

图 14-30　合并 3D 和 2D 图层

应用于智能对象。选择指定的 3D 图层,右击该图层,在展开的列表菜单里选择"转换为智能对象",就可以对该智能对象做相应的操作。

关于 3D 对象处理,我们只是用了最简单的例子来说明,其实不同的 3D 对象可处理的选项数量和内容都是不相同的,因此还有更多知识细节需要我们去学习和尝试。

14.2　动　　作

"动作"是命令的集合,命令就是前期学习的任何对图像或者图层的操作,这些命令针对单个文件或一批文件执行一系列步骤,以实现某种效果。将命令集合起来,一方面便于记录操作过程;另一方面可以反复使用,因此动作是自动化处理的一部分。Photoshop 提供了许多现成的动作可供直接使用,也提供了自创动作的方法。

14.2.1　动作面板

单击菜单栏的"窗口"并勾选"动作",将弹出动作面板,见图 14-31。

(1) 动作组,组合了一系列动作,除了默认动作外,还有"更多" ▤ 动作系列。

(2) 动作名,为单个动作的名称,该名称通常具有直接的效果含义。

(3) 动作步骤,为一个动作包含的若干命令,这些命令按顺序执行将实现某种图像效果。

(4) 收放按钮,向右箭头 ▶ 表示可以展开更多内容,向下箭头 ▼ 表示可以收缩。

(5) 操作按钮,包含创建、删除、组创建、播放、录制和停止六个按钮。

Photoshop 动作、3D 及自动化处理

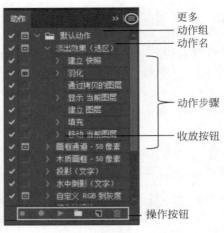

图 14-31 "动作"面板

14.2.2 播放动作

"播放动作" ▶ 用来执行已经存储的动作的命令,以图 14-32 为例,打开"人像"图片,指定当前图层为"原图",切换到动作面板,选择"木质画框"动作,单击播放按钮 ▶,等待一系列指令执行后,将得到图 14-33 所示的效果。

图 14-32 人像原片

图 14-33 "木质画框"效果

14.2.3 动作组

除了"默认动作"以外,Photoshop 还提供了许多有价值的动作。单击动作面板右上角的 ▤ 按钮,可以看到更多的动作组,见图 14-34。

1. 载入动作组

在弹出的动作组列表中单击某个动作组名称,动作面板上将增加一个动作组,展开该动作组将看到更多动作名称。例如"图像效果"动作组,包含图 14-35 所示的动作,强烈建议初学者每个动

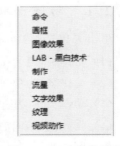

图 14-34 动作组列表

作都试试,许多漂亮的效果可以通过播放动作得到。

下面我们利用动作简单制作一幅图像,步骤如下。

（1）新建 10×10 厘米的"夕阳西下.psd"图像。

（2）选择"纹理"动作组的"夕阳余晖"动作并播放,获得图 14-36(a)所示画面。

（3）设置前景色为黑色,使用文字工具输入文字"夕阳西下",使之成为当前图层。

（4）选择"文字效果"动作组的"水中倒影",播放,得到图 14-36(b)所示画面。

图 14-35 "图像效果"动作组

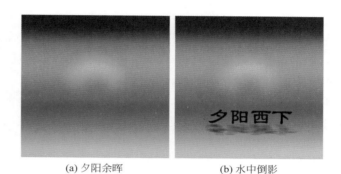

(a) 夕阳余晖　　　　　　(b) 水中倒影

图 14-36 利用动作制作的画面

2. 复位动作

如果想清除面板上的动作组,可以将面板内容复位到初始状态。单击动作面板右上角的 ▤ 按钮,选择"复位动作"。

14.2.4 管理动作

管理动作包含对动作组、动作和命令的排列、复制、删除、重命名等操作,由于三者的操作方式是一样的,因此我们只以动作为例来说明。

1. 重新排列动作

选择动作面板中的某一个动作,然后拖动其到新位置。

2. 复制动作

选择要复制的动作,将该动作拖动到创建新动作图标 ▭ 上,将产生一个动作副本。

3. 删除动作

选择动作,单击动作面板下部的垃圾桶图标 🗑 ；或者直接将要删除的动作拖动到垃圾桶图标上。

4. 重命名动作

选择动作,在名称位置双击,在变成的白色编辑栏里删掉旧名称,输入新名称。

14.2.5 创建并记录动作

如果想把自己的操作过程记录下来,可以创建新动作并记录下该动作的所有步骤。

1. 创建动作

在动作面板的下部有用来创建新动作的按钮 ▭ ,和用来记录动作步骤的按钮 ⬤ ,单击创建按钮将会弹出如图 14-37 所示的对话框,我们可以输入动作名称(如"制作围绕实体的边框")并选择该动作所在的组的名称(如"默认动作"),单击"记录"。

2. 记录动作

创建新动作紧跟着的是"开始记录",此时我们看见记录动作步骤的按钮变为红色  ,表示正在记录。

(1) 开始记录。

一旦开始记录,接下来所使用的任何工具和命令都会成为动作的步骤被记录下来。

(2) 接着记录。

也可以从一个已有动作的某个位置接着记录,此时需要先单击动作面板中的步骤或命令位置,再单击"开始记录"按钮,动作记录便继续进行。

3. 停止动作

对于正在播放或记录的动作,单击动作面板的"停止播放/记录"按钮  ,将结束动作的记录。

4. 实例

下面我们来创建一个制作边框的动作,我们打算为透明图层上的任意形状的实色区域做上边框。步骤如下。

(1) 前期准备。

新建一个 800×800 像素的 RGB 图像,创建新图层"透明和实色",随便绘制两个实色区域,见图 14-38。

图 14-37　创建新动作　　　　　图 14-38　前期准备

(2) 动作创建及录制开始。

切换到动作面板,单击"创建新动作"图标,在名称处填入"制作围绕实体的边框"并选择该动作所在的组为"默认动作",单击"记录"。回到图层面板。

(3) 设计动作。

① 选择当前图层为"透明和实色",按 Ctrl+"图层缩览图"实现选区。

② 创建新图层"边框"并使之成为当前图层,单击"选择"→"修改"→"扩展",输入 13 像素。

③ 单击"选择"→"修改"→"边界",输入 30 像素。

④ 单击"选择"→"修改"→"扩展",输入 2 像素。得到边框选区,见图 14-39。

⑤ 使用填充工具 对"边框"图层中的选区填充当前色。

⑥ 按快捷键 Ctrl+D 取消选区,得到图 14-40 所示效果。

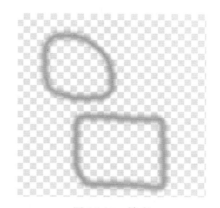

图 14-39　边框选区　　　　　　　　　　　图 14-40　填充

⑦ 单击图层面板下部的"样式"按钮 **fx**，在弹出的选项中选择"混合选项"，弹出"图层样式"面板，单击面板中的"样式"直接使用，选择"蓝色玻璃"，见图 14-41。

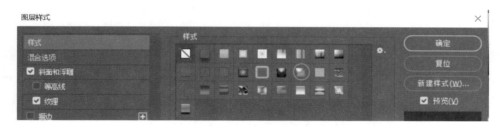

图 14-41　选择样式

（4）结束动作。

切换到动作面板，单击"停止播放/记录"按钮 ▣，结束动作的记录。我们看见在"默认动作"分组里有了完整的动作"制作围绕实体的边框"，见图 14-42。

（5）应用动作。

对于图层"人像"（或者其他任何含有实色及透明的图层），在动作面板中播放"制作围绕实体的边框"，得到的效果见图 14-43。

图 14-42　动作"制作围绕实体的边框"

(a) 原图　　　　　　　　　(b) 播放动作加边框

图 14-43　动作应用

327

第 14 章

Photoshop 动作、3D 及自动化处理

14.2.6 修改及保存动作

1. 修改动作

对于已经存在的动作,可以修改其中的任意命令,只需要在动作面板中选择该命令行,双击文字部分,就会弹出该命令所在的面板,直接改参数后按"确定"按钮,就能完成修改。如我们创建的动作"制作围绕实体的边框",展开动作步骤,在最后一条命令 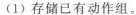 上双击,将弹出"样式"面板,选择现成的样式"扎染丝绸"后确定,动作就被修改了。执行该动作,可以看到边框的效果发生了变化,见图 14-44。

图 14-44 修改动作后的效果

2. 存储动作组

动作只能和动作组一起存放,因此存储动作需要存储其所在的组。

(1)存储已有动作组。

选择动作组以后,从"动作面板"菜单中选择"存储动作";或者选择动作组以后,在组名上单击右键,在弹出的菜单里选择"存储动作"。

(2)存储新动作组。

如果自己创作了很多动作,可以新建一个动作组(使用动作面板中的"创建新组"按钮📁),将自创动作拖动到组内,然后存储在自定位置。

在新位置存储的动作组,载入的时候需要单击动作面板右上角的▤按钮,选择"载入动作"来完成。

14.2.7 设计动作注意事项

1. 位置参数尽量使用相对值

设计动作的目的是反复使用,因此动作所涉及的位置最好是相对的,比如选区,最好使用 Ctrl+图标、"选择"→"色彩范围"这样不直接在画面上指定具体位置的方法;比如"画布大小",最好使用相对变化等。

2. 动作可以嵌套

在创建新动作时,如果有可以利用的现成动作,可以在录制时直接播放该动作,使该动作成为新创动作的一部分。

3. 不可用的命令

大多数工具和命令都是可用的,遇到不可用命令(灰色选项),多半是因为该命令的使用范围不恰当(如"色彩平衡"不适用于灰度文件),我们需要耐心检查。

14.3 脚 本

Photoshop 提供了脚本程序供选择使用,这些程序的功能集中在图像的自动处理方面。单击"文件"菜单的"脚本",将看到如图 14-45 所示的选项,我们来学习其中几个使用简单且效果突出的脚本功能。

14.3.1　图像处理器

图 14-45　脚本选项

"图像处理器"用来一次处理多个文件或一个文件夹中的文件。单击脚本的"图像处理器",将展开图 14-46 所示的图像处理器,它包含四部分。

1. 选择要处理的图像

该部分是用来指定要处理的图像。选择"使用打开的图像"要求将需要处理的所有图像都在 Photoshop 的工作区打开;选择"选择文件夹"则不需要打开图像,只需要指定被处理文件所在的文件夹位置。

图 14-46　图像处理器

2. 选择位置以存储处理的图像

本部分指定存储处理好的图像的位置。选择"在相同位置存储",处理好的图像会被保存到被处理文件所在位的一个新文件夹中;选择"选择文件夹"则直接指定要保存新文件的位置。

3. 文件类型

指定处理好的新文件将要保存的类型、精度和大小。

4. 首选项

(1) 不勾选"运行动作",单击"运行",可以将处理理解为:改变被处理文件的类型、精度和大小,然后保存。

329

Photoshop 动作、3D 及自动化处理

（2）如果勾选"运行动作"，则需要先指定动作，再单击"运行"，表示用相同的动作对指定目标文件一次性处理并按照指定的类型、精度和大小保存。图 14-46 表示要将"E:\脚本"文件夹中的文件用"默认动作"组中的"四分颜色"批量处理，然后将图像精度设为 5（1～12 可选，值越大精度越高）、大小调整为 500×300 像素并按照 JPEG 压缩格式存储到原始文件夹所在位置，新文件将存储在一个名为"JPEG"的子文件夹中。

5. 包含 ICC 配置文件

勾选"包含 ICC 配置文件"，则在存储的文件中嵌入颜色配置文件。

14.3.2 删除所有空图层

该脚本选项表示删除已经打开的当前文件中的所有空图层。

14.3.3 拼合所有蒙版

该脚本选项将已经打开的当前文件中的所有含蒙版的图层实施按蒙版剪切，即去除不显示区域，保留可显示区域，同时不再保留每个图层的蒙版。

14.4 自 动

"自动"是 Photoshop 提供的一组处理复杂问题的工具，单击"文件"菜单的"自动"便可以选择使用，见图 14-47。

14.4.1 批处理及创建快捷批处理

"批处理"和"脚本"中的"图像处理器"很相似，我们通常使用它来对一批图像文件播放动作。单击"文件"→"自动"→"批处理"将弹出其面板，见图 14-48。

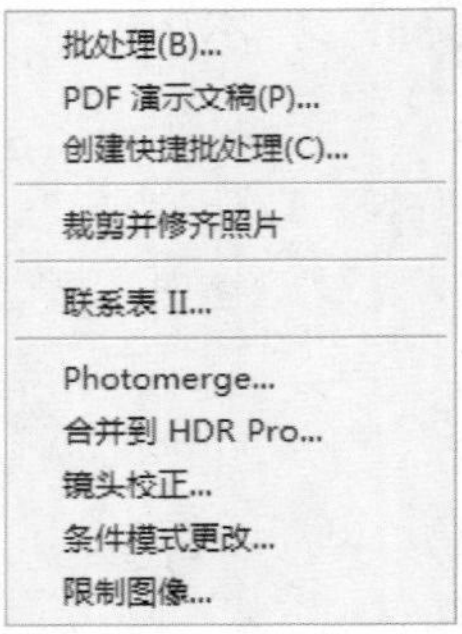

1. 参数设置

（1）播放，用来指定要播放的动作。

（2）源，用来指定要处理的源文件，它可以是文件夹或者打开的文件，选择"文件夹"则需要指定文件夹位置；选择"导入"，表示处理来自数码相机、扫描仪或 PDF 文档的图像。

图 14-47 "文件"之"自动"

（3）目标，是存放处理好的文件的位置，如果选择文件夹，需要指定文件夹位置。

（4）文件命名，为将要保存的处理好的文件的命名方式，包含的内容见图 14-49。图像命名不要求设置全部内容，但要求必须指定"序号"和"扩展名"的"大/小写"。保存的文件后缀名是大写的". PSD"或者小写的". psd"。

2. 运行

设定好这些参数，单击"确定"，将"逐一"实施动作对指定文件的应用。这里强调了"逐一"，是因为它与"脚本"的"图像处理器"不同，除了"自动"实施动作外，要求用户"手动确定"每一个文件的保存。

3. 创建快捷批处理

"创建快捷批处理"将"批处理"的设置存储为一个执行文件，以便直接运行。

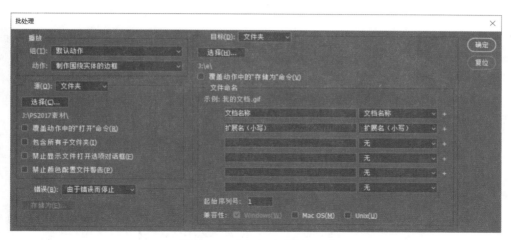

图 14-48　"自动"之"批处理"

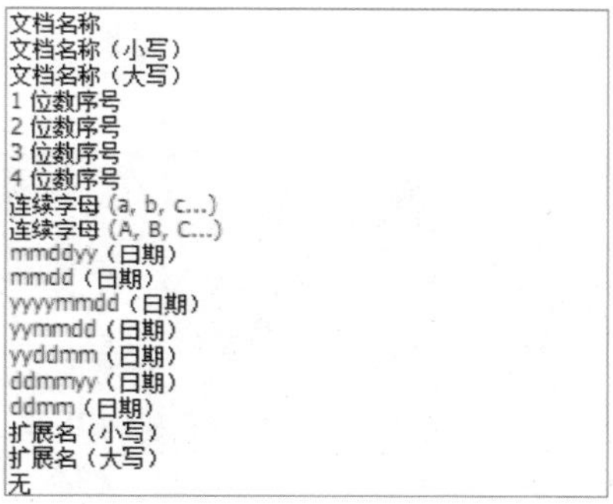

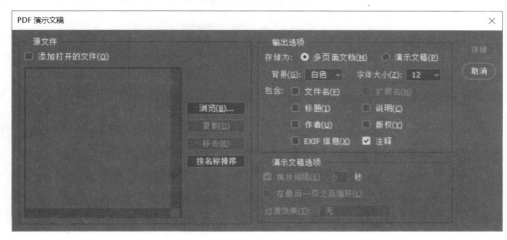

图 14-49　文件命名

14.4.2　PDF 演示文稿

"PDF 演示文稿"用来形成"PDF"文件,文件内容为指定的若干图像文件。单击"文件"→"自动"→"PDF 演示文稿"后,弹出其面板,见图 14-50。

图 14-50　"PDF 演示文稿"

Photoshop 动作、3D 及自动化处理

（1）源文件。"源文件"用来指定图像文件来源，可以通过"浏览"找到文件位置，选择若干图像文件；"添加打开的文件"为勾选项，勾选则将 Photoshop 窗口内打开的文件一同作为源文件。

（2）输出选项。"输出选项"提供将要保存的文件选项，"多页面文档"表示保存为普通 PDF 文件，"演示文稿"则保存为幻灯片模式。其他输出项为 PDF 文件描述细节，可以不管。

（3）存储。按自己的需要设置好参数后单击"存储"，将会弹出文件路径及"文件名"输入栏，确认后再弹出 PDF 文件选项，可以直接使用默认项，最后单击"存储"按钮。

14.4.3　Photomerge

Photomerge 用来制作拼图，就是将具有重叠区域的分散小图片拼接成一个整体，形成一幅大场景图片。这种拼接方法适用于将相机在同一场景下移动拍摄的若干有限的画幅拼接成大场景图片。

单击"文件"→"自动"→"Photomerge"，将打开其面板，见图 14-51。

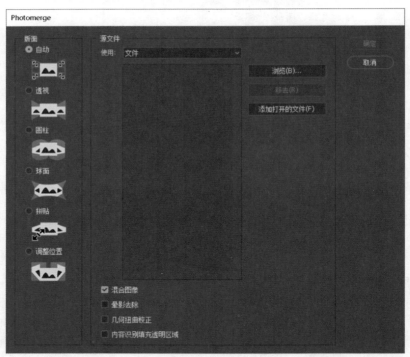

图 14-51　Photomerge

1. 源文件

"源文件"用来指定要拼接的素材文件。有两种选项供我们选择："文件""文件夹"。

（1）文件，表示选择若干单个文件，选择通过"浏览"来进行。

（2）文件夹，表示让指定文件夹中的所有图片成为源文件。

2. 混合模式

有多个勾选项"混合图像""晕影去除""几何扭曲校正"等。

（1）混合图像，找出图像间的最佳边界并根据这些边界创建接缝，并匹配图像的颜色。关闭"混合图像"时，将执行简单的矩形混合。如果要手动修饰混合蒙版，此操作更为可取。

（2）晕影去除，在由于镜头瑕疵或镜头遮光处理不当而导致边缘较暗的图像中去除晕影并执行曝光度补偿。

（3）几何扭曲校正，补偿桶形、枕形或鱼眼失真。

3. 版面

"版面"提供拼接方式选项，可选如下方案。

（1）自动，将自动对源图像进行分析，然后将选择"透视"或"圆柱"版面对图像进行合成。

（2）透视，将源图像中的中心图像指定为参考图像来拼接图像，其他中心以外的图像按近大远小的透视规则排列。

（3）圆柱，通过在展开的圆柱上显示各个图像，来减少在"透视"版面中会出现的扭曲现象。

（4）球面，对齐并转换图像，模拟观看360°全景的视觉体验。

（5）拼贴，对齐图层并匹配重叠内容，同时交换任何源图层。

（6）调整位置，对齐图层并匹配重叠内容，但不会交换任何源图层。

4. 实例

（1）素材。以三幅在同一地点拍摄的照片为例（见图14-52），要把它们拼接起来。

素材1　　　　　　　素材2　　　　　　　素材3

图 14-52　拼接素材

（2）拼接。单击"文件"→"自动"→"Photomerge"，在其面板上设置版面为"拼贴"，勾选"混合图像"，最后单击"确定"。等待 Photoshop 运算以后，我们在图层面板看到拼接结果，见图14-53。图层面板上的蒙版说明了每一幅素材的拼接区域。

（3）合并图层。为避免失误，先复制图14-55所示的三个素材图层形成副本，同时选择三个副本图层，右击选择列表中的"合并图层"，对产生的图层重命名为"拼接图"。

（4）修复。拼接往往不能完全覆盖图像的所有区域，因此需要对"拼接图"适当"裁剪"，并用"识别填充"修复镂空（透明）区域。

（5）调整。最后用调整图层的"自然饱和度"进行调整，得到最终效果"全景图"，见图14-54。

图 14-53　拼接图层

图 14-54　全景图

5. 注意事项

Photomerge 不是每一次都能够成功,可能的原因如下。

(1) 重叠区域不够。建议拍照时各个图像之间的重叠区域大约是图像区域的 25%~40%,重叠区域过小将被认为是不相干的图片,无法拼接。

(2) 重叠区域过大。过大的重叠区会导致图片可用区域散乱,甚至有可能造成某些素材被覆盖。

(3) 使相机保持水平。如果拍摄的照片角度变化过大,拼接的图像可能变形。

(4) 保持同样的拍照参数(焦距、曝光度等),以免拼接图颜色和清晰度不一致。

14.4.4　合并到 HDR Pro

在拍摄照片时,即使是同一场景,聚焦点不同将带来不同的曝光度,为了得到同一场景多幅图像的各个局部清晰度,可以采用"合并到 HDR Pro"命令。它将同一场景的具有不同曝光度的多幅图像合并起来,从而捕获单个 HDR 图像中的全部动态范围。下面用实例来说明如何使用。

1. 选择源文件

我们准备的源文件见图 14-55,其中图 14-55(a)聚焦天空,图 14-55(b)聚焦山体,我们希望得到天空和山体都清晰的图片。

(a) 素材(1).jpg　　　　　　　　(b) 素材(2).jpg

图 14-55　"合并到 HDR Pro"之前的素材

单击"文件"→"自动"→"合并到 HDR Pro",将弹出其源文件面板,见图 14-56。我们通过该面板完成对源文件或者源文件夹的指定。

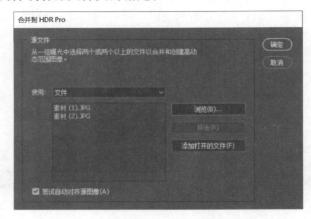

图 14-56　"合并到 HDR Pro"之"源文件"

由于两个素材图像相互有错位，勾选"尝试自动对齐源图像"，让系统帮助对齐图像。指定了源文件以后，单击"确定"按钮。

2. HDR 调整

指定源文件并确定后将弹出如图 14-57 所示的"合并到 HDR Pro"调整面板。

图 14-57　"合并到 HDR Pro"之调整面板

"合并到 HDR Pro"的调整面板中有很多参数可调，下面我们来逐一了解。

（1）预设。

"预设"用来选择调整方案，单击图标展开其选择列表（见图 14-58），可以选择其中一种看看效果。如果不想使用预设方案，单击"自定"将完全由自己来设置。

（2）模式。

"模式"在 32 位、16 位或者 8 位通道状态下提供了不同的选择，我们只学习 16 位下的局部适应。

（3）边缘光。

半径指定局部亮度区域的大小。强度指定两个像素的色调值相差多大时，它们属于不同的亮度区域，提升强度会使边缘高光部分更亮。

图 14-58　"合并到 HDR Pro"
之"预设"

（4）色调和细节。

"灰度系数"决定颜色加"灰"的程度，"曝光度"反映光圈大小，"细节"可调整锐化程度，"阴影"和"高光"可以使这些区域变亮或变暗，"自然饱和度"调整细微颜色强度，同时尽量不剪切高度饱和的颜色。"饱和度"调整所有颜色的强度。

（5）色调曲线。

"色调曲线"调整和前期学过的图像调整中的"曲线"是一样的，可以直接拖动曲线来影响某些色彩亮度区域的效果。

3. 效果

在预设"自定"后,设置边缘光半径为 24 像素,强度 0.53,灰度系数 1.0,细节 30%,饱和度 20%,得到图 14-59 所示的效果。

4. 应用

"合并到 HDR Pro"还可以使图像安静下来,例如图 14-60 为一组相同场景下的夕阳,每一幅图中都有动态的小船。

图 14-59　"合并到 HDR Pro"效果

图 14-60　素材"夕阳"

应用"合并到 HDR Pro"后,得到效果图 14-61。

图 14-61　安静的夕阳

14.5　实验要求

本章内容比较分散,因此实验为模仿一遍本章所展示的 3D、动作及各种批处理。

第15章　综合制作

前期学习了 Photoshop 的基本技法,本章要引导读者们综合应用技术手段,实现自己独创的作品。

15.1　运　动　场

这是一幅运动作品,在宽广的运动场上,被云托着滚动的地球和围观的动物及宝宝,见图 15-1。

15.1.1　素材及要求

1. 背景

图 15-2 为两幅背景素材,左边的运动场部分和右边的天空将被组合到一起形成新的背景。

2. 其他素材集锦

其他素材见图 15-3,另外有图 15-4 用于为地球披上头纱。

图 15-1　运动场

(a)　　　　　　　　　　　　　　　　(b)

图 15-2　背景原图

图 15-3　素材集锦

图 15-4　头纱

15.1.2 制作步骤

1. 背景

（1）强化蓝天白云。将图 15-2(b)使用滤镜库"成角的线条"处理，参数为：方向平衡 50、描边长度 15、锐化程度 3。

（2）操场显示。选择操场部分显示，天空部分使用蒙版隐藏。

（3）丰富色彩及锐度。色彩平衡加重中间调的红色和黄色（见图 15-5），自然饱和度提升背景的色彩纯度（见图 15-6），色阶去除图片上的灰色（见图 15-7），曲线提升中间色调（见图 15-8）。4 个操作都仅针对下方图层 。

图 15-5　色彩平衡

图 15-6　自然饱和度

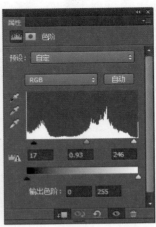

图 15-7　色阶

2. 地球拟人化

（1）地球剪切。对"地球"图层应用蒙版，选择地球区域，羽化为 3 像素。

（2）地球五官。使用"图书馆"建筑构造地球五官，应用"编辑""变换"来实现，见图 15-9。

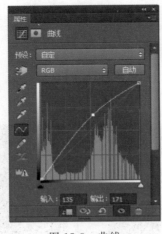

图 15-8　曲线

图 15-9　地球五官

（3）地球的手。复制竹子图层，选择其中的树枝用蒙版显示，变换及移动到合适的位置。

（4）头纱和头花。选择"头纱"图层，创建通道面板上的"蓝 副本"Alpha 通道，构造选区,回到图层面板,蒙版选择显示内容。使用调整图层增加头纱亮度。选择"头花"图层,蒙版选择显示头花局部。

3. 环境

（1）地面花朵。复制几个花朵图层,应用变换及蒙版让花朵在地面分布及显示。

（2）观望的山魈。选择"山魈"图层,蒙版选择显示部分,应用滤镜库的"海报边缘"加深纹理,见图 15-10。

（3）观望的孩子。选择"孩子"图层,蒙版选择显示部分,应用滤镜"液化"加大孩子的嘴巴。

（4）托云。为了使地球和孩子飘起来,使用"云"图层,蒙版选择显示内容,变换及移动到恰当位置。再利用"图像""调整""匹配颜色"来使云和背景颜色相匹配,参数为:明亮度 100、颜色强度 100、渐隐 42、勾选"中和","源"图像来自"142212101103.psd"的背景图层,见图 15-11。

原图　　　　　　　　海报边缘

图 15-10　观望的山魈

图 15-11　指定"匹配颜色"的源

至此,图片制作完成。

15.2　月　　夜

这是一幅夜景,模仿低光圈长时曝光的夜晚,月亮高挂天空,星系移动,万物静谧,见图 15-12。

15.2.1　素材及要求

图 15-13 为两幅素材原图,我们要将两幅图组合到一起,再创作出星移的天空,通过调整渲染出夜空。图 15-14 为月亮图片,用来显示夜晚。

图 15-12　月夜

（a）　　　　　　　　　　　　　　　　（b）

图 15-13　背景原图

15.2.2 制作步骤

1. 星移的天空

图 15-14 月亮

为了展示夜晚相机长时间曝光的群星移动,我们需要先产生星光点,再使之旋转。

(1) 产生黑白模糊的图片。创建图片,背景填充黑色;再使用"滤镜""像素化""铜版雕刻",类型选择"粒状点";然后使用"滤镜""模糊""高斯模糊",半径指定为 4 像素。

(2) 产生星点。对模糊的图片使用"图像""调整""阈值",指定阈值色阶 85。

(3) 平移星点。对星点图像使用"滤镜""风格化""风",向左 5 次,向右 5 次。

(4) 形成旋转的星空。对平移的星点进行"滤镜""扭曲""极坐标""平面到极坐标"处理,获得旋转星系,见图 15-15。

2. 拼接及局部处理

(1) 拼接。将两幅素材及星空拼接在一起,选区用蒙版显示及遮盖,适当变换大小及移动,形成图 15-16。

图 15-15 星移的天空

图 15-16 拼接图

(2) 星空处理。创建图层"天空背景",在前景色 010b31 和白色背景下使用"渐变填充",得到深蓝色渐变的天空,将该图层置于"旋转星空"下方,在图层面板中设置"旋转星空"图层模式为"滤色",以使星空从黑色变透明,展示下方图层的深蓝色;对"旋转星空图层"使用调整图层"亮度/对比度",亮度+52。

(3) 荷塘处理。对"荷塘"图层使用调整图层"亮度/对比度",亮度+54;再编辑蒙版,"黑色"填充蒙版,再用画笔"白色"描画画面中间的荷花,使荷花被照亮;为了表现月夜,增加调整图层"渐变填充",单击面板中的"渐变"图标,编辑出透明的淡黄色渐变表现月夜光泽,见图 15-17。

(4) 建筑处理。为了显示建筑的轮廓光泽,对"建筑"使用图层面板中的"内发光"样式,发光颜色 cceaf9,其他参数见图 15-18。使用"投影"样式,投影阴影颜色 abddf7,其他参数见图 15-19。为了压制"荷塘"和"建筑"图层之间的多余光泽,复制创建"建筑副本"图层,将其置于"建筑"图层之上;对"建筑副本"图层应用调整图层"渐变填充",使之蒙上浅黄光晕;再使用调整图层的"色彩平衡",使建筑物有更亮的黄色。

图 15-17　渐变填充

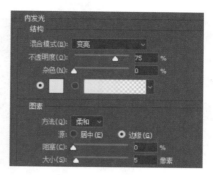

图 15-18　样式之"内发光"

局部调整后的图像效果见图 15-20。

图 15-19　样式之"投影"

图 15-20　局部调整后的图像

3. 夜晚上色

为了使整个场景看起来更像夜晚，我们创建了几个调整图层，"色相/饱和度"降低明度且减少饱和度，见图 15-21；"曲线"改变整体反差及色调，见图 15-22；"色彩平衡"使颜色更温暖，见图 15-23；"亮度/对比度"微量提升亮度，见图 15-24；"渐变填充"将光线集中到纵向方向，见图 15-25。

图 15-21　色相/饱和度

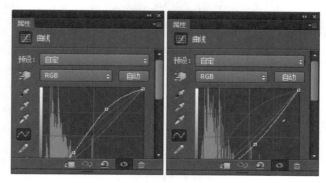

图 15-22　曲线

4. 文字和月亮

（1）文字。创建文字图层"月夜"，使用"斜面和浮雕""内阴影""投影"样式，使文字产生立体效果，再针对文字应用调整图层"渐变填充"和"亮度/对比度"。

（2）月亮。复制"月亮"图层，蒙版选择月亮后，针对性地调整"亮度/对比度"，降低对比度－44，使月亮看起来更朦胧。

至此，图片制作完成。

图 15-23　色彩平衡

图 15-24　亮度/对比度

图 15-25　渐变填充

15.3　时　　钟

这是一幅显示时钟的图片,时钟面盘显示玻璃的光泽,倚靠在荷叶上的时钟随荷叶而变化,见图 15-26。

15.3.1　素材及要求

这里只是准备了荷叶、荷花图片(见图 15-27)。

图 15-26　时钟效果图

图 15-27　荷叶和荷花

时钟部分需要创作出透明光泽的时钟,还要让时钟随着荷叶的纹理变化而扭曲。

15.3.2　制作步骤

1. 制作一个基础时钟

基础时钟包含表盘和指针数字。

（1）表盘。

① 创建一个"表盘 1"形状图层,直接绘制一个任意色彩的正圆形,然后用样式来产生表盘立体光泽效果,见图 15-28。

② "斜面和浮雕"让边缘平滑并立体化,同时调整角度可以看到比较大的亮点,以凸显玻璃对光线的反射,参数设置见图 15-29。

③ 用渐变"描边"让表盘边缘有光泽,参数设置见图 15-30。

④ "内阴影"让表盘进一步产生玻璃质感,参数设置见图 15-31。

图 15-28　表盘立体光泽
　　　　　效果处理

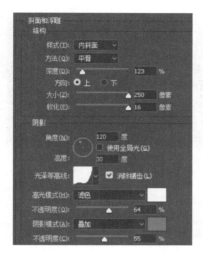

图 15-29 "斜面和浮雕"参数

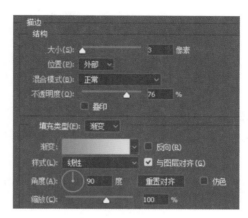

图 15-30 "描边"参数

⑤ "内发光"让表盘发亮,参数设置见图 15-32。

图 15-31 "内阴影"参数

图 15-32 "内发光"参数

⑥ "光泽"让表盘按角度产生光线变化,参数设置见图 15-33。

⑦ "外发光"使表盘周围产生辉光,对环境略做修改,参数设置见图 15-34。

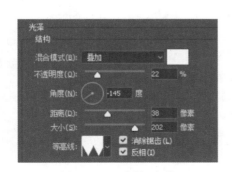

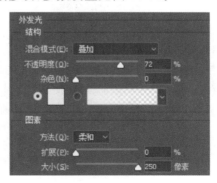

图 15-33 "光泽"参数

图 15-34 "外发光"参数

⑧ "投影"遮盖一部分"外发光"的区域,参数设置见图 15-35。

图 15-35 "投影"参数

(2) 指针和数字。

指针用形状绘制,数字用文字工具,为了表现指针和数字的立体效果,需要使用"投影"等样式。

(3) 添加适当辉光。

新建图层"辉光",在表盘的左上角位置用"画笔"添加黄色光点,表现辉光。

(4) 链接基础部件。

为了重复使用基础时钟,选中时钟的所有部件,单击图层面板中的"链接图层"按钮 ,将图层链接在一起;并创建组"时钟 1",将刚才链接的图层拖动到组中。

2. 荷叶上的时钟

在荷叶上再构造一个时钟,让时钟贴合荷叶变化。

(1) 蒙版抠图,使用"荷花素材",复制创建两个新图层,分别为"荷叶"和"荷花",使用蒙版抠图并"编辑""自由变换",得到摆放合适的荷花图,将"荷叶"和"荷花"图层拖动复制到时钟文件中。将做好的"荷花"图(见图 15-36)存为"荷花.psd"文件,以便当作"置换"文件。

(2) 创建时钟 2。在时钟图中,选择"时钟 1"组,将其拖动到图层面板的"创建新图层"按钮 上,产生新组并重命名为"时钟 2";选择组中的"表盘"图层,应用"编辑""自由变换",将时钟 2 拖动到荷叶位置,并改变大小和角度使之和荷叶贴合。

(3) 让时钟 2 表现荷叶的扭曲。复制"时钟 2"组并重命名为"时钟 2 置换",选择组中除"表盘"以外的所有图层,单击右键后,在弹出的快捷菜单中应用"合并图层"形成新的图层,重命名为"文字数字指针";分别对"表盘"和"文字数字指针"图层使用"滤镜""扭曲""置换",置换参数见图 15-37,置换文件为"荷花.psd",得到扭曲的时钟。

图 15-36 准备的置换图"荷花.psd"

图 15-37 时钟扭曲置换参数

3. 背景设置

在所有图层的下方新建一个背景图层,使用"渐变工具"填充,采用预设中的"红绿渐变",在选项栏单击"角度渐变"按钮 ,填充得到背景图案。

至此,图片制作完成。

15.4 表 情 包

这是一幅由三个表情组成的对话图,表情绘制干净利落,见图 15-38。

图 15-38　表情包

15.4.1　素材及要求

素材来自网络上找到的山魈图片（见图 15-39、图 15-40 和图 15-41），我们要用这三幅图片来讲一个故事。

图 15-39　山魈 1

图 15-40　山魈 2

图 15-41　山魈 3

15.4.2　制作步骤

1. 山魈头像

使用路径绘制山魈头像，这里要关注的是各个面部要素单独构造路径层，以"山魈 3"为例。

（1）路径绘制。将"山魈 3"分为轮廓、脸部和手部三部分绘制路径，见图 15-42。

（2）调整路径。为了改变表情，一般先复制脸部路径，在副本上对路径进行微调，比如调整嘴部路径，可得到哭和笑的不同表情，见图 15-43。

（3）实色填充和描边。对面部元素实色描边，选择

图 15-42　绘制路径

综合制作

(a) 笑   (b) 哭

图 15-43　调整表情

面部路径，在右击弹出的菜单里选择"描边路径"；对头发、手部元素填充实色，选择相应路径，在右击弹出的菜单里选择"填充路径"。

2. 矩形框

使用形状工具 ▭ 矩形工具 绘制矩形框，参数设置为"无颜色"填充、"黑色"边框和 9 像素边框宽度 形状 ∨ 填充：▨ 描边：▅ 9点 ∨ ── 。

3. 文字

使用文字工具 T 写上有趣的对话即可。至此，绘制完成。

15.5　一 叶 孤 舟

本图片是一幅水墨风景画，有荡漾的水波和渐渐变淡的远山，还有水草和芦苇，见图 15-44。

本图像绘制不需要原始素材，其中所有元素均来自鼠标创作。下面为制作步骤。

1. 自定义形状

画面上相对比较复杂的为水波纹和芦苇，这里需要自定义三个形状："树形""水波""尾波"。

（1）树形。树形用来表现集中的芦苇，但是我们只要画一个"树形"就可以了。在路径面板，用"钢笔工具"绘制"树形"路径（见图 15-45），然后单击"编辑"→"定义自定形状"后输入形状名称，见图 15-46。

图 15-44　一叶孤舟

图 15-45　"树形"路径

图 15-46　自定义"树形"形状

（2）水波。水波表现大小不一的水面波纹。在路径面板,用"钢笔工具"绘制"水波"路径（见图 15-47）,然后单击"编辑"→"定义自定形状"后输入"水波"形状名称。

图 15-47　"水波"路径

（3）尾波。尾波表现船运动时拖出的波纹。在路径面板,用"钢笔工具"绘制"尾波"路径（见图 15-48）,然后单击"编辑"→"定义自定形状"后输入"尾波"形状名称。

图 15-48　"尾波"路径

2. 重复绘制

（1）芦苇绘制。新建组"芦苇",在其上使用形状工具的 ★自定形状工具 绘制,选择自定义构造的"树形"形状,在图片右侧区域不断改变大小反复绘制,直到满意。

（2）水波纹绘制。新建组"水波纹",使用形状工具的 ★自定形状工具 绘制,选择自定义构造的"水波"形状,在图片需要水波纹的区域绘制,注意这里要遵守绘画中近大远小的透视原则,反复绘制直到满意。

（3）船。使用画笔工具绘制;或者使用路径工具绘制后填充,再"栅格化"。

（4）船后尾波。新建组"尾波",使用形状工具的 ★自定形状工具 绘制,选择自定义构造的"尾波"形状,在图片中的船尾区域不断改变大小反复绘制,直到满意。

（5）水草。选择"自定义形状"中的"草2",在芦苇根部反复绘制。

3. 其他

（1）山。山的绘制直接使用画笔工具,要注意根据山的远近调整画笔颜色,远处的山色慢慢变淡。

（2）太阳。画笔绘制,不必过于严肃,可以像儿童画一样表现太阳。

（3）文字。使用文字工具写上想表现的主题,通过"变换"使其移动旋转到合适位置。

至此,图片制作完成。

综合制作

图 书 资 源 支 持

感谢您一直以来对清华版图书的支持和爱护。为了配合本书的使用，本书提供配套的资源，有需求的读者请扫描下方的"书圈"微信公众号二维码，在图书专区下载，也可以拨打电话或发送电子邮件咨询。

如果您在使用本书的过程中遇到了什么问题，或者有相关图书出版计划，也请您发邮件告诉我们，以便我们更好地为您服务。

我们的联系方式：

地　　　址：北京市海淀区双清路学研大厦 A 座 714

邮　　　编：100084

电　　　话：010-83470236　　010-83470237

客服邮箱：2301891038@qq.com

QQ：2301891038（请写明您的单位和姓名）

资源下载：关注公众号"书圈"下载配套资源。

资源下载、样书申请

书 圈

图书案例

清华计算机学堂

观看课程直播